設計技術シリーズ

流体工学に基づく
油圧回路技術と設計法

［著］

上智大学
築地 徹浩

科学情報出版株式会社

まえがき

　最近、人工知能（Artificial Intelligence; AI）やモノのインターネット（Internet of Things, IoT）などの技術が急速に発達しており、それらの技術は、専門的な分野から身近な生活範囲まで広がりつつ、今後もさらに適用範囲が拡大されていくことが予想される。このような技術の発達がもたらすその技術の応用分野の拡大とともに、科学技術全体が発達しつつある現在、今後、グローバル化する科学技術を益々発展させるために、これまで蓄積された基盤技術を利用していくことは重要である。我々にとって現在そして未来にわたって必要で重要な基盤技術の一つが油圧技術であり、現在、建設機械などの産業機械で用いられている。

　近年、東日本大震災、原子力発電所事故および火山災害など予期せぬ大規模な災害発生時における復旧作業や復興工事において、油圧ショベルなどの建設機械は必要不可欠な存在として使用されている。また、道路、ダム、鉄道などの土木作業によって構造物を作る建設、家やビル、マンションなどを建てる建築においても日常的に建設機械を目にする。さらに、宇宙開発の分野でも、油圧技術に大きな期待がかかっている。このように、油圧技術は、人力ではとても出せないような大きな力を必要とする多くの機械装置で我々の役に立っており、今後のさらなる油圧技術の発達が期待されている。

　油圧技術とは、潤滑性のある作動油（動力を伝達する媒体である液体、石油系作動油が多い）を用いて、ある場所から他の場所へエネルギーを伝達する技術である。即ち、単位時間当たりのエネルギーである動力（仕事率）が伝達されることになる。古くから液体の持つエネルギーは利用されて来たが、西暦紀元前3000年には水のエネルギーを利用した水車が発明されていたと言われている。油圧技術では、西暦1600年ごろに、ケプラー（Johannes Kepler）がギヤポンプを発明し、この頃ピストンポンプも発明された。1648年には、パスカル（Blaise Pascal）がパスカルの原理を発表した。1905年に、ジャネー（Reynolds Janney）が油を用いて、斜板式アキシアルピストンポンプを発明し、それから次々にポンプや弁の開

— Ⅲ —

まえがき

発が進み、1958 年に、マサチューセツ工科大学の油空圧研究グループが電気油圧サーボ弁を開発し、宇宙開発に大きく貢献した。貢献できたのは、潤滑性のある油を用いたことと油圧の応答性の良さや制御性の良さなどの理由による。その後、電気技術の急速な発達の中で、油圧技術は、単位質量当たりに発生する力が大きいという長所を利用して、現在では多くの産業分野で利用されている。油圧技術は現在ある程度成熟した技術であるように見えるが、今後も、人類にとって必要不可欠な技術として発達し続けることと確信する。以上のような背景の下で、今回、油圧技術を用いて設計開発を行う現場の方々や研究開発を行う学生を主な対象として、「流体工学に基づく油圧回路技術と設計法」という題目の書籍の執筆に至った。

油圧技術において用いられる油圧装置は、一般に、油圧ポンプ、油圧制御弁や油圧シリンダなどの油圧機器およびそれらを接続する管路などで構成され、構成された装置で油の流れる流路を示した回路を油圧回路という。油圧回路の内部では、油が流れており、その流れによって、例えば油圧シリンダのピストンが動かされ外部へ仕事がなされる。従って、油圧機器や油圧回路を設計する際に、回路の内部の油の流れの状態を把握し、設計・開発することが肝要になる。

今回執筆された「流体工学に基づく油圧回路技術と設計法」の内容には、著者の研究室で長年にわたり行われてきた油圧機器や管路内の流れに関する多くの研究成果が取り入れられており、以下のような特徴を持つ。

1. 油圧回路設計を行う上で必要なポンプや制御弁などの油圧機器の作動原理の理解に重点を置いた。従って、油圧機器の正確な図面を用いるよりも、内部構造や作動原理が分かりやすい簡便な構造図や原理図を用いて容易に解説した。

2. 油圧の基本回路から応用事例までポイントを絞って段階的に記述し、油圧機器と回路との関係など図記号の意味も含めて詳細に説明し、回路の機能を説明するとともに、設計の際の注意点を述べた。

3. 油圧制御弁や管路などにおいては、設計の際に役に立つ設計計算問題を計算例として設け、計算のプロセスも含めて簡明に説明し

た。

4．油圧制御弁の振動や、ポンプ、制御弁および管路内のキャビテーションの防止法についての研究成果を掲載し、現場でそれらの問題を解決するためのヒントを与えた。

5．油圧制御弁、ポンプおよび管路の内部の流れの様子をコンピューターシミュレーションや観察実験により「可視化」した研究成果を掲載しており、それらを設計時や問題発生時の有用なデータとして利用できる。

本書は、前述のように大学や高専を卒業され企業の油圧の現場に配属された方々、また油圧関連の研究開発を行う大学生や大学院生が早急に現場技術について学べることを目的にしている。従って、現場で実際に活用できる基礎から応用まで記述し、具体的な事例も多く盛り込まれている。

本書が、現場の技術者や油圧の研究を始める学生にとって '座右の書' になることを願っている。

2018 年 7 月

上智大学　築地 徹浩

目　　次

まえがき

1．油圧技術とは

1－1　活躍する油圧 ･････････････････････････････････ 3
1－2　油圧方式とは ･･･････････････････････････････････ 7
1－3　油圧装置の基本構成と油圧回路 ････････････････････ 9

2．油圧回路内の流れの基礎

2－1　単位について ･･･････････････････････････････････ 15
2－2　圧力とパスカルの原理 ･･･････････････････････････ 17
2－3　速度と流量 ･････････････････････････････････････ 20
2－4　連続の式 ･･･････････････････････････････････････ 22
2－5　ベルヌーイの式と圧力エネルギー ････････････････ 25
2－6　油の圧縮性 ･････････････････････････････････････ 30
2－7　油圧管路でのオイルハンマー ････････････････････ 34
　2－7－1　圧縮性とオイルハンマー ･･･････････････ 34
　2－7－2　弁を急閉鎖した時のオイルハンマー ･････ 36
　2－7－3　圧力波の伝播速度 ････････････････････ 40
2－8　油圧制御弁の絞りでの圧力と流量 ････････････････ 43
2－9　管路内の流れと損失 ･････････････････････････････ 46
2－10　流体力とは ･･･････････････････････････････････ 59
2－11　スプール弁に働く流体力 ･･･････････････････････ 64
2－12　ポペット弁に働く流体力 ･･･････････････････････ 69
2－13　スプール弁とポペット弁の流量係数 ･････････････ 74
2－14　キャビテーション ･････････････････････････････ 77
2－15　すきまでの流れ ･･･････････････････････････････ 80

－ VII －

2 − 15 − 1	平板間の二次元流れ ・・・・・・・・・・・・・・・・・・・・	80
2 − 15 − 2	平板間の放射状流れ ・・・・・・・・・・・・・・・・・・・・	83
2 − 15 − 3	二重管内の流れ ・・・・・・・・・・・・・・・・・・・・・・・・	87

3．油圧作動油

3 − 1	作動油に要求される性質・・・・・・・・・・・・・・・・・・・・・・・	91
3 − 2	作動油の種類 ・・・・・・・・・・・・・・・・・・・・・・・・・・・・・・	92
3 − 3	密度、比重および粘性 ・・・・・・・・・・・・・・・・・・・・・・	94

4．油圧制御弁

4 − 1	油圧制御弁の機能と構造での分類 ・・・・・・・・・・・・・・・・・・	99
4 − 1 − 1	圧力制御弁 ・・・・・・・・・・・・・・・・・・・・・・・・・・	99
4 − 1 − 2	流量制御弁 ・・・・・・・・・・・・・・・・・・・・・・・・・・	126
4 − 1 − 3	方向制御弁 ・・・・・・・・・・・・・・・・・・・・・・・・・・	129
4 − 1 − 4	電気油圧制御弁 ・・・・・・・・・・・・・・・・・・・・・・・	140
4 − 2	油圧制御弁内の流れと振動・騒音およびキャビテーション ・・・・・	145
4 − 2 − 1	ボール弁 ・・・・・・・・・・・・・・・・・・・・・・・・・・・・	145
4 − 2 − 2	ポペット弁 ・・・・・・・・・・・・・・・・・・・・・・・・・・	147
4 − 2 − 3	つば付きポペット弁・・・・・・・・・・・・・・・・・・・・・	149
4 − 2 − 4	急落下防止弁 ・・・・・・・・・・・・・・・・・・・・・・・・・	152
4 − 2 − 5	スプール弁 ・・・・・・・・・・・・・・・・・・・・・・・・・・	155

5．油圧ポンプ

5－1　基礎事項 ・・・・・・・・・・・・・・・・・・・・・・・・・・・・・・・・・・161
5－2　アキシアルピストンポンプ・・・・・・・・・・・・・・・・・・・・・・162
　5－2－1　斜板式 ・・・・・・・・・・・・・・・・・・・・・・・・・・・・・・162
　5－2－2　斜軸式 ・・・・・・・・・・・・・・・・・・・・・・・・・・・・・・163
　5－2－3　閉込み ・・・・・・・・・・・・・・・・・・・・・・・・・・・・・・165
　5－2－4　ノッチ ・・・・・・・・・・・・・・・・・・・・・・・・・・・・・・165
5－3　ラジアルピストンポンプ ・・・・・・・・・・・・・・・・・・・・・・170
5－4　ベーンポンプ ・・・・・・・・・・・・・・・・・・・・・・・・・・・・・・172
5－5　ギヤポンプ ・・・・・・・・・・・・・・・・・・・・・・・・・・・・・・・・175

6．マニホールドブロックの管路の設計法

6－1　マニホールドブロックの管路内流れの損失と低減化 ・・・・・・・・181
6－2　マニホールドブロックの管路内のキャビテーションの低減化・・・・190
6－3　マニホールドブロック内の管路網の設計方法 ・・・・・・・・・・・・・・191

7．油圧アクチュエータ

7－1　油圧アクチュエータ ・・・・・・・・・・・・・・・・・・・・・・・・・・199
7－2　油圧シリンダ ・・・・・・・・・・・・・・・・・・・・・・・・・・・・・・200
7－3　油圧モータ ・・・・・・・・・・・・・・・・・・・・・・・・・・・・・・・・210
　7－3－1　ギヤモータ ・・・・・・・・・・・・・・・・・・・・・・・・・・・210
　7－3－2　ベーンモータ ・・・・・・・・・・・・・・・・・・・・・・・・・210
　7－3－3　ピストンモータ ・・・・・・・・・・・・・・・・・・・・・・・・210

8．その他の油圧機器

8－1　アキュムレータ ・・・・・・・・・・・・・・・・・・・・・・・・・・・・・・215

8－2　フィルタ ・・・・・・・・・・・・・・・・・・・・・・・・・・・・・・・・・・219

8－3　クーラー ・・・・・・・・・・・・・・・・・・・・・・・・・・・・・・・・・・225

8－4　油タンク ・・・・・・・・・・・・・・・・・・・・・・・・・・・・・・・・・・226

9．油圧回路

9－1　基本回路 ・・・・・・・・・・・・・・・・・・・・・・・・・・・・・・・・・・229

　9－1－1　圧力制御回路 ・・・・・・・・・・・・・・・・・・・・・・・・229

　9－1－2　速度制御回路 ・・・・・・・・・・・・・・・・・・・・・・・・236

　9－1－3　その他 ・・・・・・・・・・・・・・・・・・・・・・・・・・・・・・249

9－2　応用事例 ・・・・・・・・・・・・・・・・・・・・・・・・・・・・・・・・・・282

10．油圧回路の設計法

10－1　油圧回路の設計手順 ・・・・・・・・・・・・・・・・・・・・・・・・303

10－2　高圧液体噴射系の設計 ・・・・・・・・・・・・・・・・・・・・・・304

10－3　複動形片ロッドシリンダを持つ回路の設計 ・・・・・・・・・309

参考文献 ・・・・・・・・・・・・・・・・・・・・・・・・・・・・・・・・・・・・・・・315

索引 ・・318

1.
油圧技術とは

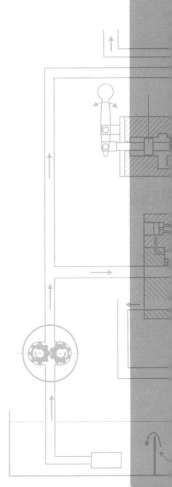

1−1　活躍する油圧

　現在、油圧技術の長所である大きな力が出せる点や構造が簡単で壊れにくいこと、環境が悪い下で耐えられるなどの理由で、油圧装置は幅広い分野で活躍している。その分野の中で、広く油圧技術が使用されている応用分野の一つが建設機械の分野であるが、この分野も含めて以下にいくつかの油圧技術の応用例をあげる。

　大型油圧ショベルを図 1-1 に示す。100 トン以上の大型油圧ショベルは、ほとんどが鉱山や採掘場で、ダンプトラックなどへの積み込みの際に使用される。図 (a) はバックホウショベルで、ショベルをオペレータ側向きに取り付けた形態である。オペレータ側向きのショベルでオペレータは自分に引き寄せる方向に操作する。地表面より低い場所の掘削に適している。図 (b) はローディングショベルで、バケットを上向きで、オペレータから遠ざけ押し上げ土石を掘削する。

　中小型の油圧ショベルを図 1-2 に示す。油圧ショベルは、身近なところでは建物の解体や建設、道路の改修や建設、災害復旧などから、郊外での土木工事、農地や森林の事業、そして石炭などの各種鉱山での鉱石の掘削積込み、製鉄所や工場での設備建設など多種多様な用途で用いら

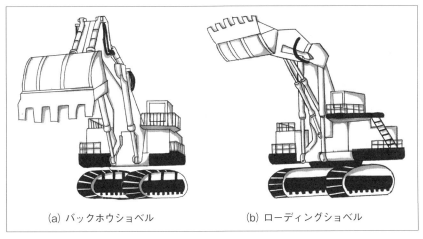

(a) バックホウショベル　　　(b) ローディングショベル

〔図 1-1〕大型油圧ショベル

れている。油圧ショベルの油圧回路については、9-2 節の応用事例で詳しく述べる。高パワー密度、応答性が良くメカトロ対応が容易、動力の分散や伝達が容易などの油圧のメリットを生かして、油圧ショベルは発達している。

テレビアニメのロボットのような双腕作業機を図 1-3 に示す。2 本の腕を持ち、つかみながら切るなど 1 本の腕では不可能な作業を行うことができる。

〔図 1-2〕中小型油圧ショベル

〔図 1-3〕双腕作業機

地雷除去機を図 1-4 に示す。世界中には多くの対人地雷が埋められているといわれている。対人地雷除去機は人道支援のために使用されており、地雷除去用のロータは、油圧モータで回転している。

　東京スカイツリーに制震用ダンパーとして使用されている油圧ダンパーを図 1-5 に示す。自立式電波塔として世界一の高さを誇る「東京スカイツリー」に配置された風や地震による揺れ防止用オイルダンパである。

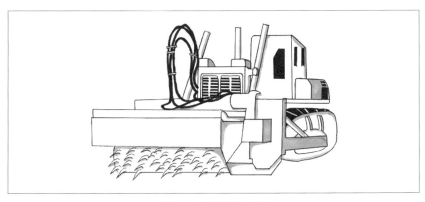

〔図 1-4〕地雷除去機

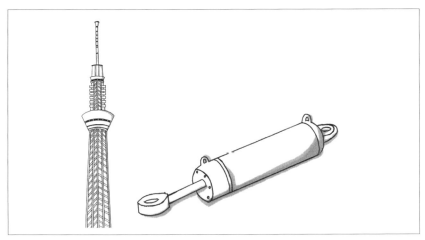

〔図 1-5〕東京スカイツリーと制震用ダンパー

↻ 1. 油圧技術とは

　他の分野では、航空機の着陸装置などを作動させる装置、船舶関連の装置、自動車のパワーステアリング、ショックアブソーバー、ブレーキや変速機、工作機械の送り機構やならい機構、油圧プレス機械、ダイカストマシン、射出成型機、農業機械などの広い分野で使用されている。

1－2　油圧方式とは

　油圧技術の発達により、1-1 節で説明したように、近年多くの産業分野で油圧技術が用いられている。油圧技術即ち油圧式を機械式や電気式と比較した場合の長所と短所を以下にまとめる。

長所：

1) 大きな力を発生する。

　単位質量当たりのアクチュエータの出力は、断然大きく力持ちである。単位質量当たりの力が大きいと応答性も良くなる。単位慣性モーメント当たりの出力トルクについても同様であり、油圧モータの単位慣性モーメント当たりのトルクは電動機に比べてかなり大きい。

2) 大動力を伝達する場合の制御性は優れている。

　アクチュエータからの出力である力あるいはトルクは圧力、一方、アクチュエータの速度あるいは角速度は流量を調節して制御される。また、アクチュエータの運動方向は流れの方向を調節することにより制御される。従って、アクチュエータの力あるいはトルク、速度あるいは角速度およびアクチュエータの運動方向は、制御弁により制御される。

3) 発生熱を容易に除去できる。

　ポンプ、制御弁および管路で発生した熱は油によって運ばれるので、油圧回路中に冷却器を置くことにより熱を装置から容易に除去できる。

4) 良い剛性を持っている。

　油圧装置の弾性は、油の圧縮性のみによってほぼ決まる。油の圧縮性は小さいから、剛性に富んでいると言える。

5) 負荷の保持が容易である。

　油圧回路の簡単な設計により、重い負荷を保持したまま容易に安全に停止することができる。

6) アクチュエータの位置決めが容易である。

　油圧シリンダを用いることにより位置決めが容易である。

短所や注意点：

1) 流れのエネルギー損失が生じる。

油は、位置エネルギー、速度エネルギー、圧力エネルギーを持っている。これらのエネルギーをポンプからアクチュエータまで伝達する間に、油と管路内壁との摩擦、弁の絞りの抵抗などによってエネルギーを損失する。これについては、2-9 節の管路内の流れと損失で詳しく説明する。

2) 油中のごみに注意が必要である。

制御弁の開度が小さい場合に、油中のごみが絞りにつまり、装置の機能に支障をきたし、弁を損傷する場合がある。通常、ごみを除去するためにフィルタを設置する。

3) 油の温度に注意が必要である。

油の粘度は、温度によって大きく影響を受ける。粘度の変化は、機器の漏れ量、流れの損失、流量などに影響するため機器の性能に影響を与える。このため、通常クーラーを設置し温度管理を行う必要がある。

4) 空気の混入に注意が必要である。

油圧装置内の油の中に空気を混入すると装置の剛性が低下し、装置の機能に大きな影響を与える。運転開始前に、脱気を行うこともある。

5) 環境の汚染に必要である。

油が漏れると周りの環境にとって良くない。作動油は可燃性であるので、場合によっては、発火等の危険性があるため注意が必要である。

6) 破裂の危険性に注意が必要である。

大きな力を発生させる油圧装置は、一般に高い圧力で使用される。従って、機器の強度設計には十分な注意を要する。特に、運転中にピーンホールが生じるとそこから油の噴流が噴き出るため注意を要する。

1-3　油圧装置の基本構成と油圧回路

　油圧回路の概要を容易に述べるために、ここでは基本的な機器の構成の油圧回路を例に挙げて説明する。本書では特に断りのない限り、石油系作動油のことを油と書く。油圧機器の基本的な構成例の油圧回路を図1-6に示す。ここでは油の流れに従って装置の仕組みを説明する。先ず、下のタンク内のゴミを取るためのフィルタから油をギヤポンプで吸い上げる。油は、ギヤポンプの外側の二つの方向に分かれ歯とケーシングの間にはさまれて出口で一つになり吐き出される。ポンプの吐出し口は、その右側のパイロット作動形リリーフ弁への入り口Ｃにつながっている。入口Ｃの圧力が設定値より低いとパイロット弁と主弁は閉じていて油はパイロット作動形リリーフ弁に流れない。設定値は、パイロット作動形リリーフ弁のばねのたわみを圧力調整用ハンドルで調節して定める。図中の絞りとパイロット流路を通してパイロット弁に入口Ｃの圧力がかかっており、入り口Ｃの圧力が設定値以上になるとパイロット弁が開き、油がパイロット流路を流れ、パイロット弁を通り、主弁のばねの中の流路を下へ通過し弁の出口Ｔへ流出しタンクへ戻る。その時、絞りとパイロット流路内を油が流れ始めるため、主弁にかかる軸方向の圧力による力は、図の絞りの上流の圧力が下流の圧力に比べて上昇し主弁を押し上げ開く方向に働き、主弁が開き矢印の方向に主弁内の流れが生じ、油は入口Ｃから出口Ｔへ流れ、入口Ｃの圧力の設定値以上の上昇を抑える。一方、ギヤポンプを出た油は方向制御弁へ流れる。入口Ｐから方向制御弁へ入るが、手動の方向制御弁のハンドルが図の②の状態ではスプールが中立位置の状態で油は弁へ流れることはできない。左側の図記号において、②の接続の状態に対応している。そこで、弁のハンドルを③の位置に移動すると、スプールが左へ移動し、入口Ｐから弁に入り出口Ａから油圧シリンダの左側（キャップ側）へ流入する。図の左側の図記号において、③の接続の状態になる。図記号において、ポートＡ、Ｂ、ＰおよびＴの位置は固定されており、3つの箱が左右に移動し、①、②および③の接続状態を表す。そして、その圧力による力でピストンを右方向に動かし、シリンダの右側（ロッド側）の室の油は出

－9－

○1. 油圧技術とは

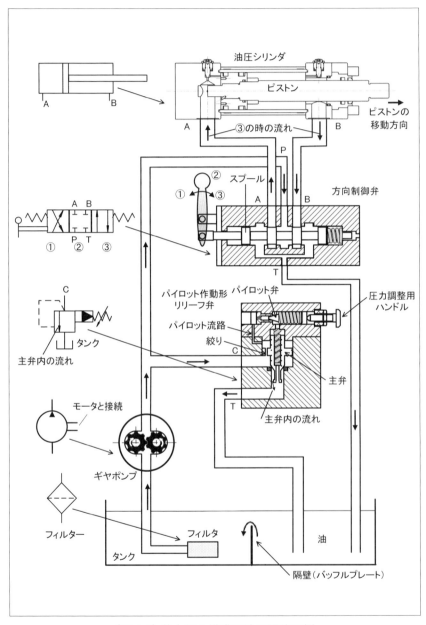

〔図1-6〕基本的な構成の油圧回路の例

口Bから出て弁へ入り、弁の出口Tから流出してタンクへ戻る。弁の
ハンドルを①の位置に移動すると入口Pから弁に入り出口Bから油圧
シリンダのロッド側へ流入し、ピストンは左へ動き、先程とは逆の流れ
になる。タンク内の隔壁（バッフルプレート）は、油中の気泡を空気中
に放出するために、ポンプの吸込み口までの流路を長くするために設置
されている。

　図中の左側には、上側から油圧シリンダ、方向制御弁、パイロット作
動形リリーフ弁、ポンプおよびフィルタの図記号が記述されていて、右
側のように油圧機器の詳細な図を書かなくても、簡略された図記号で油
圧回路を記述できる。本書では、これらの図記号を用いて油圧回路を設
計するために、図記号と実物との機能の関係を詳細に説明する。

　以上のように、油圧回路を理解し、設計するには油の流れを確実にと
らえることが重要である。フィルタ、ギヤポンプ、パイロット作動形リ
リーフ弁、方向制御弁およびピストンの油圧機器の図記号を合わせて載
せているので、実物の内部の流れとの対応を理解して頂きたい。

　油圧回路は大きく5つに分けられる。先ず、1）油をためておく油タ
ンク、2）フィルタなどの補助的な役割をする付属機器、3）油を供給す
る油圧ポンプ、4）圧力、流量や方向を制御する油圧制御弁および5）油
圧を仕事に変換する油圧シリンダ等の油圧アクチュエータである。これ
らの機器を組み合わせることにより、操作性が良く、大出力を生み出せ
る油圧装置を設計することができる。

2.

油圧回路内の流れの基礎

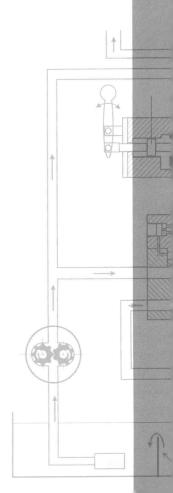

2－1　単位について

　本書で使用する単位について説明する。他の一般的な機械設計と同様に油圧回路の設計においても計算して力や長さなどの数値を算出する。その際、誤った単位を使ったために、間違った計算結果を導くことがよくある。従って、算出された数値と同様に単位は重要であり、数値と単位を一体として取り扱う必要がある。さらに、これらの単位が国によって異なるのは不便で、間違った情報の伝達にもつながるかもしれない。そこで、世界中で共通の単位を使用する必要があり、その目的のために取り決められた単位系が SI（International System of Units、国際単位系）である。本書でも SI 単位を使用して説明する。SI 単位では、基本単位として、長さの単位を m（メートル）、質量の単位を kg（キログラム）、および時間の単位を s（秒）としている。それらを組み合わせたものを組立単位と言う。SI 基本単位と補助単位を表 2-1 に、SI 組立単位を表 2-2 に示す。距離を時間で割った速度の単位は、m/s となり、加速度は、m/s^2、力は、質量と加速度の積で $kg \cdot m/s^2$ であり、これを N（ニュートン）という。力を面積で割ったものは、圧力 N/m^2 でありこれを Pa（パスカル）という。以上の基本単位で、油圧回路の設計計算を行うと単位の誤りに起因する計算の間違いを極力防ぐことができる。また、得られた最終的な計算値の桁が多くて見づらく書きづらいことがしばしば起こる。その時に使用するものが接頭語である。m の 1000 倍を表す k（キロ）、m の 1/1000 である mm の m（ミリ）などがある。接頭語を表 2-3 に示す。日常生活でも 1000m を 1km、0.001m を 1mm のように接頭語を使用して数値を簡単にすることがよくある。有効数字については、一般に工学で

〔表 2-1〕SI 基本単位と補助単位

量	名称	単位記号
長さ	メートル	m
質量	キログラム	kg
時間	秒	s
電流	アンペア	A
熱力学温度	ケルビン	K
角度（補助単位）	ラジアン	rad

⟳ 2. 油圧回路内の流れの基礎

は2桁から3桁程度で取り扱うことが多いので、本書でも特に断りがない限り、同程度の有効数字で計算を行う。

〔表2-2〕SI組立単位

量	名称	単位記号
速度	メートル毎秒	m/s
加速度	メートル毎秒毎秒	m/s^2
圧力	パスカル	Pa(=N/m^2)
応力	パスカル	Pa(=N/m^2)
粘度	パスカル秒	Pa·s
動粘度	平方メートル毎秒	m^2/s
力	ニュートン	N(=kg·m/s^2)
トルク、モーメント	ニュートンメートル	N·m
エネルギー	ジュール	J(=N·m)
動力	ワット	W(=J/s)
角速度	ラジアン毎秒	rad/s
回転数	回毎秒	s^{-1}
振動数、周波数	ヘルツ	Hz(=s^{-1})

〔表2-3〕SI接頭語

倍数	接頭語	記号
10^{18}	エクサ	E
10^{15}	ペタ	P
10^{12}	テラ	T
10^9	ギガ	G
10^6	メガ	M
10^3	キロ	k
10^2	ヘクト	h
10^1	デカ	da
10^{-1}	デシ	d
10^{-2}	センチ	c
10^{-3}	ミリ	m
10^{-6}	マイクロ	μ
10^{-9}	ナノ	n
10^{-12}	ピコ	p
10^{-15}	フェトム	f
10^{-18}	アト	a

2－2　圧力とパスカルの原理

　この節では、油圧機器や回路設計の際に重要である圧力とパスカルの原理について述べる。油が流れている中に、一緒に流れている厚さがないほど薄い微小な四角形の平板を考える。この微小平板の一方の表面の四角形平面に働く応力は、平面に垂直な成分である垂直応力と平面に平行な成分であるせん断応力に分けられる。流体が静止している場合や流れの圧縮性の影響が小さい非圧縮性流れの場合には、垂直応力は圧力と同じになる。この場合、非常に薄いので、平板の一方の平面上のある点の圧力は、反対の面の近い点の圧力と同じであり、即ち、厚さが限りなくゼロに近づけた厚さがない平面のある点の圧力は、その点を通る平面の方向によらず同じになる。

　圧力はスカラー量でその単位は、Pa（パスカル）であり、N/m^2 と書く。油圧の場合には一般に圧力が高いので、表2-3の接頭語のM（メガ）をつけることが多い。1MPa は、約 10 気圧である。

　通常の圧力計は大気圧との差を示すものが多いので、油圧の分野でも大気圧を基準にして表すゲージ圧を使用する。一方、完全真空状態を基準にする圧力を絶対圧という。従って、絶対圧は、大気圧にゲージ圧に加えたものである。

　次にパスカルの原理（Pascal's principle）について説明する。

　密閉容器内で静止している流体において、ある点で圧力を増加させると、容器内のすべての点で同じ圧力だけ増加する。これをパスカルの原理と言う。この原理を簡単に説明するために図2-1を示す。図に示すように、シリンダ A 内の断面積が A_0 のピストン A に力 F_0 を加える。ピストン A が、$z=z_0$ で静止すると、シリンダ内のピストン表面での圧力 p_0 は、$p_0 = F_0/A_0$　となる。

　一方、シリンダ内の任意の位置における圧力 p は、

$$p = p_0 + \rho g h \qquad (2\text{-}1)$$

となる。ここで、h は深さであり $h=z_0-z$ で、ρ は密度、g は重力加速度である。従って、$\rho g h$ は深さによって決まるため、ピストン表面の圧

－ 17 －

力 p_0 が加えられれば、シリンダ内の全ての位置の圧力が p_0 増加することになる。よって、同じ高さにあるピストンBの表面の圧力も p_0 になる。従って、

$$p_0 = \frac{F_0}{A_0} = \frac{F_1}{A_1} \quad \cdots\cdots\cdots\cdots\cdots\cdots\cdots\cdots\cdots\cdots\cdots\cdots\cdots\cdots\cdots \quad (2\text{-}2)$$

であるから、

$$F_1 = F_0 \frac{A_1}{A_0} \quad \cdots\cdots\cdots\cdots\cdots\cdots\cdots\cdots\cdots\cdots\cdots\cdots\cdots\cdots\cdots \quad (2\text{-}3)$$

となり、力 F_1 を A_1/A_0 の比率で増幅することができる。油圧では、高さの違いによる圧力の違いである $\rho g h$ は、加える圧力 p_0 に比べて小さいので、シリンダ内の圧力 p は p_0 で一定と見なしてよい。

計算例1:パスカルの原理
設問1-1:
　図2-1において、ピストンの面積を $A_0=0.07\text{m}^2$、$A_1=7\text{m}^2$ とする。ピストンBの上に質量 $M=500\text{kg}$ の自動車を乗せる場合、この自動車を押

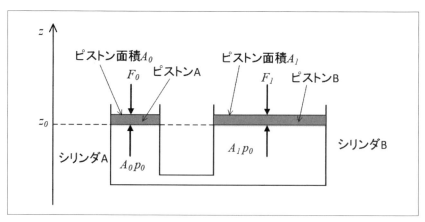

〔図2-1〕パスカルの原理

し上げるためには、ピストン A にどれだけの力 F0 を加えなくてはならないか。

_____

解答 1-1：

　先ず、ピストン B 上の自動車による力 F_1 は、$F_1 = M_g = 500\mathrm{kg} \times 9.8\mathrm{m/s}^2 = 4900\mathrm{N}$ になる。式 (2-3) から、$F_0 = F_1(A_0/A_1) = 4900\mathrm{N} \times (0.07\mathrm{m}^2/7\mathrm{m}^2) = 49\mathrm{N}$ となり、1/100 の力で自動車を押し上げることができる。

設問 1-2：

　また、自動車を 1cm 押し上げるためには、ピストン A をどれだけ押し下げなければならないか。

_____

解答 1-2：

　自動車を 1cm 押し上げるには、$A_1 \times 1\mathrm{cm}$ つまり $A_1 \times 0.01\mathrm{m} = 7\mathrm{m}^2 \times 0.01\mathrm{m} = 0.07\mathrm{m}^3$ の油をピストン A によってピストン B 側へ送ることが必要である。従って、$0.07\mathrm{m}^3/A_0 = 0.07\mathrm{m}^3/0.07\mathrm{m}^2 = 1\mathrm{m}$ ピストン A を押し下げなくてならず、ピストン A の力は 1/100 ですむが、押し下げる距離は 100 倍になる。

2-3 速度と流量

　油圧回路のポンプ、管路および制御弁などの内部では油が流れている。この節では、その油の流れの状態を表す代表的な量として、油の速度（流速、Velocity）と流量について説明する。油が流れている時、一般に、速度は場所によって違うし、ある場所の速度も時間によって変化する。速度の単位は、単位時間当たりの移動距離でありm/sである。

　管路内の流れの例として、円管内を流れる層流の速度分布を図2-2に示す。図のように円管の中心軸から壁への半径方向の距離によって速度は減少する。時間的に急に速度が増加することもある。油圧回路では、流路の断面での場所による速度は一定として、平均速度で考えることが多いのでここでも平均速度で説明する。つまり、図の速度分布の回転放物形の体積と同じ体積の円柱の高さを平均速度と考える。この流路断面で速度を一定と仮定し、平均速度で考える流れを一次元流れという。1秒間に流れる油の体積は、回転放物形の体積でも円柱の体積でも同じであり、これを体積流量 Q という。体積流量の単位は、m^3/s と書き、質量流量 m は、体積流量 Q に密度 ρ を乗じて $m=\rho Q$ で単位は kg/s で表す。油圧では、単に流量というと体積流量を表す。油の供給流量が大きく速度が増加した場合、円管内の流れは層流ではなく、乱れのある乱流になる。その場合の速度分布の形は、放物形から小さな乱れが入った

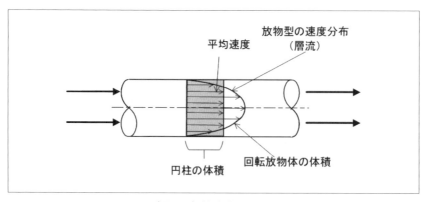

〔図2-2〕管路内の流れ

台形に近くなる。すなわち、円管の軸中心付近では小さな乱れが入った一様速度となり、壁面付近で急に速度が減少する分布になるが、層流の場合と同様に平均速度で考える。実験的にも理論的にもレイノルズ数が約 2300 以下であれば、層流であることが分かっている。

レイノルズ数 Re は次式で定義される。

$$Re = \frac{UL}{\nu} \quad \cdots\cdots\cdots\cdots\cdots\cdots\cdots\cdots\cdots\cdots\cdots\cdots\cdots\cdots \quad (2\text{-}4)$$

ここで、U は代表速度で円管内の場合は平均流速、L は代表長さで円管内の場合は管内径、ν は動粘度である。

油の管路内の流れでどのような流れが、レイノルズ数が 2300 程度になるのか計算する。内径 10mm の管内を動粘度 ν が 2×10^{-5}m²/s（粘度 $\mu = 17.2$mPa・s、密度 $\rho = 860$kg/m³ の油）の油が流れる場合を考える。この場合も SI 単位系を使用する。

式 (2-4) より、レイノルズ数が 2300 での流速を求めると、次のようになる。

$$U = \frac{Re\,\nu}{L} = (2300 \times 2 \times 10^{-5}\text{m/s}^2)/0.01\text{m} = 4.6\,\text{m/s}$$

従って、流量は、流速に管路断面積を乗じて次のようになる。

$$4.6\,\text{m/s} \times (0.01\text{m/s})^2 \times \pi/4 \times 60 = 0.0216\text{m}^3/\text{min} = 21.6\text{L/min}$$

即ち、動粘度が 2×10^{-5}m²/s の油の場合、内径が 10mm の管路を流量が約 22L/min で流れる場合が、層流と乱流との境目ということである。この場合と管内径が同じで流量が 2 倍になれば速度が 2 倍でレイノルズ数も 2 倍になり乱流になる。一方、同じ流量で、内径が 2 倍になれば、管路断面積が 4 倍になり平均速度は 1/4 になるが、代表長さである管内径は 2 倍になるためレイノルズ数は 1/2 になる。本書では、記号を明確にするために、リットルの記号を小文字ではなく大文字の L で表すことにする。

2−4 連続の式

　ある容器の中に閉じ込められた油全体の質量は時間が経過しても一定で変化しないという質量保存の法則を流れている流体に適用した連続の式について説明する。連続の式の連続という意味は、流れの中に微小な無数の流体の塊が隙間なく連続に詰まっていることを意味する。油圧回路においては、液体の油だけでなく、油と気体の気泡が混在する場合もあるが、いずれも流体であり混在する場合も気泡の存在を考慮した連続の式は成立する。ここでは、油のみが流れている場合を考える。

　図2-3に示すように、断面積が変化する管の中をs方向に油が流れている場合を考える。管壁での油の出入りはない流管を考える。油の流れは厳密には複雑で三次元的に変化するが、前節で述べたように油圧回路においては一般に管路中心軸と垂直方向の断面上で速度は一定であると考える。図に示すように、位置sでの管路断面積がAで、速度がqとする。そして、位置sでの断面とそこから非常に短い距離ds離れた場所での断面とで囲まれる薄い円盤状の固定された小さな空間を考える。

　その円盤状の小さな空間に出入りする油に質量保存の法則を適用すると、短い時間dt間にその空間に入る油の質量から出る油の質量を引いたものは貯まった質量になる。即ち、位置sの断面からdt時間内に入る油の質量は$\rho q A dt$になり、位置$s+ds$の断面からdt時間内に出る油の

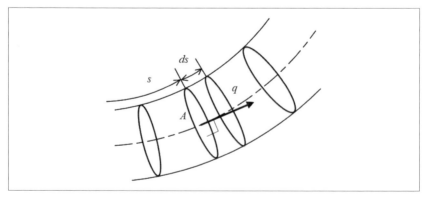

〔図2-3〕管路内の流れ

質量は、位置 $s+ds$ での密度、速度および断面積を

$$\left(\rho + \frac{\partial \rho}{\partial s} ds\right), (q + \frac{\partial q}{\partial s} ds) \ および (A + \frac{\partial A}{\partial s} ds)$$

のように表わすことができるため、

$$\left(\rho + \frac{\partial \rho}{\partial s} ds\right)\left(q + \frac{\partial q}{\partial s} ds\right)\left(A + \frac{\partial A}{\partial s} ds\right) dt$$

$$\cong \rho q A\, dt + \rho q \frac{\partial A}{\partial s} dsdt + \rho A \frac{\partial q}{\partial s} dsdt + q A \frac{\partial \rho}{\partial s} dsdt \quad \cdots\cdots\cdots \quad (2\text{-}5)$$

となる。

最後に、dt 時間内に円盤状の小さな空間に貯まった質量は次式のようになる。

$$\frac{\partial}{\partial t}(\rho A ds)\, dt = A \frac{\partial \rho}{\partial t} dsdt \quad \cdots\cdots\cdots\cdots\cdots\cdots\cdots\cdots\cdots \quad (2\text{-}6)$$

従って、時間 dt の間に入る油の質量から出る油の質量を引いたものは貯まった質量とすると次式が得られる。

$$\rho q A\, dt - \rho q A\, dt - \rho q \frac{\partial A}{\partial s} dsdt - \rho A \frac{\partial q}{\partial s} dsdt - q A \frac{\partial \rho}{\partial s} dsdt$$

$$= A \frac{\partial \rho}{\partial t} dsdt \quad\quad\quad\quad\quad \cdots \quad (2\text{-}7)$$

まとめると

$$A \frac{\partial \rho}{\partial t} + \rho q \frac{\partial A}{\partial s} + \rho A \frac{\partial q}{\partial s} + q A \frac{\partial \rho}{\partial s} = 0 \quad \cdots\cdots\cdots\cdots\cdots \quad (2\text{-}8)$$

これを連続の式と言う。

非圧縮性流れでは、流れているある流体の塊（小さな塊）を追いかけた時のその密度 ρ の変化がないため

－ 23 －

2. 油圧回路内の流れの基礎

$$\frac{\partial \rho}{\partial t} + q\frac{\partial \rho}{\partial s} = 0 \quad \cdots\cdots\cdots\cdots\cdots\cdots\cdots\cdots\cdots\cdots\cdots\cdots\cdots\cdots\cdots\cdots (2\text{-}9)$$

となり、これを式 (2-8) に代入すると次式が得られる。

$$\rho q\frac{\partial A}{\partial s} + \rho A\frac{\partial q}{\partial s} = \frac{\partial (Aq)}{\partial s} = 0 \quad \cdots\cdots\cdots\cdots\cdots\cdots\cdots\cdots (2\text{-}10)$$

この式を非圧縮性流れの連続の式と言う。

式 (2-10) の Aq は体積流量 $Q\,(\mathrm{m^3/s})$ であるから、次式が得られる。

$$\frac{\partial Q}{\partial s} = 0 \quad \cdots\cdots\cdots\cdots\cdots\cdots\cdots\cdots\cdots\cdots\cdots\cdots\cdots\cdots\cdots\cdots (2\text{-}11)$$

即ち、非圧縮性流れの場合、ある管路での入口と出口の体積流量は同じになる。

2-5 ベルヌーイの式と圧力エネルギー

　油圧管路内や制御弁内の流れやエネルギー損失を考える際に、ベルヌーイの定理を用いて考える。油の流れではないボールの運動のような質点系の力学において、力学的なエネルギー保存則が成り立つことは容易に理解できる。即ち、摩擦力などが作用せず、エネルギー損失がなければ、その質量 M の物体の運動エネルギー $(1/2)Mv^2$ と位置エネルギー Mgz の合計は一定に保たれる。ここで、v は物体の速度で g は重力加速度、z は基準面からの高さである。油の流れの場合にはどのようになるのか。結論から言うと、運動エネルギーと位置エネルギーはボールの運動の場合と同様に存在するが、新たに圧力エネルギーが加わり、これらの3つのエネルギーの合計は一定に保たれる。

　圧力エネルギーについて簡単に説明するために、管壁と油との間に摩擦力が働かなく、従って、流路をエネルギー損失がなく油が流れている場合を図2-4に示す。流体A、B、CおよびDは、断面積が A で $q\Delta t$ の

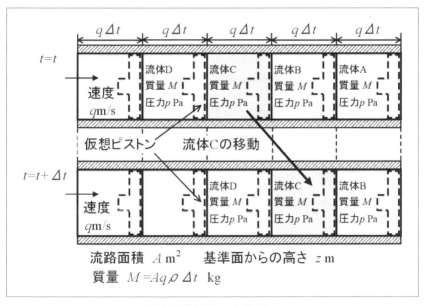

〔図2-4〕圧力エネルギー

長さの油のかたまりで隙間なく油がつまって速度 q で右方向へ流れている。それらの油の前後にももちろん油は流れている。ここで、流路面積 A は一定であるから q も一定で、流路の基準面（例えば地面）からの高さは同じで z で、Δt は非常に短い時間である。損失がないので、流路内の圧力 p は一定である。上側の図は時刻 t での流れの状態を表し、下側の図はそれから時刻が Δt 経過した $t+\Delta t$ の流れの状態である。流体 C に着目した場合、もしその前後の流体 B および D がなければ先程の質点系の力学の質量 M の時のように、運動エネルギーと位置エネルギーのみを持っていることになるが、流体 C の前に流体 B があるのでそれを前へ押し進めるエネルギーが必要になる。つまり、図の破線で示す仮想ピストンで前の流体 B を前へ押し込むためのエネルギーを流体 C が持っている必要がある。これが圧力エネルギーである。流体 C は、流体 B を押し込むために圧力エネルギー使って流体 C 自体の圧力エネルギーを失うが、流体 D が流体 C 押し込むために同じエネルギーを使い、そのエネルギーを流体 C が得るから流体 C が持つ圧力エネルギーは変化しない。ここでは、摩擦力などが作用せず、エネルギー損失がない場合を考えているから流路内の圧力は同じである。さらに、流体の圧縮性も考えていない。そこで、流体 C が仮想ピストンで前の流体 B 押し込むためのエネルギーはどれくらいか考える。押し込む力は pA で、距離が $q\Delta t$ であるから、押し込むために必要である圧力エネルギーは $pAq\Delta t$ となる。流体 C の質量は $M = Aq\Delta t \rho$ であるから、質量を使って圧力エネルギーを書き換えると、pM/ρ となる。流体 C の持つ運動エネルギーは質点系の力学と同様に $(1/2)Mq^2$ となり、位置エネルギーは Mgz である。これらの三つのエネルギーを加えると、$(1/2)Mq^2 + pM/\rho + Mgz$ となり、これが一定であることが、流体における力学的エネルギーの合計が一定であることを表している。M は質量流量 $m = Aq\rho$ と Δt の積で、一定であるから3つのエネルギーから削除し、単位質量当たりのエネルギーで表して、

$$\frac{1}{2}q^2 + \frac{p}{\rho} + gz = \text{const.} \qquad \cdots\cdots\cdots\cdots\cdots\cdots\cdots (2\text{-}12)$$

がベルヌーイの定理である。ここで、const. は constant の略で一定という意味である。

　油圧の場合は一般に圧力が高いので、圧力エネルギーが大きい場合が多い。

　2-3節でレイノルズ数が2300の時の流速を計算した時と同様な場合で、内径10mmの管内を流速4.6m/sで動粘度 ν が 2×10^{-5} m²/s（粘度 $\mu = 17.2$ mPa・s、密度 $\rho = 860$ kg/m³ の油）の油が流れる場合を考える。位置エネルギーは無視して、圧力を5MPaとすると、単位質量当たりの運動エネルギーは、$(1/2)q^2 = (1/2)(4.6m/s)^2 = 10.58$ m²/s² となり、単位質量当たりの圧力エネルギーは

$$p/\rho = 5 \times 10^6 Pa/860 kg/m^3 = 5.8 \times 10^3 Pa m^3/kg = 5.8 \times 10^3 m^2/s^2$$

となるため、圧力エネルギーの方がかなり大きいことが分かる。

　図2-5に示す緩やかに狭まる管路内の流れにベルヌーイの定理を適用してみる。油圧管路の場合には、継ぎ手部分等で図2-20に示す急拡大や急縮小のような断面変化を伴う場合が多いが、ここでは、断面変化による損失を考慮しないので、緩やかに狭まる場合を取り上げる。

　図に示すような断面が縮小する水平管路とする。管路内は、一定流量 Q m³/s の密度 ρ の油が流れていて断面①、②での断面積を A_1 m²、A_2 m² とし、速度を u_1 m/s、u_2 m/s、圧力を p_1 Pa、p_2 Pa とする。速度 u_1 m/s、u_2 m/s は連続の式から次のようになる。

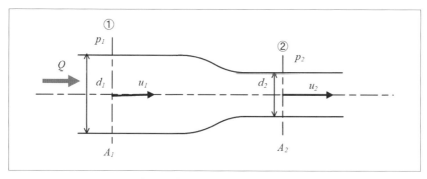

〔図2-5〕緩やかに狭まる管路

2. 油圧回路内の流れの基礎

$$u_1 = \frac{Q}{A_1}, \ u_2 = \frac{Q}{A_2} \quad \cdots\cdots\cdots\cdots\cdots\cdots\cdots\cdots\cdots\cdots\cdots \ (2\text{-}13)$$

一方、管路内のエネルギー損失は無いとして、さらに、水平管路であるから位置エネルギーは断面①、②で同じで無視して、式 (2-12) のベルヌーイの定理から、次式が得られる。

$$\frac{u_1^2}{2} + \frac{p_1}{\rho} = \frac{u_2^2}{2} + \frac{p_2}{\rho} \quad \cdots\cdots\cdots\cdots\cdots\cdots\cdots\cdots\cdots \ (2\text{-}14)$$

(2-13) を (2-14) に代入して、圧力と速度の関係が次式のように得られる。

$$p_1 - p_2 = \frac{\rho}{2}\left(u_2^2 - u_1^2\right) = \frac{\rho Q^2}{2}\left(\frac{1}{A_2^2} - \frac{1}{A_1^2}\right) \quad \cdots\cdots\cdots \ (2\text{-}15)$$

式 (2-15) より水平管路で断面積が縮小する場合、速度は増加し圧力は減少することが分かる。

計算例 2：ベルヌーイの定理
設問 2：

図 2-5 の水平管路内の断面①、②での内径が、$d_1 = 20\text{mm}$、$d_2 = 10\text{mm}$ で、流量 10L/min、密度が $\rho = 860\text{kg/m}^3$ の油が流れている場合の圧力 p_1、p_2 の差を求めよ。

――――――――――――

解答 2：

流量は、$Q = 10\text{L/min} = 10 \times 10^{-3}/60\text{m}^3/\text{s} = 1.67 \times 10^{-4}\text{m}^3/\text{s}$ となり、速度 $u_1\text{m/s}$、$u_2\text{m/s}$ は次のようになる。

$$u_1 = \frac{Q}{\pi\left(\dfrac{d_1}{2}\right)^2} = \frac{1.67 \times 10^{-4}\text{m}^3/\text{s}}{3.14 \times \left(\dfrac{0.02\text{m}}{2}\right)^2} = 0.532\text{m/s} \quad \cdots\cdots\cdots\cdots \ (2\text{-}16)$$

- 28 -

$$u_2 = \frac{Q}{\pi\left(\dfrac{d_2}{2}\right)^2} = \frac{1.67 \times 10^{-4}\mathrm{m^3/s}}{3.14 \times \left(\dfrac{0.01\mathrm{m}}{2}\right)^2} = 2.127\mathrm{m/s} \quad \cdots\cdots\cdots\cdots (2\text{-}17)$$

これらを式 (2-15) に代入して、

$$p_1 - p_2 = \frac{\rho}{2}\left(u_2^2 - u_1^2\right) = \frac{860\mathrm{kg/m^3}}{2}\left\{\left(2.127\mathrm{m/s}\right)^2 - \left(0.532\mathrm{m/s}\right)^2\right\}$$
$$= 1823\mathrm{Pa} = 1.8\mathrm{kPa} \qquad\qquad\qquad\qquad \cdots (2\text{-}18)$$

が得られる。

2-6 油の圧縮性

ここでは、静止している油の圧縮性について述べる。油のような液体と空気のような気体がシリンダ内に入っている状態を図2-6に示す。両方のピストンを同じ力で押し込んだ場合、気体が入った方が押し込みやすく気体の体積は減少するが、液体の方の体積はほとんど減少しない。このように気体の方が圧縮されやすいので圧縮性が大きいと言う。この圧縮性の大きさを調べる。図2-7に示すように、ピストンで流体を圧縮する前と後を考える。圧縮前のシリンダの体積が $V \mathrm{m}^3$、圧力が $p \mathrm{Pa}$ の時、右方向にピストンを押して、体積が $\Delta V \mathrm{m}^3 (<0)$ 減少し、圧力が $\Delta p \mathrm{Pa}(>0)$ 増加したとする。この時、圧縮されやすさを表す圧縮率 β は、

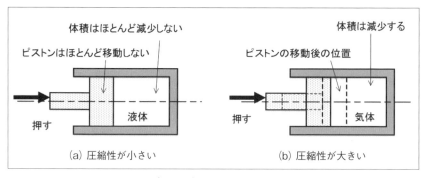

〔図2-6〕流体の圧縮性

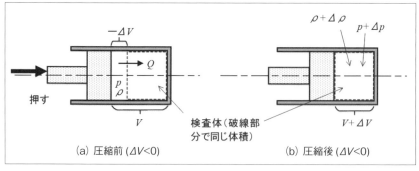

〔図2-7〕流体の圧縮前と後

$$\beta = \frac{\dfrac{-\Delta V}{V}}{\Delta p} \quad \cdots\cdots\cdots\cdots\cdots\cdots\cdots\cdots\cdots\cdots\cdots\cdots\cdots \text{(2-19)}$$

で定義される。圧縮率 β の単位は、Pa^{-1} である。ΔV は負であるから β は正であり、圧力を Δp 増加させた時に、体積の変化の割合（$-\Delta V/V$）が大きい方が圧縮率 β は大きく、圧縮されやすいことになる。

圧縮率の逆数は、体積弾性係数 K と呼ばれており、

$$K = \frac{1}{\beta} = \frac{\Delta p}{-\dfrac{\Delta V}{V}} \quad \cdots\cdots\cdots\cdots\cdots\cdots\cdots\cdots\cdots\cdots\cdots \text{(2-20)}$$

で定義される。体積弾性係数 K の単位は Pa である。石油系作動油の場合、大気圧、20℃で、体積弾性係数は $1.9 \times 10^3 \text{MPa}$ 程度である。体積弾性係数 K は、温度が高くなると小さくなり、圧力が上がると大きくなる。さらに、油中に気泡が混入すれば、かなり小さくなる。

次に、ピストンから押されて、図の破線部分に単位時間に流入する体積流量 Q と破線部分の圧力の時間的変化率の関係は、

$$Q = \frac{V}{K} \frac{dp}{dt} \quad \cdots\cdots\cdots\cdots\cdots\cdots\cdots\cdots\cdots\cdots\cdots\cdots \text{(2-21)}$$

で表される。この式は、体積弾性係数 K の油が、体積 V の容器に流量 Q で流入する時の流量と圧力の時間的変化率（dp/dt）の関係を示しており、油圧回路内での圧縮性の影響がある設計計算によく使用される。

計算例 3：油の圧縮性
設問 3：

体積が 2m^3 の油に 20.0MPa の圧力を加えた後の体積を求めよ。ただし、体積弾性係数 K を $1.9 \times 10^3 \text{MPa}$ とする。

解答3：

体積弾性係数の定義式（2-20）から、$\Delta V = -V\Delta p/K$ となり、これに数値を代入すると、$\Delta V = -2\text{m}^3 \times 20.0 \times 10^6 \text{Pa}/(1.9 \times 10^9)\text{Pa} = -0.021\text{m}^3$ となり、圧力を加えた後の体積は、$2.00\text{m}^3 - 0.021\text{m}^3 = 1.98\text{m}^3$ となる。

計算例4：油圧シリンダ内の油の圧縮性
設問4-1：

図2-8に示す実際の油圧シリンダの場合を考える。油が左室のキャップ側の入り口から流量 $Q_1\text{m}^3/\text{s}$ でシリンダへ流入して1室の圧力が上昇し、ピストンを右へ押してロッド側の出口から流量 $Q_2\text{m}^3/\text{s}$ が流出する。油の体積弾性係数は、$1.9 \times 10^3 \text{MPa}$ とする。1室の体積 V_1 が 15.0cm^3 で、半径が1cmのピストンが静止している時に、油が流量 $Q_1 = 8.00 \times 10^{-8}\text{m}^3/\text{s}$ で流入する時、0.01秒後に上昇する圧力を求めよ。

解答4-1：

式（2-21）から1室へ流入する流量と圧力上昇率 dp/dt との関係は、

$$\frac{dp}{dt} = \frac{KQ_1}{V_1} \quad \cdots\cdots\cdots\cdots\cdots\cdots\cdots\cdots\cdots\cdots (2\text{-}22)$$

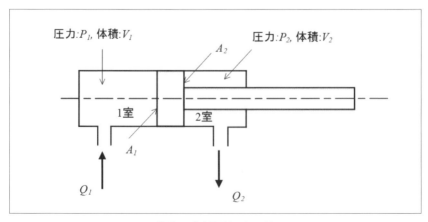

〔図2-8〕油圧シリンダ

となり、Δt 秒間に Δp だけ圧力が変化すると、

$$\Delta p = \Delta t \frac{KQ_1}{V_1} \quad \cdots\cdots\cdots\cdots\cdots\cdots\cdots\cdots\cdots\cdots\cdots\cdots\cdots \quad (2\text{-}23)$$

となる。それぞれの数値を代入すると、

$$\Delta p = 0.01\text{s} \times 1.9 \times 10^9 \text{Pa} \times 8.00 \times 10^{-8} \text{m}^3/\text{s} / (15.0 \times 10^{-6} \text{m}^3)$$
$$= 101333.3\text{Pa} = 0.10\text{MPa} \quad\quad\quad\quad \cdots (2\text{-}24)$$

となり、0.10MPa 上昇する。

設問 4-2：

次に、油が 1 室の入り口から $Q_1 = 4.0 \times 10^{-6} \text{m}^3/\text{s}$ で流入し、ピストンが速度 1.00cm/s で右方向へ運動している場合の 0.01 秒後に上昇する 1 室の圧力を求めよ。

———————————

解答 4-2：

ピストンが右方向へ移動しているので、その移動する体積だけ左の 1 室の体積 V_1 から流出する。その流量 Q_3 は、ピストンの断面積×ピストンの運動速度であり、

$$Q_3 = 0.01\text{m} \times 0.01\text{m} \times \pi \times 0.01\text{m/s} = 3.14 \times 10^{-6} \text{m}^3/\text{s} \quad \cdots\cdots\cdots (2\text{-}25)$$

となる。従って、式 (2-23) の Q_1 を $(Q_1 - Q_3)$ に置き換えると次式が得られる。

$$\Delta p = \Delta t \times K(Q_1 - Q_3)/V_1 = \Delta t \times K(Q_1 - 3.14 \times 10^{-6} \text{m}^3/\text{s})/V_1 \quad (2\text{-}26)$$

上式に数値を代入すると、

$$\Delta p = 0.01\text{s} \times 1.9 \times 10^9 \text{Pa}(4.0 \times 10^{-6} \text{m}^3/\text{s} - 3.14 \times 10^{-6} \text{m}^3/\text{s})/(15.0 \times 10^{-6} \text{m}^3)$$
$$= 1089333\text{Pa} = 1.09\text{MPa} \quad\quad\quad\quad \cdots (2\text{-}27)$$

となり、約 1MPa 上昇する。このように、式 (2-23) より、油の圧縮性による短い時間での圧力の上昇を簡単に見積もることができる。

2-7 油圧管路でのオイルハンマー

油圧回路において、しばしばオイルハンマー（油撃）と呼ばれる現象が生じる。ここでは、そのメカニズムを分かりやすく説明する。図2-9に示すように、長い油圧管路を油が流れて、管路の途中に弁が設置されているとする。弁を急に閉じると流れが急に減速されるのに伴って弁の上流の圧力が上昇する。このように流れが急に減速されあるいは停止したために高圧が発生し、高圧の波が管路内を伝播する現象をオイルハンマーという。

2-7-1 圧縮性とオイルハンマー

オイルハンマーのメカニズムを分かり易く述べるために、図2-10に示すように、連結された長さ L の列車を考える。今、速度 U で連結された列車が走っているとする。列車と列車の距離 D は図に示すように縮むことができるようになっている。この部分が油の圧縮性を表現している。先頭列車が急停止した場合、油の流れに圧縮性がない時、即ち $D=0$ の場合、列車全体が先頭車両と同時に同じ速度で急停止する。しかしながら、圧縮性がある場合、どのようになるのか。各列車は急に止まらず順番に止まっていくことになる。即ち、先頭列車Aが停止した後、

〔図2-9〕管路と弁

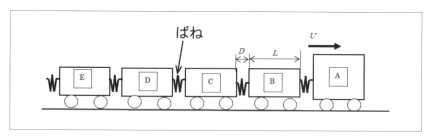

〔図2-10〕連結列車

列車Bは距離D走って止まり、これに要する時間は、D/Uとなる。同様に列車Bが止まってから列車Cが停止するために要する時間は、D/Uとなり、この様にして、列車B以下、m両の列車が停止するために要する時間は、mD/Uとなる。停止した列車の長さはmLになるが、それより後方の列車はまだ速度Uで走り続けている。この様にして、先頭車両Aが停止したことがmD/U時間後に距離mL後方車両に伝わるから、その伝播速度aは

$$a = \frac{mL}{\dfrac{mD}{U}} = \frac{LU}{D} \quad \cdots\cdots\cdots\cdots\cdots\cdots\cdots\cdots\cdots\cdots\cdots\cdots\cdots\cdots (2\text{-}28)$$

となる。圧縮性が無く、列車間の距離Dが0の場合、列車全体が同時に停止するので伝播速度は無限大である。

　一方、各列車の質量をMとすると、D/U時間おきにMUの運動量が減少するので、先頭列車Aは力F

$$F = \frac{MU}{\dfrac{D}{U}} = a\frac{UM}{L} \quad \cdots\cdots\cdots\cdots\cdots\cdots\cdots\cdots\cdots\cdots\cdots\cdots\cdots (2\text{-}29)$$

を列車一台が停止するたびに受ける。もし圧縮性がない場合、伝播速度aが無限大になるため列車が受ける力は極めて大きい衝撃力になる。

　油圧管路内を流れている油が急に弁などによって停止させられた時もこれと全く同様な現象が起きる。弁閉鎖によって液体の圧力が上昇するとその部分の油の体積が減少したり、管径が増加したりするので油の占める長さが短くなり、後続の油は距離D進んではじめて油の停止の影響を受ける。管路の断面積をA、圧力上昇をΔpとすれば衝撃によって生じる力Fは$F = A\Delta p$である。さらに、液体の密度をρとすると、$M = \rho AL$であるから、これらを式(2-29)に代入すると

$$\Delta p = a\rho U \quad \cdots\cdots\cdots\cdots\cdots\cdots\cdots\cdots\cdots\cdots\cdots\cdots\cdots\cdots (2\text{-}30)$$

となる。従って、オイルハンマーによる圧力上昇 Δp は式 (2-30) によって見積もることができ、流速 U が大きいほど圧力が上昇することが分かる。

2-7-2 弁を急閉鎖した時のオイルハンマー

次に、管摩擦損失がないと仮定した場合に、弁を急閉鎖した時のオイルハンマーの現象について説明する。後述される図 8-1 に示されたアキュムレータにより一定圧力に保たれる図 9-8 に示される一定圧力供給回路を想定して説明する。即ち、アキュムレータの取り付け部での上流での圧力は一定で、方向制御弁の急な開閉によりサージ圧力が発生する。アキュムレータと方向制御弁の間の流れを図 2-11 (a) に示すように、簡略化してアキュムレータ出口の圧力が一定に保たれている場合を考える。管の右端の弁（方向制御弁など）は開かれて油がアキュムレータから速度 U で流れている状態で、管の出口の弁が急閉鎖された瞬間、弁の上流の油は圧縮され流れは止まる。この油が圧縮され流れが止まり

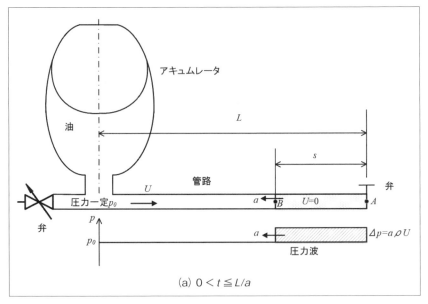

〔図 2-11〕弁急閉鎖の場合のオイルハンマー

$U=0$ となる現象は次々に上流に伝達される。アキュムレータ付近の油はこの現象が到達しない限り、これまで同様に流れ続ける。この圧縮されたために生じる高圧力は波動として速度 a で上流に伝わっていき、それが上流に伝達されるにしたがって油は圧縮され静止する。この圧力波は $t=L/a$ 秒後に上流のアキュムレータ出口に到達し、その瞬間管内の流れは止まり、それまでの運動エネルギーは弾性エネルギーに変換される。ここで、上昇した圧力 Δp は式 (2-30) より $\Delta p = a\rho U$ となる。

　この圧力波がアキュムレータ出口に到達した瞬間、アキュムレータ出口の圧力は一定であるから圧力の不平衡によって図 2-11 (b) に示すように弁の上流に向かって流れ始める。このことによって圧力はもとに戻り、油の速度は急閉鎖前とは逆方向に U となる。この現象は、弁閉鎖後 $2L/a$ 秒後に点 A に到達し、圧力は管路全体にわたって元に戻り、速度は急閉鎖前とは逆方向に U となる。

　次に、弁の上流（図 2-11 (a) の点 A）では速度は上流向きであり下流

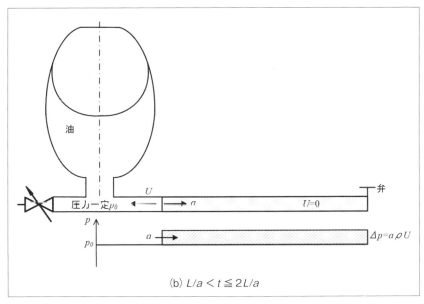

〔図 2-11〕弁急閉鎖の場合のオイルハンマー

2. 油圧回路内の流れの基礎

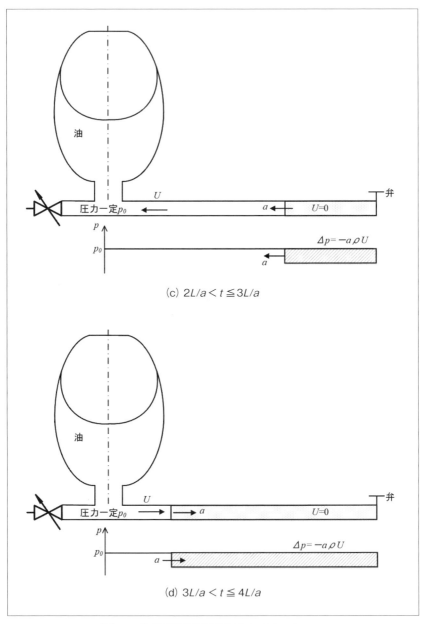

〔図2-11〕弁急閉鎖の場合のオイルハンマー

側は弁Aで閉鎖されているので、弁上流の圧力は減少し負の値である Δp が発生して、アキュムレータの方向に伝わっていく。もちろん、速度は0となって伝わっていく。弁閉鎖後 $3L/a$ 秒後に再びアキュムレータ出口に到達し、その瞬間管路内の油は停止し、圧力は弁閉鎖前に比べて Δp 低くなる。

さらに、アキュムレータ入り口で圧力の不平衡により、下流に向かって流れ始め、同時に圧力も0の状態に戻り、弁閉鎖後 $4L/a$ 秒後に弁に到達する。そしてこの時の状態は、弁閉鎖前の状態と同じになる。この現象は $4L/a$ 秒ごとに繰り返される。

図2-11 (a) での点Aにおける圧力の時間的な変化を図2-12に示す。これまでの説明での圧力波形は、図に示す矩形波になる。しかしながら、実際には、管路の摩擦損失のために、矩形形状の角は丸みを帯び、圧力の振幅は時間とともに減衰し、図に示すような実際の変化のようになる。点Bにおける圧力の時間的な変化を図2-13に示す。図の波形は矩形波であるが、損失がある実際の変化は、図2-12の実際の変化の大まかな様子と同様になる。

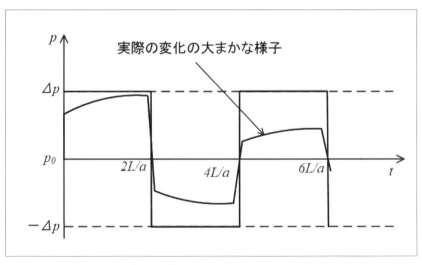

〔図2-12〕点Aでの圧力の変化

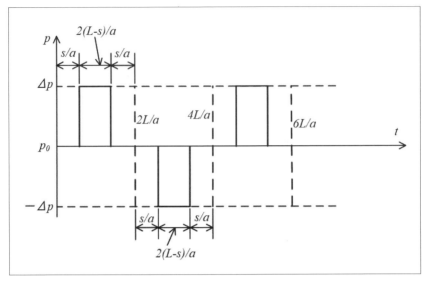

〔図2-13〕点Bでの圧力の変化

2-7-3 圧力波の伝播速度

　式 (2-30) で圧力上昇を見積もる際に、圧力波の速度や密度を知る必要がある。ここで問題になるのが、油中に分散している気泡である。気泡量が多いと圧力波の速度は遅くなり、密度は減少する。

　液体の体積弾性係数 K は、式 (2-20) で定義される。

$$K = \frac{1}{\beta} = \frac{\Delta p}{-\frac{\Delta V}{V}} \quad \cdots\cdots\cdots\cdots\cdots\cdots\cdots\cdots\cdots\cdots \text{(2-20) 再掲}$$

　ここで、V は元の体積であり、ΔV と Δp は体積と圧力の変化量である。ΔV が負の時（体積が減少するとき）Δp が正であるから、K を正にするために式 (2-20) にマイナスが付いている。体積弾性係数が小さい方が圧縮性は大きい油ということになる。

　さらに、管壁の弾性効果を小さいとした場合、圧力波の伝播速度は次

式で与えられる。

$$a = \sqrt{\frac{K}{\rho}} \quad \cdots\cdots\cdots\cdots\cdots\cdots\cdots\cdots\cdots\cdots\cdots\cdots\cdots\cdots \quad (2\text{-}31)$$

ここで、ρ は油の密度である。

さて、具体的に、油中に気泡が一様に分布した状態を考える。ある部分の全体積を V、その中の液体部分の体積を V_1、気体の体積を V_2 とすると次式が得られる。。

$$V = V_1 + V_2 \quad \cdots\cdots\cdots\cdots\cdots\cdots\cdots\cdots\cdots\cdots\cdots\cdots\cdots\cdots \quad (2\text{-}32)$$

圧力変化による体積変化は次のようになる。

$$\Delta V = \Delta V_1 + \Delta V_2 \quad \cdots\cdots\cdots\cdots\cdots\cdots\cdots\cdots\cdots\cdots\cdots \quad (2\text{-}33)$$

ここで、Δ はそれぞれの量の変化分を表している。

圧力変化が Δp の時の液体と気体の部分の体積弾性係数 K_1、K_2 を式 (2-20) から求めると次のようになる。

$$K_1 = -\frac{\Delta p}{\Delta V_1/V_1} \quad \cdots\cdots\cdots\cdots\cdots\cdots\cdots\cdots\cdots\cdots\cdots \quad (2\text{-}34)$$

$$K_2 = -\frac{\Delta p}{\Delta V_2/V_2} \quad \cdots\cdots\cdots\cdots\cdots\cdots\cdots\cdots\cdots\cdots\cdots \quad (2\text{-}35)$$

式 (2-20)、(2-32)、(2-33)、(2-34) および (2-35) より次式が得られる。

$$K = \frac{K_1}{1 + (V_2/V)(K_1/K_2 - 1)} \quad \cdots\cdots\cdots\cdots\cdots\cdots\cdots\cdots \quad (2\text{-}36)$$

さらに、気泡を含んだ油の密度は次式のようになる。

$$\rho = \rho_2 \frac{V_2}{V} + \rho_1 \frac{V_1}{V} \quad \cdots\cdots\cdots\cdots\cdots\cdots\cdots\cdots\cdots\cdots \quad (2\text{-}37)$$

従って、液体と気体の物性値 K_1、K_2、ρ_1、ρ_2 と気体の混入割合 V_2/V

‚Ö 2. 油圧回路内の流れの基礎

が分かると式 (2-36) および (2-37) から体積弾性係数と密度が求められる。さらに、式 (2-31) から圧力波の伝播速度が得られる。なお、ここでは、圧力の増加による油圧管路の膨張は考えていない。

計算例 5：オイルハンマー
設問 5：

体積弾性係数 $K = 1.9 \times 10^3 \mathrm{MPa}$、密度 $\rho = 860 \mathrm{kg/m^3}$、速度 $U = 1\mathrm{m/s}$ の時、オイルハンマーによる圧力上昇 Δp を求めよ。

解答 5：

式 (2-30) と (2-31) から、

$$\Delta p = a\rho U = \sqrt{\frac{K}{\rho}}\rho U = \sqrt{\rho K}U = \sqrt{980 \mathrm{kg/m^3} \times 1.9 \times 10^3 \times 10^6 \mathrm{Pa}} \times 1\mathrm{m/s}$$
$$= 1.36\mathrm{MPa}$$

となる。

弁急閉鎖直後の圧力上昇であるサージ圧力を抑えるためには、アキュムレータなどの容量やオリフィスなどの絞りを油圧システム内に設置すると効果的であることが分かっている。さらに、弁の最適な閉鎖方法に関する理論的な研究も古くから行われている。電子計算機技術の発達とともに特性曲線法を用いて波動方程式を解き、圧力の伝播の状態を数値予測するプログラムの開発も行われてきた。その計算プログラムでの管路抵抗のモデルの使用に際して、精度の良いモデルの開発や計算速度の向上に関する研究も精力的に行われた。さらに、可視化技術を駆使して、オイルハンマーと同時に頻繁に起こる油中分離に基づく気泡の発生メカニズムの解明も試みられた。近年、オイルハンマー現象を増圧装置に利用する研究も行われている。サージ圧力を低減するためにアキュムレータを使用した油圧回路については、後述の図 9-33 に示すサージ圧力吸収用のアキュムレータ回路例で説明される。

2−8　油圧制御弁の絞りでの圧力と流量

　油圧制御弁の絞りでの圧力と流量との関係を考える。これを考える前段階として、先ず、図 2-14 に示すように液体が満たされたふたがないタンクに断面積 $a\text{m}^2$ の小孔が空いており、流速 $q_2\text{m/s}$ で密度 $\rho\text{kg/m}^3$ の流体が流出している場合を考える。ただし、タンクの容量は小孔の断面積 a に比べて、十分に大きく水面はほぼ一定である。水面と小孔出口の圧力は、p_1, $p_2\text{Pa}$ であり、水面から小孔までの深さを $h\text{m}$ とする。小孔でのエネルギー損失がないとして、図の基準面を基準にして水面と小孔出口にベルヌーイの定理をあてはめると、

$$\frac{1}{2}q_1^2 + \frac{p_1}{\rho} + gh = \frac{1}{2}q_2^2 + \frac{p_2}{\rho} \quad\cdots\cdots\cdots\cdots\cdots\cdots\cdots (2\text{-}38)$$

となる。ここで、水面と小孔の出口での圧力は大気圧であるから、$p_1 = p_2 = 0$, さらに水面はほぼ静止しているから、$q_1 = 0$ となるから、上式は $(1/2)q_2^2 = gh$ のように簡略化される。この関係から、小孔出口から流出する流体の速度 q_2 は、

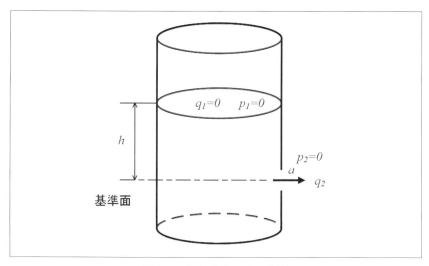

〔図 2-14〕トリチェリの定理

$$q_2 = \sqrt{2gh} \quad \cdots\cdots\cdots\cdots\cdots\cdots\cdots\cdots\cdots\cdots\cdots\cdots\cdots\cdots \text{(2-39)}$$

となり、この関係は、E. トリチェリによって 1644 年に発見されたもので、トリチェリの定理と呼ばれている。ただし、実際の流れでは、流出する小孔部で摩擦損失が生じ、さらに小孔部を通過した後に断面積が絞られて a より小さくなるため流量係数 c_d を定義して流量 Q_2 は

$$Q_2 = c_d a \sqrt{2gh} \quad \cdots\cdots\cdots\cdots\cdots\cdots\cdots\cdots\cdots\cdots\cdots \text{(2-40)}$$

となる。この式から、$h = \Delta p/(\rho g)$ の関係を用いて、流量 Q_2 を Q に書き換えて、次式が得られる。

$$Q = c_d a \sqrt{\frac{2\Delta p}{\rho}} \quad \cdots\cdots\cdots\cdots\cdots\cdots\cdots\cdots\cdots\cdots \text{(2-41)}$$

ここで、$Q \mathrm{m^3/s}$ は体積流量、$a \mathrm{m^2}$ は流路面積、c_d は流量係数（単位無）、$\Delta p \mathrm{Pa}$ は差圧および $\rho \mathrm{kg/m^3}$ は密度である。

　上式は、油圧回路のシミュレーションにおいて、弁の絞りでの流量と圧力の関係式としてよく用いられている。この式を使用する際の注意点を以下に述べる。先ず、この式は、定常流れの前提のもとに、ベルヌーイの定理から導かれた式であるから、定常流れの場合に成立する。言い換えると、いわゆる擬（準）定常流れの場合に使用できる。従って、非定常流れの場合には成立しないので、非定常流れに対して、式 (2-41) を用いる場合には注意を要する。

　もう一つの注意点は、流量係数の与え方である。流量係数は、一般にレイノルズ数と流路面積の関数である。しかしながら、シミュレーションでは一定として計算する場合がほとんどである。特に、弁開度が変化しつつある時の流量係数を与えるのは困難である。

　以上のように、上式を油圧回路の設計やシミュレーションに使用する場合には、非定常流れへの適用と流量係数の与え方に関しての注意が必要である。

－ 44 －

計算例6：スプール弁の圧力と流量の関係
設問6：

図2-15に示すような円筒形状のスプールとスリーブの隙間がほぼない（$c=0$とする）スプール弁を考える。スプールを横（軸）方向に移動させることにより、弁の弁開度xを変化させ、流量Qを調節する。弁の上流と下流の差圧が21MPa、スプール径dが20mm、弁開度xが0.1mmの時の流量を求めよ。ただし、油の密度ρを860kg/m^3、流量係数c_dを0.7とする。

解答6：

弁開度は円周方向に一周に渡って開いており、そこを油は流れるので、流路面積aは、円周の長さに弁開度を乗じて、$(\pi d) \times x$であるから式(2-41)から

$$Q = ac_d\sqrt{\frac{2\Delta p}{\rho}} = c_d \pi dx \sqrt{\frac{2\Delta p}{\rho}}$$

$$= 0.7 \times \pi \times 20 \times 10^{-3}\text{m} \times 0.1 \times 10^{-3}\text{m} \times \sqrt{\frac{2 \times 21 \times 10^6 \text{Pa}}{860\text{kg/m}^3}}$$

$$= 9.71 \times 10^{-4} \text{m}^3/\text{s} = 58.3\text{L/min} \quad \cdots\cdots (2\text{-}42)$$

となる。

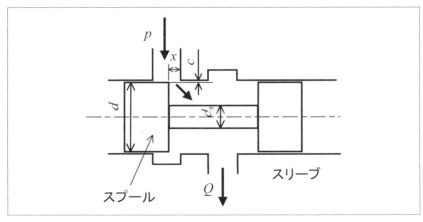

〔図2-15〕スプール弁

2−9 管路内の流れと損失

油圧回路においては、ポンプや制御弁を接続するために配管が必要である。配管の管路が長くなると管内を流れる油と管内壁の摩擦によって油のエネルギーが失われる。さらに、管路の断面積の変化や流れ方向の変化によってもエネルギーが失われる。ここでは、それらの失われる損失エネルギーの簡単な求め方について説明する。

図 2-16 に示すような断面が内径 d m の円形の管路内を、平均速度を u m/s で油が流れている時、距離 L m 離れた2点①、②の圧力を p_1、p_2 Pa とする。この間で油と管の内壁との間での管摩擦により生じる管摩擦損失は、次式で与えられる。

$$p_1 - p_2 = \lambda \frac{L}{d} \frac{\rho u^2}{2} \quad \cdots\cdots\cdots\cdots\cdots\cdots\cdots\cdots\cdots\cdots \text{(2-43)}$$

ここで、λ は管摩擦係数、ρ は油の密度 (kg/m³)、$p_1-p_2=\Delta p$ を圧力損失あるいは圧力降下と呼んでいる。この式をダルシー・ワイズバッハの式をいう。管摩擦係数 λ は、流れの状態に大きく依存し、滑らか管の場合には層流あるいは乱流でもレイノルズ数のみに依存し、乱流で粗い管の場合には、レイノルズ数と管内壁の相対粗さ（管壁の粗さを管内径で割った値）に依存する。本書では、簡単に圧力損失を算出する方法を

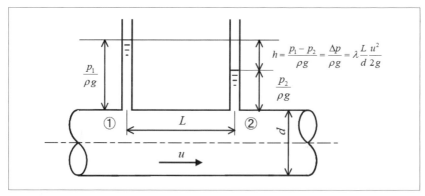

〔図 2-16〕管路でのエネルギー損失

説明する。

　先ず管摩擦係数を知るためのムーディ線図を図2-17に示す。横軸のレイノルズ数と右の縦軸の相対粗さ ε/d（ε は管内壁の粗さ、d は管内径）を与えると左の縦軸の管摩擦係数を知ることができる。相対粗さ ε/d が0.001でレイノルズ数 $Re = 6 \times 10^5$ の場合の管摩擦係数 λ を求めてみる。右側の軸から0.001を通る線に沿って左に進み、一方、横軸の $Re = 6 \times 10^5$ から垂直に縦軸に平行に伸ばし、先程の線との交点を求める。その交点から横軸の負の方向に横軸と平行に伸ばし縦軸との交点を求めると、管摩擦数 λ は0.02と求まる。

　油圧回路の管路の内径を決める時によく使用する高圧用として使用される鋼管についての管径を表2-4に示す。呼び径には、AとBがあり、ある外径でもスケジュール数（Sch）に応じて内径が異なる。管内流速として、ポンプ吸入管では1.2m/s以下、圧力配管では5m/s以下、戻り配

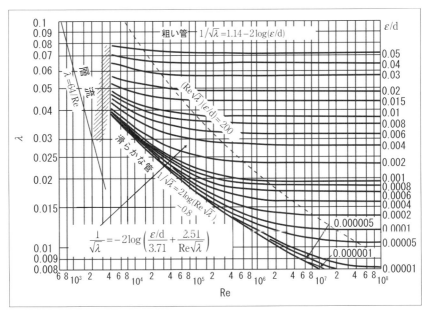

〔図2-17〕ムーディ線図
（出典、機械工学便覧　基礎編　α4　流体工学、日本機械学会、p.71、2006年）

つ 2. 油圧回路内の流れの基礎

管では 4m/s 以下が推奨されている。

計算例 7：管路内の流れの圧力損失 1
設問 7：

　ムーディ線図を用いて、油が管路を 3m 流れる間の圧力損失を求めよ。流量 20L/min で動粘度 ν が $2 \times 10^{-5}\text{m}^2/\text{s}$、密度 ρ が 860kg/m^3 の油が流れる場合を考える。表 2-4 から呼び径 3/8B の内径 d が 10.9mm の鋼管を使用し、長さは 3m とする。市販の鋼管の管内壁の粗さと同程度の管内壁の粗さ ε とし、$\varepsilon = 0.045$mm とする。

解答 7：

　先ずレイノルズ数を求める。

　平均速度 U は、

$$U = \frac{Q}{\left(\dfrac{d}{2}\right)^2 \pi} = \frac{\dfrac{20 \times 10^{-3}}{60}\text{m}^3/\text{s}}{\left(\dfrac{10.9 \times 10^{-3}\text{m}}{2}\right)^2 \pi} = 3.57\,\text{m/s} \cdots\cdots\cdots\cdots (2\text{-}44)$$

〔表 2-4〕油圧用鋼管の管径

呼び径 A	呼び径 B	外径 mm	内径 mm Sch40	内径 mm Sch80	内径 mm Sch160
6	1/8	10.5	7.1	5.7	
8	1/4	13.8	9.4	7.8	
10	3/8	17.3	12.7	10.9	
15	1/2	21.7	16.1	14.3	12.3
20	3/4	27.2	21.4	19.4	16.2
25	1	34	27.2	25	21.2
32	11/4	42.7	35.5	32.9	29.9
40	11/2	48.6	41.2	38.4	34.4
50	2	60.5	52.7	49.5	43.1
65	21/2	76.3	65.9	62.3	57.3
80	3	89.1	78.1	73.9	66.9
90	31/2	101.6	90.2	85.4	76.2
100	4	114.3	102.3	97.1	87.3
125	5	139.8	126.6	120.8	108

となり、レイノルズ数 Re は、式 (2-4) より代表長さ L を d として

$$Re = \frac{Ud}{\nu} = \frac{3.57\text{m/s} \times 10.9 \times 10^{-3}\text{m}}{2 \times 10^{-5}\text{m}^2/\text{s}} = 1946 \quad \cdots\cdots\cdots\cdots\cdots\cdots (2\text{-}45)$$

となる。レイノルズ数が 2300 以下であるから、流れは層流でムーディ線図の左側の範囲に入り、図中の層流の式から

$$\lambda = \frac{64}{Re} = \frac{64}{1946} = 0.033 \quad \cdots\cdots\cdots\cdots\cdots\cdots\cdots\cdots\cdots (2\text{-}46)$$

となる。すなわち、管内壁の粗さは管摩擦係数には影響を与えず、管摩擦係数はレイノルズ数のみで決まる。次に、ダルシー・ワイズバッハの式 (2-43) から

$$\begin{aligned}
p_1 - p_2 &= \lambda \frac{L}{d} \frac{\rho U^2}{2} \\
&= 0.033 \frac{3\text{m}}{10.9 \times 10^{-3}\text{m}} \frac{860\text{kg/m}^3 \times (3.57\text{m/s})^2}{2} \\
&= 49775\text{Pa} = 0.05\text{MPa} \quad\quad\quad \cdots\cdots\cdots\cdots (2\text{-}47)
\end{aligned}$$

となる。

計算例 8：管路内の流れの圧力損失 2

設問 8：

後述の図 6-1 に示すようなマニホールドブロック内のコンパクトな配管内の流れを想定して、内径 6mm の管内を流量 70L/min で油が流れる場合を考える。油が 10cm 流れる間の圧力損失を求めよ。管内壁の粗さ ε は 0.045mm とする。

───────────────

解答 8：

前の設問と同様にして、平均速度 U は、

― 49 ―

○ 2. 油圧回路内の流れの基礎

$$U = \frac{Q}{\left(\dfrac{d}{2}\right)^2 \pi} = \frac{\dfrac{70 \times 10^{-3}}{60}\,\mathrm{m^3/s}}{\left(\dfrac{6 \times 10^{-3}\,\mathrm{m}}{2}\right)^2 \pi} = 41.3\mathrm{m/s} \quad \cdots\cdots\cdots\cdots\cdots (2\text{-}48)$$

となり、レイノルズ数 Re は、

$$Re = \frac{Ud}{\nu} = \frac{41.3\mathrm{m/s} \times 6 \times 10\,\mathrm{m^{-3}}}{2 \times 10^{-5}\,\mathrm{m^2/s}} = 12390 \quad \cdots\cdots\cdots\cdots\cdots (2\text{-}49)$$

となる。

相対粗さ ε/d は、0.045mm/6mm = 0.0075 となり、図 2-17 のムーディ線図から右側の縦軸の 0.0075 を通る線を読み取りその線に沿って左へ進み、レイノルズ数が 12390 付近で止め、左の縦軸を読むと約 λ =0.04 となる。前の計算例と同様に、ダルシー・ワイズバッハの式 (2-43) から圧力損失を求めると、次のようになる。

$$
\begin{aligned}
p_1 - p_2 &= \lambda \frac{L}{d} \frac{\rho U^2}{2} \\
&= 0.04 \frac{0.1\mathrm{m}}{6 \times 10^{-3}\,\mathrm{m}} \frac{860\mathrm{kg/m^3} \times (41.3\mathrm{m/s})^2}{2} \\
&= 488964.4\mathrm{Pa} = 0.49\mathrm{MPa} \quad\quad \cdots\cdots\cdots\cdots (2\text{-}50)
\end{aligned}
$$

乱流のために、圧力損失が計算例 7 の層流の場合に比べて増えている。

油圧回路のように管路を用いて油を輸送する場合において、管摩擦による損失の他に、弁や管路入り口での損失、継ぎ手部分などで管路径が急縮小や急拡大する場合、流れが分岐や合流する場合、流れの方向が急に変わる場合においても損失が生じる。このような場合の圧力損失 Δp あるいは損失ヘッド h を次式で表す。

$$\Delta p = \rho g h = \zeta \frac{\rho u^2}{2} \quad \cdots\cdots\cdots\cdots\cdots\cdots\cdots (2\text{-}51)$$

$-$ 50 $-$

この式の速度 u は、管路の急拡大部や急縮小部での上流と下流の速度において、速い方の速度を使用するのが一般的である。すなわち、流路面積が小さい方の平均速度 u を使用する。また、式中の ζ は損失係数と言われ、実験によって求めることができる。この損失係数が大きいほど流体抵抗が大きいことになる。

　弁での損失を図 2-18 に示す。式 (2-51) を用いて、圧力損失 Δp あるいは損失ヘッド h を求めることができる。

　管路入り口での損失係数を図 2-19 に示す。入口に丸みをつけることにより損失係数が低減することが分かる。

　代表的な断面変化の例として、急縮小、急拡大およびゆるやかに拡大する場合を図 2-20 に示す。それぞれの場合の損失係数 ζ は次のようになる。

(a) 急拡大の場合

$$\Delta p = \xi \frac{\rho(u_1-u_2)^2}{2} \quad \text{または} \quad \Delta p = \zeta \frac{\rho u_1^2}{2}, \quad \zeta = \xi\left(1-\frac{A_1}{A_2}\right)^2 \xi \cong 1$$

$$\cdots (2\text{-}52)$$

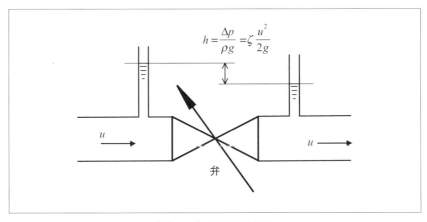

〔図 2-18〕弁による損失

2. 油圧回路内の流れの基礎

（b）急縮小の場合

$$\Delta p = \zeta \frac{\rho u_2^2}{2}, \ \ \zeta = \left(\frac{1}{C_c} - 1 \right)^2, \ \ C_c = \frac{A'}{A_2} \ \ \cdots\cdots\cdots\cdots\cdots\cdots \ (2\text{-}53)$$

（c）ゆるやかに拡大する場合

$$\Delta p = \xi \frac{\rho (u_1 - u_2)^2}{2} \ \ \text{または} \ \ \Delta p = \zeta \frac{\rho u_1^2}{2}, \ \ \text{ただし}, \ \ \zeta = \xi \left(1 - \frac{A_1}{A_2} \right)^2$$

$$\cdots (2\text{-}54)$$

円管では、$\theta = 6 \sim 8°$ で約 $\zeta = 0.14$、$\theta = 40 \sim 60°$ で約 $\zeta \fallingdotseq 1$、正方形管では、$\theta = 7 \sim 8°$ で $\zeta = 0.17 \sim 0.18$ である。

　流れの方向が変化する場合の代表的な流路を図 2-21 に示す。損失係数は次のようになる。

入口形状	損失係数	入口形状	損失係数
(a)	$\zeta = 0.5$	(d)	$\zeta = 0.56$
(b)	$\zeta = 0.25$	(e)	$\zeta = 1.3 \sim 3.0$
(c)	$\zeta = 0.005 \sim 0.06$	(f)	$\zeta = 0.5 + 0.3\cos\theta + 0.2\cos^2\theta$

〔図 2-19〕管路入り口での損失係数

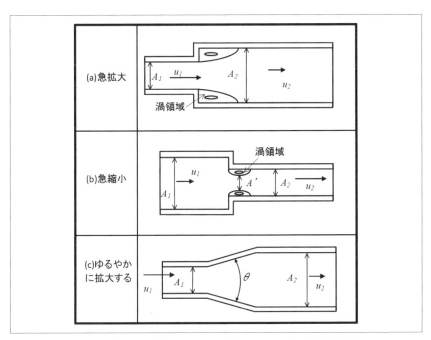

〔図2-20〕断面変化による損失（A_1、A_2、A' は流路面積）

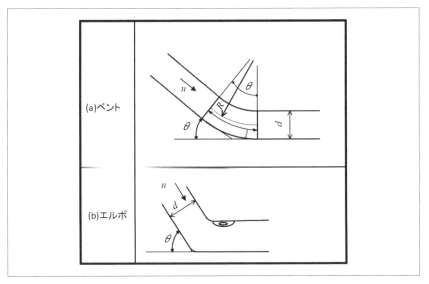

〔図2-21〕流れの方向が変化する場合の損失

つ 2. 油圧回路内の流れの基礎

(a) ベントの場合

$$\Delta p = \zeta \frac{\rho u^2}{2} = \left(\zeta' + \frac{\lambda l}{d} \right) \frac{\rho u^2}{2} \quad \cdots\cdots\cdots\cdots\cdots\cdots (2\text{-}55)$$

90°ベントの場合は、

$$\zeta' = 0.131 + 0.1632 \left(\frac{d}{R} \right)^{3.5} \quad \left(0.5 \leq \frac{R}{d} \leq 2.5 \right) \quad \cdots\cdots\cdots (2\text{-}56)$$

ここで、λ は管の曲り部（長さ l）での管摩擦係数である。

(b) エルボの場合

$$\Delta p = \zeta \frac{\rho u^2}{2}$$
$$ここで, \quad \zeta = 0.94 \sin^2 \left(\frac{\theta}{2} \right) + 2.05 \sin^4 \left(\frac{\theta}{2} \right) \quad \cdots\cdots\cdots (2\text{-}57)$$

となる。

代表的な分岐と合流の管路を図 2-22 にそれぞれ示す。それぞれの損失係数は次のようになる。

(a) 分岐の場合

管①から②へ流れる時の損失は

$$\Delta p_{1,2} = \zeta_{1,2} \frac{\rho u_1^2}{2} \quad \cdots\cdots\cdots\cdots\cdots\cdots\cdots\cdots\cdots\cdots (2\text{-}58)$$

管①から③へ流れる時の損失は

$$\Delta p_{1,3} = \zeta_{1,3} \frac{\rho u_1^2}{2} \quad \cdots\cdots\cdots\cdots\cdots\cdots\cdots\cdots\cdots\cdots (2\text{-}59)$$

となる。

(b) 合流の場合

管①から③へ流れる時の損失は

－ 54 －

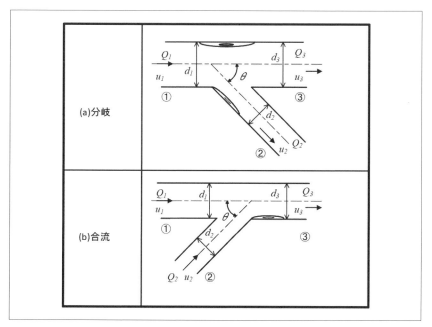

〔図2-22〕分岐や合流による損失

$$\Delta p_{1,3} = \zeta_{1,3} \frac{\rho u_3^2}{2} \quad \cdots\cdots\cdots\cdots\cdots\cdots\cdots\cdots\cdots\cdots\cdots\cdots (2\text{-}60)$$

管②から③へ流れる時の損失は

$$\Delta p_{2,3} = \zeta_{2,3} \frac{\rho u_3^2}{2} \quad \cdots\cdots\cdots\cdots\cdots\cdots\cdots\cdots\cdots\cdots\cdots\cdots (2\text{-}61)$$

となる。

計算例9：急拡大管路の圧力損失
設問9：
　急に管路が拡大する場合の圧力損失を考える。内径 d が10mmから20mmに増加する部分において、密度 ρ が860kg/m³の油が流量20L/min

2. 油圧回路内の流れの基礎

流れる場合の圧力損失を求めよ。

―――――――――――

解答9:

　これは図 2-20（a）に示す急拡大管路の場合である。

　流量は、20L/min＝$20 \times 10^{-3}/60 \mathrm{m}^3/\mathrm{s}＝3.33 \times 10^{-4} \mathrm{m}^3/\mathrm{s}$ となり、内径が細い上流側の速度 u_1 は、

$$u_1 = \frac{Q}{\dfrac{\pi d^2}{4}} = \frac{3.33 \times 10^{-4} \mathrm{m}^3/s}{\dfrac{\pi \times (10 \times 10^{-3} \mathrm{m})^2}{4}} = 4.24 \mathrm{m/s} \quad \cdots\cdots\cdots\cdots\cdots\cdots (2\text{-}62)$$

となる。

　圧力損失 Δp と損失係数 ζ は、式（2-52）から次のようになる。

$$\Delta p = \zeta \frac{\rho u_1^2}{2} \quad \cdots\cdots\cdots\cdots\cdots\cdots\cdots\cdots\cdots\cdots\cdots (2\text{-}63)$$

$$\zeta = \xi \left(1 - \frac{A_1}{A_2}\right)^2 \quad \xi \cong 1 \quad \cdots\cdots\cdots\cdots\cdots\cdots\cdots\cdots (2\text{-}64)$$

　さらに、式（2-64）から

$$\zeta = \left(1 - \frac{A_1}{A_2}\right)^2 = \left(1 - \frac{\dfrac{\pi \times (10 \times 10^{-3} \mathrm{m})^2}{4}}{\dfrac{\pi \times (20 \times 10^{-3} \mathrm{m})^2}{4}}\right)^2 = 0.563 \quad \cdots\cdots (2\text{-}65)$$

となり、式（2-63）に速度 u_1、損失係数 ζ および密度 ρ を代入すると、次式のようになる。

$$\Delta p = \zeta \frac{\rho u_1^2}{2} = 0.563 \frac{860 \mathrm{kg/m}^3 \times (4.24 \mathrm{m/s})^2}{2} = 4352.2 \mathrm{Pa} = 0.04 \mathrm{MPa}$$

$$\cdots (2\text{-}66)$$

― 56 ―

計算例 10：エルボでの圧力損失
設問 10：

　図 2-21（b）に示されるエルボの場合を考える。曲がり角度 θ を 90°、管内径 d を 10mm とし、密度 ρ が 860kg/m³ の油が流量 20L/min 流れる場合の圧力損失を求める。

————————————

解答 10：

　流量は、急拡大流路の場合と同様に 20L/min $= 3.33 \times 10^{-4}$m³/s となり、速度 u は、

$$u = \frac{Q}{\dfrac{\pi d^2}{4}} = \frac{3.33 \times 10^{-4} \text{m}^3/s}{\dfrac{\pi \times (10 \times 10^{-3}\text{m})^2}{4}} = 4.24\text{m/s} \quad \cdots\cdots\cdots\cdots\cdots (2\text{-}67)$$

となる。

式（2-57）から、圧力損失 Δp と損失係数 ζ は次のようになる。

$$\Delta p = \zeta \frac{\rho u^2}{2} \quad \cdots\cdots\cdots\cdots\cdots\cdots\cdots\cdots\cdots\cdots (2\text{-}68)$$

$$\zeta = 0.94 \sin^2\left(\frac{\theta}{2}\right) + 2.05 \sin^4\left(\frac{\theta}{2}\right) \quad \cdots\cdots\cdots\cdots\cdots\cdots (2\text{-}69)$$

となる。

　式（2-69）から、損失係数 ζ は、

$$\zeta = 0.94 \sin^2\left(\frac{\theta}{2}\right) + 2.05 \sin^4\left(\frac{\theta}{2}\right)$$

$$= 0.94 \sin^2\left(\frac{90}{2}\right) + 2.05 \sin^4\left(\frac{90}{2}\right) = 0.98 \quad \cdots\cdots\cdots\cdots (2\text{-}70)$$

となり、これらの値を式（2-68）に代入すると、

$$\Delta p = \zeta \frac{\rho u^2}{2} = 0.98 \frac{860\text{kg/m}^3 \times (4.24\text{m/s})^2}{2} = 7575.8\text{Pa} = 0.0075\text{MPa}$$

$$\cdots (2\text{-}71)$$

↺ 2. 油圧回路内の流れの基礎

が得られる。

　2-8節の油圧制御弁の絞りでの圧力と流量における計算例6のスプール弁の圧力と流量の関係で説明された図2-15に示すようなスプール弁の場合、流量が約60L/min、弁開度が0.1mmで、弁の上流と下流の差圧が21MPaであった。油圧回路の場合、エルボなどでの損失に比べて、弁の絞りでの圧力損失がかなり大きいことが分かる。

2－10　流体力とは

　油圧回路において、管路や制御弁の内壁は流れている油と接触しており、油からそれらの内壁は力を受ける。この力を流体力という。油圧回路において、高圧のために油圧管路や機器は大きな流体力を受ける。従って、この力が機器の性能に及ぼす影響が大きいために、設計段階でこの流体力を見積もることが必要になる。

　現在、流体解析用のプログラムパッケージ等により機器内部の流れ解析を行い、応力分布から流体力を求めることは可能であるが、計算機費用やプログラムの使用に熟達するまでの時間やさらに計算時間を要するため、有用なデータを得るまでに場合によっては、多くの費用や計算時間を必要とする。ここでは、机上で簡便に流体力を求める方法を説明する。

　ニュートンの運動の第2法則は、次式のように表わされる。

$$\frac{D(m\boldsymbol{q})}{Dt} = \frac{D\boldsymbol{M}}{Dt} = \boldsymbol{F} \quad \cdots\cdots\cdots\cdots\cdots\cdots\cdots\cdots\cdots\cdots\cdots\cdots\cdots\cdots \quad (2\text{-}72)$$

ここで、m は質量、$\boldsymbol{q}$ は速度、$\boldsymbol{F}$ は質量 m のものに働く力、t は時間、D/Dt は実質微分であるが、本質的には d/dt と同じで、M は運動量である。太字はベクトルを表す。

　x 方向成分について考えると、

$$\frac{D(mu)}{Dt} = \frac{DM_x}{Dt} = F_x \quad \cdots\cdots\cdots\cdots\cdots\cdots\cdots\cdots\cdots\cdots\cdots\cdots \quad (2\text{-}73)$$

ここで、u は x 方向速度成分、添え字 x は x 方向成分を示す。

　考え易くするため、図 2-23 に示すような流管を考える。流管とは、流管の壁面からの流れの出入りはない小さな管である。図に示すように流管と断面①、②で囲まれる流体の塊（ここではシステムと呼ぶ）を考える。流体の密度を ρ、流管の断面積を δA とすると、ds 部分の質量は $\rho\delta Ads$ となり、x 方向の運動量成分は $u\rho\delta Ads$ となる。また、$dx = ds\cos\alpha$ であるから、x 方向の運動量成分は、流量 Q を用いて次のように変形さ

2. 油圧回路内の流れの基礎

れる。

$$u\rho\delta A ds = (q\cos\alpha)\rho\delta A ds = \rho Q dx \quad \cdots\cdots\cdots\cdots\cdots (2\text{-}74)$$

非圧縮性流れを仮定するとシステムの x 方向の運動量成分は

$$M_x = \int_{s_1}^{s_2} u\rho\delta A ds = \int_{x_1}^{x_2} \rho Q dx = \rho Q(t)\{x_2(t) - x_1(t)\} \quad \cdots\cdots (2\text{-}75)$$

ここで、$s_1(t)$、$s_2(t)$、$x_1(t)$、$x_2(t)$ は断面①と②の s と x の座標である。

流量 $Q(t)$ はどこの断面でも等しく、s 座標に関して一定で時間のみの関数になる。

従って、システムの x 方向の運動量変化率は次のようになる。

$$\frac{DM_x}{Dt} = \rho Q(t)\{u_2(t) - u_1(t)\} + \rho\frac{\partial Q(t)}{\partial t}\{x_2(t) - x_1(t)\} \quad \cdots (2\text{-}76)$$

時刻 t においてシステムの空間を固定した空間とした検査体と考え

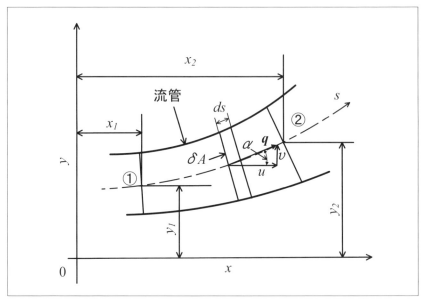

〔図 2-23〕流管

る。すなわち、断面①と②および流管で囲まれた空間を移動しない検査体とする。式 (2-76) を固定された検査面で考え、流出流量を正、流入流量を負とすると式 (2-76) は次のように書き換えることができる。

$$\frac{DM_x}{Dt} = \rho \sum_{k=1}^{2} \left(Q_k u_k + \dot{Q}_k x_k \right) \quad \cdots\cdots\cdots\cdots\cdots\cdots\cdots\cdots \quad (2\text{-}77)$$

ここで、

$$\dot{Q} = \frac{\partial Q}{\partial t}$$

である。

一般に n 個の流体が出入りする小穴がある検査体を考えると次式のようになる。

$$\frac{DM_x}{Dt} = \rho \sum_{k=1}^{n} \left(Q_k u_k + \dot{Q}_k x_k \right) \quad \cdots\cdots\cdots\cdots\cdots\cdots\cdots \quad (2\text{-}78)$$

ここで、x_k, u_k, Q_k は k 番目の小穴の x 座標、x 方向の速度成分および流量である。ただし、流量 Q_k と流量の時間的変化 $\dot{Q}_k$ は、流出の時に正、流入の時に負の符号を $\dot{Q}_k$ の前に書く。

　定常流れでは、流量は一定であるから

$$\frac{DM_x}{Dt} = \rho \sum_{k=1}^{n} \left(Q_k u_k \right) \quad \cdots\cdots\cdots\cdots\cdots\cdots\cdots\cdots \quad (2\text{-}79)$$

となる。

　次に、システムに働く重力のような質量力、壁面から受ける力および壁面以外の流体が出入りする面から受ける力の x 方向成分を B_x, S_{wx}, S_{fx} とすると式 (2-73) と (2-78) から

$$\rho \sum_{k=1}^{n} \left(Q_k u_k + \dot{Q}_k x_k \right) = B_x + S_{wx} + S_{fx} \quad \cdots\cdots\cdots\cdots\cdots \quad (2\text{-}80)$$

－ 61 －

2. 油圧回路内の流れの基礎

となる。上式の左辺は、システムの x 方向の運動量変化率である。

　ここで、壁面から受ける力の x 方向成分 S_{wx} および壁面以外の流体が出入りする面から受ける力の x 方向成分 S_{fx} について、スプール弁のスプールに働く流体力を例にあげ説明する。図2-24と2-25を参照されたい。スリーブの壁面 bc は、スプールの壁面と区別し流体が出入りする面 S_{fx} として考え、速度や流量は0とする。そして、壁面から受ける力の壁面 S_{wx} は、スプールの壁面のみとしてスプールが受ける流体力を求める。

　壁面がその内部の流体から受ける流体力の x 方向成分 F_x は、

$$F_x = -S_{wx} = B_x + S_{fx} - \rho \sum_{k=1}^{n} \left(Q_k u_k + \dot{Q}_k x_k \right) \quad \cdots\cdots\cdots\cdots\cdots\cdots (2\text{-}81)$$

となる。同様にして y 方向成分 F_y は次のようになる。

$$F_y = -S_{wy} = B_y + S_{fy} - \rho \sum_{k=1}^{n} \left(Q_k v_k + \dot{Q}_k y_k \right) \quad \cdots\cdots\cdots\cdots\cdots\cdots (2\text{-}82)$$

流体力は、一般に次式で表すことができる。

$$\boldsymbol{F} = -\boldsymbol{S}_w = \boldsymbol{B} + \boldsymbol{S}_f - \rho \sum_{k=1}^{n} \left(Q_k \boldsymbol{q}_k + \dot{Q}_k \boldsymbol{r}_k \right) \quad \cdots\cdots\cdots\cdots\cdots\cdots (2\text{-}83)$$

ここで、$\boldsymbol{F} = \boldsymbol{i}F_x + \boldsymbol{j}F_y + \boldsymbol{k}F_z$、$\boldsymbol{q}_k = \boldsymbol{i}u_k + \boldsymbol{j}v_k + \boldsymbol{k}w_k$、$\boldsymbol{r}_k = \boldsymbol{i}x_k + \boldsymbol{j}y_k + \boldsymbol{k}z_k$、$\boldsymbol{i}$、$\boldsymbol{j}$、$\boldsymbol{k}$ は x、y、z 方向の単位ベクトルである。

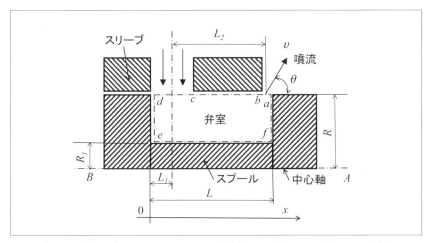

〔図 2-24〕スプール弁に働く流体力（噴流が弁室から流出する場合）

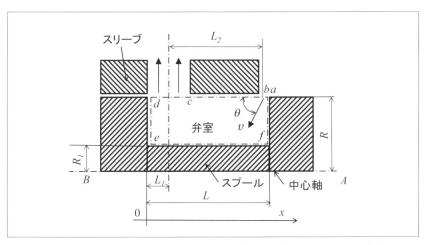

〔図 2-25〕スプール弁に働く流体力（噴流が弁室へ流入する場合）

↺ 2. 油圧回路内の流れの基礎

2－11　スプール弁に働く流体力

　図2-24に示すような簡単な円筒状な形状のスプール弁を考える。スプールは中心軸ABに対して軸対称な形状であり、従って入り口 cd と出口 ab はドーナツ状に全周に空いている。図のように噴流が弁室から流出する場合を考える。検査体の表面である検査面を $abcdefa$ のように選び、スプールの位置を X とし x 方向に移動しているとする。検査面を流体が横切る場所は、ab、cd、de、fa である。ab での速度を $v(>0)$、流量を $Q(>0)$ とし、質量力 B_x は0、ab、bc、cd での圧力による力の x 方向成分は0であるから $S_{fx}=0$ となり、x 方向の流体力は式 (2-81) から次のようになる。

$$F_x = -S_{uex} = B_x + S_{fx} - \rho\sum_{k=1}^{n}\left(Q_k u_k + \dot{Q}_k x_k\right) = -\rho\sum_{k=1}^{n}\left(Q_k u_k + \dot{Q}_k x_k\right) \quad (2\text{-}84)$$

さらに計算を続けると次式が得られる。

$$\begin{aligned}
F_x &= -\rho\sum_{k=1}^{n}\left(Q_k u_k + \dot{Q}_k x_k\right)\\
&= -\rho\left[\underbrace{\left\{Qv\cos\theta + \dot{Q}\left(L_1+L_2\right)\right\}}_{ab} + \underbrace{\left\{(-Q)(0)+(-\dot{Q})(L_1)\right\}}_{cd}\right]\\
&\quad -\rho\left[\underbrace{\left\{-\pi(R^2-R_1^2)\,\dot{X}\dot{X} - \pi(R^2-R_1^2)\,\ddot{X}0\right\}}_{de}\right.\\
&\qquad\quad \left.+\underbrace{\left\{\pi(R^2-R_1^2)\,\dot{X}\dot{X} + \pi(R^2-R_1^2)\,\ddot{X}L\right\}}_{fa}\right]\\
&= -\rho Qv\cos\theta - \rho L_2\dot{Q} - \rho\pi(R^2-R_1^2)\ddot{X}L \qquad\qquad \cdots (2\text{-}85)
\end{aligned}$$

上式において、右辺第1項は、定常流体力の項で弁を閉じる方向に働き、第2項は流量が時間的に変化する影響を表す項で、第3項はスプールが加速度運動する時の項で、弁室内の流体の慣性力を表す。

－ 64 －

計算例 11：スプール弁に働く流体力

設問 11-1：

図 2-24 において、$R=9\mathrm{mm}$、$R_1=5\mathrm{mm}$、$L=15\mathrm{mm}$、$L_2=10\mathrm{mm}$、$Q=160\mathrm{L/min}$、弁開度が 1mm で、スプールが静止している時の定常流体力を求めよ。θ は、スプールとスリーブ間のすき間を 0 に想定したポテンシャル理論の解の 69° とし、油の密度 ρ は 860kg/m^3 とする。

解答 11-1：

式 (2-85) から、次の定常流体力の項のみで考える。

$$F_x = -\rho Q v \cos\theta$$

出口面積 A は

$$A = 2R\pi \times 1\mathrm{mm} = 2 \times 0.009\mathrm{m} \times \pi \times 0.001\mathrm{m} = 5.65 \times 10^{-5}\mathrm{m}^2$$

となり、流量 Q は、

$$Q = 160\mathrm{L/min} = 160 \times 10^{-3}/60\,\mathrm{m^3/s} = 0.00267\mathrm{m^3/s}$$

であるから、速度 v は流量 Q を出口面積 A で割って、

$$v = 0.00267\mathrm{m^3/s} \div (5.65 \times 10^{-5}\mathrm{m}^2) = 47.3\mathrm{m/s}$$

となり、流体力の x 方向成分 F_x は、次のようになる。

$$F_x = -\rho Q v \cos\theta = -860\mathrm{kg/m}^3 \times 0.00267\mathrm{m^3/s} \times 47.3\mathrm{m/s} \times \cos69°$$
$$= -38.9\mathrm{N}$$

負であるので、弁が閉じる方向に流体力は働く。

設問 11-2：

スプールが静止している上の設問と同じ場合で、流量が 300Hz で周期的に変動する場合の流体力を求めよ。流量 Q は $Q = Q_0 + Q_1\sin\omega t$ で与え、$\omega = 2\pi f$、f は周波数、Q_0 は平均流量で、Q_1 は流量振幅とする。こ

⊃ 2. 油圧回路内の流れの基礎

こでは、$Q_0 = 150\text{L/min}$、$Q_1 = 10\text{L/mim}$ の脈動流量を想定する。

───────────

解答 11-2：

絞りでの流路面積を A とすると、そこでの速度 v は、$v = Q/A$ であるから、式（2-85）の右辺第1項と第2項とにより次式のようになる。

$$F_x = -\rho Q v \cos\theta - \rho L_2 \dot{Q} = -\rho \frac{1}{A}(Q_0 + Q_1 \sin\omega t)^2 \cos\theta - \rho L_2 Q_1 \omega \cos\omega t$$

$$= -860\text{kg/m}^3 \times \frac{1}{5.65 \times 10^{-5}\text{m}^2}$$

$$\times \left(150 \times 10^{-3}/60\text{m}^3/\text{s} + 10 \times 10^{-3}/60\text{m}^3/\text{s} \times \sin\omega t\right)^2 \cos 69°$$

$$-860\text{kg/m}^3 \times 0.01\text{m} \times 10 \times 10^{-3}/60\text{m}^3/\text{s} \times 2\pi f \times \cos\omega t$$

$$= -5454804.2\text{kg/m}^5 \times \left(6.25 \times 10^{-6}/\text{m}^6/\text{s}^2 + 2\right.$$

$$\left. \times 0.0025 \times 0.000167\text{m}^6/\text{s}^2 \times \sin\omega t + 0.000167^2\text{m}^6/\text{s}^2 \times \sin^2\omega t\right)$$

$$-2.6\text{N} \times \cos\omega t$$

まとめると

$$F_x = -34.1\text{N} - 4.55\text{N} \times \sin\omega t - 0.15\text{N} \times \sin^2\omega t - 2.6\text{N} \times \cos\omega t$$

となる。右辺第1項は平均流量に対する流体力、第2と3項は流量振幅に対する流体力、第4項は流量変動に対する流体力で、平均流量に対する流体力が他に比べて大きいことが分かる。流体力全体として負であるから、弁を閉じる方向へ働く。

設問 11-3：

流量が一定で、スプールの加速度が 10m/s^2 の時のスプールが受ける弁室内の流体の慣性力を求めよ。

───────────

解答 11-3：

式（2-85）の右辺第3項により次式のようになる。

－ 66 －

$$F_x = -\rho\pi(R^2 - R_1^2)\ddot{X}L$$
$$= -860\text{kg/m}^3 \times \pi \times (0.009^2\text{m}^2 - 0.005^2\text{m}^2) \times 10\text{m/s}^2 \times 0.015\text{m}$$
$$= -0.023\text{N}$$

従って、スプールが加速度運動する場合に生じる弁室内の流体の慣性力を表す流体力の影響は小さいことが分かる。

以上で与えたスプール弁の形状や流量などの数値は実際に使用されている条件下を考慮して与えている。これまでの計算例により、スプール弁に作用する流体力において、式 (2-85) の右辺第 1 項の定常流体力の影響が大きいことが分かる。

次に噴流が弁室へ流入する場合である図 2-25 を考える。

噴流が弁室から流出する場合と同様に、噴流が弁室へ流入する場合、式 (2-84) から次式が得られる。

$$F_x = -\rho\sum_{k=1}^{n}\left(Q_k u_k + \dot{Q}_k x_k\right)$$
$$= -\rho\left[\underbrace{\left\{(-Q)(-v\cos\theta) - \dot{Q}(L_1 + L_2)\right\}}_{ab} + \underbrace{\left\{(Q)(0) + (\dot{Q})(L_1)\right\}}_{cd}\right]$$
$$-\rho\left[\underbrace{\left\{-\pi(R^2 - R_1^2)\,\dot{X}\dot{X} - \pi(R^2 - R_1^2)\ddot{X}0\right\}}_{de}\right.$$
$$\left.+\underbrace{\left\{\pi(R^2 - R_1^2)\,\dot{X}\dot{X} + \pi(R^2 - R_1^2)\ddot{X}L\right\}}_{fa}\right]$$
$$= -\rho Qv\cos\theta + \rho L_2\dot{Q} - \rho\pi(R^2 - R_1^2)\ddot{X}L \qquad \cdots (2\text{-}86)$$

噴流が弁室から流出する場合との違いは、右辺第 2 項の符号のみである。この場合も定常流体力は弁を閉じる方向へ働くことが分かる。

以上のように、スプール弁のスプールには弁を閉じる方向に流体力が働くために、設計時には十分に注意をはらい弁や油圧回路の機能に支障

2. 油圧回路内の流れの基礎

をきたさないようにする必要がある。上述のように、定常流体力、非定常流体力および弁室内の流体の慣性力に相当する力の中で、定常流体力の影響が大きいことが分かる。これを減少させるには、噴流角 θ を大きくするような流れを作り $\cos\theta$ の値を小さくする方法が考えられる。このようにしてスプールに働く流体力を軽減する研究は現在でも行われている。

2-12 ポペット弁に働く流体力

次に代表的な弁形状の一つとして図 2-26 に示すようなポペット弁の広がり流れ場合を考える。1 点鎖線で囲まれた *abcdefghia* を検査面に取り、ポペットは軸方向（x 方向）のみに移動すると仮定し、ポペットの開度は X とする。

式 (2-81) から、質量力 B_x の影響を小さいとすると流体力の x 方向成分は次式のようになる。

$$F_x = -S_{wx} = S_{fx} - \rho \sum_{k=1}^{n} \left(Q_k u_k + \dot{Q}_k x_k \right) \quad \cdots\cdots\cdots\cdots\cdots\cdots (2\text{-}87)$$

さらに、計算を進めると次式が得られる。

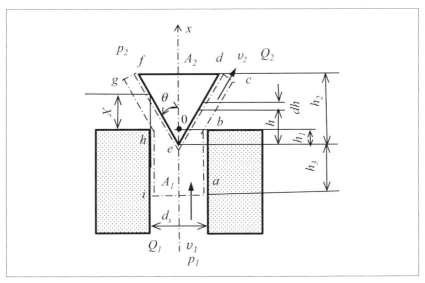

〔図 2-26〕ポペット弁に働く流体力（広がり流れ）

2. 油圧回路内の流れの基礎

$$F_x = S_{fx} - \rho \sum_{k=1}^{n} \left(Q_k u_k + \dot{Q}_k x_k \right)$$

$$= S_{fx} - \rho \left[\underbrace{\left\{ -Q_1 v_1 + \left(-\dot{Q}_1 \right) \left(-h_1 - h_3 \right) \right\}}_{ia} \right.$$

$$\left. + \underbrace{\left\{ Q_2 \left(v_2 \cos\theta \right) + \dot{Q}_2 \left(h_2 - h_1 \right) \right\}}_{cd, fg} \right]$$

$$- \rho \int_{def} \underbrace{\left\{ \dot{X} \times dA \times \sin\theta \times \dot{X} + \ddot{X} \times dA \times \sin\theta \times \left(h - h_1 \right) \right\}}_{de, ef} \quad (2.88)$$

ここで、dA は dh 部分の円錐体の表面積で、次式のようになる。

$$dA = 2\pi \left\{ (h + dh) \tan\theta + h \tan\theta \right\} \frac{1}{2} \sqrt{(dh \tan\theta)^2 + dh^2}$$

$$\cong 2\pi h dh \frac{\sin\theta}{\cos^2\theta} \quad \cdots\cdots (2\text{-}89)$$

式 (2-88) の右辺第 3 項の積分を計算すると次のようになる。
ここで、$h = x + h_1$、$dh = dx$ である。

$$\int_{def} \ddot{X}^2 \sin\theta dA = \pi \ddot{X}^2 h_2^2 \tan^2\theta \quad \cdots\cdots\cdots\cdots\cdots\cdots (2\text{-}90)$$

同様にして

$$\int_{def} \ddot{X} \sin\theta \left(h - h_1 \right) dA = \pi \ddot{X} \tan^2\theta \left(\frac{2}{3} h_2^3 - h_2^2 h_1 \right) = \pi \ddot{X} h_2^2 \tan^2\theta \left(\frac{2}{3} h_2 - h_1 \right)$$

となり、次式が得られる。

$$\rho \int_{def} \left\{ \dot{X}^2 \sin\theta dA + \ddot{X} \sin\theta \left(h - h_1 \right) dA \right\}$$

$$= \left\{ \pi \dot{X}^2 h_2^2 \tan^2\theta + \ddot{X} h_2^2 \tan^2\theta \left(\frac{2}{3} h_2 - h_1 \right) \right\}$$

$$= \rho \pi \left(h_2 \tan\theta \right)^2 \left\{ \dot{X}^2 + \ddot{X} \left(\frac{2}{3} h_2 - h_1 \right) \right\} \quad \cdots\cdots\cdots\cdots (2\text{-}91)$$

従って式 (2-88) は次のようになる。

$$F_x = S_{fx} - \rho \sum_{k=1}^{n} \left(Q_k u_k + \dot{Q}_k x_k \right)$$

$$= S_{fx} - \rho \left[\underbrace{\left\{ -Q_1 v_1 + \dot{Q}_1 (h_1 + h_3) \right\}}_{ia} + \underbrace{Q_2 v_2 \cos\theta + \dot{Q}_2 (h_2 - h_1)}_{cd,fg} \right]$$

$$- \rho \pi (h_2 \tan\theta)^2 \left\{ \dot{X}^2 + \ddot{X} \left(\frac{2}{3} h_2 - h_1 \right) \right\} \quad \cdots (2\text{-}92)$$

ここで、$Q_1 = Q_2 + \dot{X} A_2$、$A_2 = \pi (h_2 \tan\theta)^2$ であるから、

$$F_x = S_{fx} - \rho \Big[\left\{ -\left(Q_2 + \dot{X} A_2 \right) v_1 + \left(\dot{Q}_2 + \ddot{X} A_2 \right)(h_1 + h_3) \right\}$$

$$+ Q_2 v_2 \cos\theta + \dot{Q}_2 (h_2 - h_1) \Big]$$

$$- \rho A_2 \left\{ \dot{X}^2 + \ddot{X} \left(\frac{2}{3} h_2 - h_1 \right) \right\} \quad \cdots\cdots (2\text{-}93)$$

となり、次式が得られる。

$$F_x = S_{fx} - \rho \Big[Q_2 \left(v_2 \cos\theta - v_1 \right) + \dot{Q}_2 (h_2 + h_3) - \dot{X} A_2 v_1 + \ddot{X} A_2 \ (h_1 + h_3) \Big]$$

$$- \rho A_2 \left\{ \dot{X}^2 + \ddot{X} \left(\frac{2}{3} h_2 - h_1 \right) \right\}$$

$$= S_{fx} - \rho \left\{ Q_2 \left(v_2 \cos\theta - v_1 \right) + \dot{Q}_2 (h_2 + h_3) + A_2 \dot{X} \left(\dot{X} - v_1 \right) \right.$$

$$\left. + \ddot{X} A_2 \left(\frac{2}{3} h_2 + h_3 \right) \right\} \quad \cdots (2\text{-}94)$$

ここで、S_{fx} は検査体が、ポペットの壁面以外から受ける表面力であるから、次のようになる。

$$S_{fx} = p_1 A_1 + p_2 (A_2 - A_1) \quad \cdots\cdots\cdots\cdots\cdots\cdots\cdots\cdots (2\text{-}95)$$

ここで、A_1 は上流の流路面積である。

– 71 –

図 2-26 に示す広がり流れの場合、ポペットが周囲から受ける力 F_{all} は、検査体の流体から受ける流体力 F_x と面 df が受ける力の合計になり次式のようになる。

$$F_{all} = F_x + (\text{面}\,df\,\text{が受ける力})$$
$$= p_1 A_1 + p_2 (A_2 - A_1)$$
$$- \rho\left\{Q_2(v_2\cos\theta - v_1) + \dot{Q}_2(h_2 + h_3) + A_2\dot{X}(\dot{X} - v_1) + \ddot{X}A_2\left(\frac{2}{3}h_2 + h_3\right)\right\}$$
$$+ (\text{面}\,df\,\text{が受ける力}) \qquad\qquad \cdots (2\text{-}96)$$

計算例 12：ポペット弁に働く流体力
設問 12：

　ポペットが静止していて広がり流れの定常流れの場合、下流圧力 p_2 は 0、上流流路の直径 d_s が 7mm、上流圧力 $p_1 = 14$MPa、流量 $Q_1 = Q_2 = 1.5$L/min $= 1.5 \times 10^{-3}/60$m^3/s $= 2.5 \times 10^{-5}$m^3/s、$\theta = 20°$、弁開度 $X = 1$mm の時の流体力を求めよ。

————————————

解答 12：

　上流流路面積 A_1 は $0.0035^2\pi = 3.85 \times 10^{-5}$m^2 となり、弁絞りでの面積を A_b とすると、次式が得られる。

$$A_b = X \times \sin\theta \times 2\pi \times (d_s/2 + d_s/2 - X \times \sin\theta \times \cos\theta)/2$$
$$= \pi X\sin\theta(d_s - X\sin\theta\cos\theta) \qquad\qquad \cdots (2\text{-}97)$$

上式に数値を代入すると、

$$A_b = \pi \times 0.001\text{m} \times \sin20° \times (0.007\text{m} - 0.001\text{m} \times \sin20° \times \cos20°)$$
$$= 7.2 \times 10^{-6}\text{m}^2$$

が得られ、

$$v_2 = 2.5 \times 10^{-5}\text{m}^3/\text{s}/(7.2 \times 10^{-6}\text{m}^2) = 3.5\text{m/s}$$

となる。

一方、

$$v_1 = 2.5 \times 10^{-5} \text{m}^3/\text{s} / (3.85 \times 10^{-5} \text{m}^2) = 0.65 \text{m/s}$$

となり、式 (2-96) より df から受ける力を 0 とすると、

$$F_x = p_1 A_1 - \rho Q_2 (v_2 \cos\theta - v_1) = 14 \times 10^6 \text{Pa} \times 3.85 \times 10^{-5} \text{m}^2$$
$$- 860 \text{kg/m}^3 \times 2.5 \times 10^{-5} \text{m}^3/\text{s} \times (3.5 \text{m/s} \times \cos 20° - 0.65 \text{m/s})$$

となり、さらに計算すると

$$F_x = 539\text{N} - 0.0215 \text{kg/s} (3.30 \text{m/s} - 0.65 \text{m/s})$$
$$= 539\text{N} - 0.071\text{N} + 0.014\text{N} = 538.9\text{N}$$

となり、流体力として、上流側の圧力による力 539N が大きいことが分かる。

同様にして、図 2-27 に示すせばまり流れの場合に、検査面を図の 1 点鎖線で囲まれた $abcdefghijka$ のようにとると、ポペットが受ける定常流体力 F_{all} は、次のようになる。

$$F_{all} = p_2 A_1 + p_1 (A_2 - A_1) + \rho Q_2 v_2 + (\text{面} df \text{が受ける力}) \quad \cdots (2\text{-}98)$$

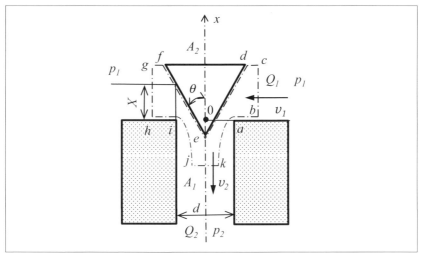

〔図 2-27〕ポペット弁に働く流体力（せばまり流れ）

↺ 2. 油圧回路内の流れの基礎

2－13　スプール弁とポペット弁の流量係数

スプール弁やポペット弁は油圧制御弁として広く使用されている。これらの制御弁を使用して油圧回路を設計する場合に、弁を流れる流量から弁での差圧即ち圧力降下を知る必要がある。この差圧 Δp Pa は、弁を流れる体積流量 Q m³/s、弁の絞りでの流路面積 a m²、流量係数（単位無）c_d および油の密度 ρ kg/m³ を次式に与えて求めることができる。

$$Q = c_d a \sqrt{\frac{2\Delta p}{\rho}} \quad \cdots\cdots\cdots\cdots\cdots\cdots\cdots\cdots\cdots \text{(2-41) 再掲}$$

しかしながら、流量係数が分からず困る場合が多々ある。スプール弁やポペット弁に限らず種々の弁の流量係数は式（2-41）を変形した次式から実験的に求めることができる。

$$c_d = \frac{Q}{a} \sqrt{\frac{\rho}{2\Delta p}} \quad \cdots\cdots\cdots\cdots\cdots\cdots\cdots\cdots \text{(2-99)}$$

図 2-15 に示すスプール弁の流量係数 $c_d (c_d = Q/(\pi d \sqrt{x^2 + c^2} \sqrt{2\Delta p/\rho}))$ の測定例を図 2-28 に示す。$d = 30$mm、$ds = 22$mm、$c = 10.0\mu$m の場合で、スプール弁の開度を変化させた結果である。レイノルズ数が増加するにつれて流量係数も増加し、ある程度レイノルズ数が増加したあたりから一定の幅の値に入ることが分かる。レイノルズ数 Re は、$2Q/(\nu\pi d)$ で定義されているから、油の動粘度 ν m²/s、スプール径 d m および流量 Q m³/s からレイノルズ数を計算してある程度以上であれば、流量係数はだいたい 0.7 付近であることが分かる。

図 2-29 に示すポペット弁についてスプール弁の場合と同様に測定された流量係数 $c_d (c_d = Q/(2\pi r_m \delta \sqrt{2\Delta p/\rho}))$ を図 2-30 に示す。$\theta = 45°$、$2r_1 = 10.035$mm、$2r_2 = 12.585$mm、$t = 1.82$mm であり、$Re = v_m \delta/\nu$、$v_m = Q/(2\pi r_m \delta)$、$r_m = (r_1 + r_2)/2$ である。ポペット弁の弁開度 h をパラメータに取っている。横軸 Re' は、レイノルズ数に (δ/r_m) を乗じている。ポペット弁の場合も Re' がある程度以上で流量係数は 0.7 ～ 0.8 付近で一定になることが分かる。絞り部分の形状が複雑な場合のスプール弁やポペット弁の流量係数は、

－ 74 －

式（2-99）から実験的に求めるか、あるいはコンピュータを用いた流れ解析（CFD,Computational Fluid Dynamics）で求めることができる。

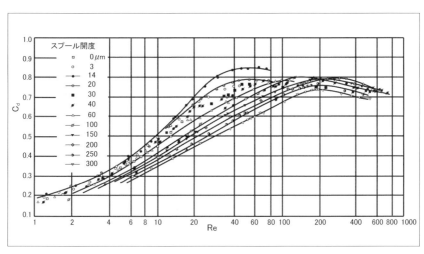

〔図2-28〕スプール弁の流量係数（出典、阿武・秋山、スプール形油圧方向切換え弁の流量係数について、日本機械学会論文集、Vol.36, No.286, p.976 (1970)）

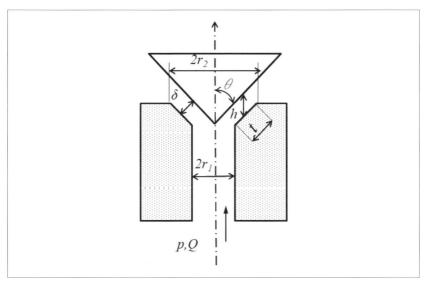

〔図2-29〕ポペット弁

2. 油圧回路内の流れの基礎

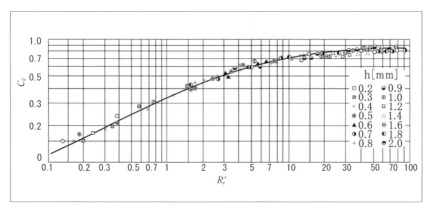

〔図 2-30〕 ポペット弁の流量係数(出典、市川・清水、ポペット弁の流量係数について、日本機械学会論文集、Vol.31, No.222、p.319 (1965))

2−14 キャビテーション

　油圧回路や機器内の油の流れにおいて、速度の大きな場所では一般に式 (2-12) のベルヌーイの定理から圧力が低下するので油中に溶解していた空気が分離して気泡になる。この現象をキャビテーション (cavitation) と呼んでいる。水の場合には、圧力が低くなると蒸発を起こしてキャビテーションが起こると言われているが、油の場合には飽和蒸気圧が低いため、通常は気泡の分離が先に起こると言われている。

　石油系作動油（航空機用）の飽和蒸気圧は、絶対圧力を使用して20℃で 3.3×10^{-4} kPa、50℃で 6.7×10^{-3} kPa、100℃で 0.33 kPa である。一方水は、20℃で 2.33 kPa、50℃で 12.3 kPa、100℃で 101.3 kPa である。従って、石油系作動油の飽和蒸気圧は水に比べて低く、キャビテーションが水に比べて起こりにくい。油のキャビテーションの発生を考える際に、飽和蒸気圧を絶対圧力で零におく場合がある。室温大気圧下で、石油系作動油で約6〜12体積％、水は約2.0体積％の空気を溶解している。これらの数値は、0℃、大気圧に換算した値である。

　図2-31に示すオリフィス絞りでのキャビテーションを考える。絞りを通る流れは高速噴流になるため、しばしばキャビテーションを発生する。

　キャビテーションの起こりやすさを表す目安として次式で定義されるキャビテーション係数 σ が用いられる。

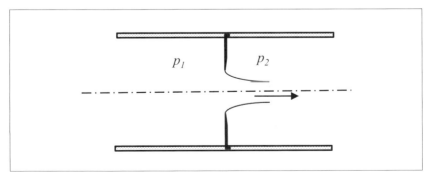

〔図2-31〕オリフィス絞り

$$\sigma = \frac{p_2 - p_v}{p_1 - p_2} \quad \cdots\cdots\cdots\cdots\cdots\cdots\cdots\cdots\cdots\cdots\cdots\cdots\cdots\cdots\cdots \quad (2\text{-}100)$$

ここで、p_1、p_2、p_v は、オリフィス絞りの上流の圧力、下流の圧力、蒸気圧で、絶対圧力で表示する。

一般に、$p_1 > p_2 > p_v$ の関係があるので、下流の圧力 p_2 が低いほどキャビテーション係数が小さくなり、キャビテーションが起こりやすくなる。

次に、図 2-32 の円筒絞りの流れを用いてキャビテーション現象を説明する。上流の圧力 p_1 を一定にして下流の圧力 p_2 を下げていくと、先ず絞りの入り口に気泡が付着し、次にその付着した気泡が成長し小さい気泡の下流へ流れ始める。さらに圧力 p_2 を下げるといくら下げても流量が増加しないキャビテーションの状態になる。今度は、その状態から徐々に圧力 p_2 を増加させていくと、キャビテーションが起こった圧力

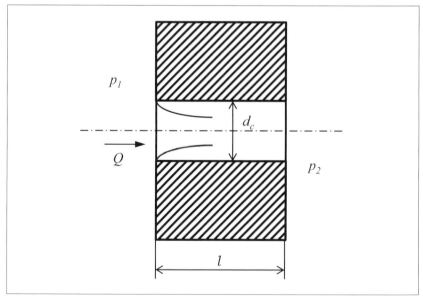

〔図 2-32〕円筒絞り

よりもさらに高い圧力にならないとキャビテーションは消滅しない。

　実験を行うと飽和蒸気圧よりも高い圧力で作動油から気泡が発生する。これは、作動油中に溶解していた空気が分離して気泡になるためである。作動油の圧力が大気圧よりもかなり下がると過飽和となった空気が分離するため気泡が発生する。この時の圧力を空気分離圧という。この分離圧の一例を示すと、40℃時の空気含有量が約7%の油で、絶対圧力で20℃時約10kPa、40℃時約20kPa、60℃時約30kPa程度である。

2−15 すきまでの流れ

　油圧機器において、a) ギヤポンプの刃先とケーシングとのすき間、ベーンポンプのベーン先端とケーシングとのすき間、b) アキシアルピストンポンプの弁板とシリンダブロックとのすき間、c) ピストンポンプのピストンとシリンダのすき間、d) スプール弁のスプールとスリーブのすき間など多くのすき間があり、そこを流れる油の漏れ量が機器の性能に影響を及ぼし、その影響が重要な場合がある。そこでここでは、以上のような油圧機器のすき間を流れる油の流量を予測する方法について述べる。

2−15−1　平板間の二次元流れ

　平行二平板間流路を図 2-33 に示す。y 方向速度成分は 0 で、x 方向速度成分は u である。上の壁面は一定速度 U で右方向に移動している。図に示すように座標や記号を定め、紙面に垂直方向の幅が 1 の流体の微小直方体 ($dx \times dy \times 1$) を考える。この流体の直方体に働く力 F は、圧力による力とせん断応力による力であり

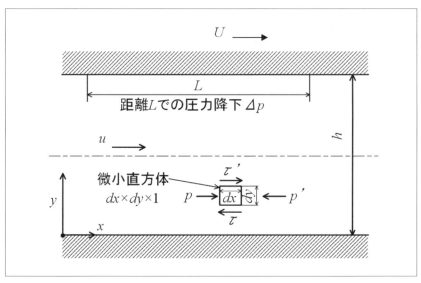

〔図 2-33〕平行二平板間の流れ

$$F = (p - p')(dy \times 1) + (\tau' - \tau)(dx \times 1) = (p - p')dy + (\tau' - \tau)dx$$
$$\cdots (2\text{-}101)$$

となる。ここで、p、p'、τ、τ'は図に示すように、微小直方体が受ける圧力とせん断応力である。
次に、

$$p' \cong p + \frac{dp}{dx}dx \quad \cdots\cdots\cdots\cdots\cdots\cdots\cdots\cdots\cdots\cdots \quad (2\text{-}102)$$

$$\tau' \cong \tau + \frac{d\tau}{dy}dy \quad \cdots\cdots\cdots\cdots\cdots\cdots\cdots\cdots\cdots\cdots \quad (2\text{-}103)$$

であるから、これらの式を式 (2-101) に代入すると次式が得られる。

$$F = -\frac{dp}{dx}dxdy + \frac{d\tau}{dy}dydx \quad \cdots\cdots\cdots\cdots\cdots\cdots\cdots\cdots \quad (2\text{-}104)$$

ここで取り上げている流れは、定常流れで速度は一定である。従って加速度はないので、微小流体が受ける力も 0 である。従って、式 (2-104) より次式が得られる。

$$-\frac{dp}{dx} + \frac{d\tau}{dy} = 0 \quad \cdots\cdots\cdots\cdots\cdots\cdots\cdots\cdots\cdots \quad (2\text{-}105)$$

後述する 3-3 節の密度、比重および粘性で述べているように、せん断応力 τ と速度勾配 du/dy には次の関係がある。ここで、μ は粘度である。

$$\tau = \mu \frac{du}{dy} \quad \cdots\cdots\cdots\cdots\cdots\cdots \quad \cdots\cdots\cdots\cdots\cdots\cdots \quad (3\text{-}2)$$

式 (2-105) と式 (3-2) から次式が得られる。

$$\frac{d^2u}{dy^2} = \frac{1}{\mu}\frac{dp}{dx} \quad \cdots\cdots\cdots\cdots\cdots\cdots\cdots\cdots\cdots\cdots \quad (2\text{-}106)$$

○ 2. 油圧回路内の流れの基礎

上式において、左辺は y のみの関数で、右辺は x のみの関数で y の関数でないから、両辺を y で 2 回積分すると次式が得られる。

$$u = \frac{1}{\mu}\frac{dp}{dx}\frac{y^2}{2} + c_1 y + c_2 \quad \cdots\cdots\cdots\cdots\cdots\cdots (2\text{-}107)$$

ここで、c_1、c_2 は積分定数である。

境界条件は、$y=0$ で $u=0$、$y=h$ で $u=U$ であるから、これらの条件から式 (2-107) から積分定数を求めると次のようになる。

$$c_2 = 0, c_1 = \frac{U}{h} - \frac{h}{2\mu}\frac{dp}{dx} \quad \cdots\cdots\cdots\cdots\cdots (2\text{-}108)$$

これらを式 (2-107) に代入すると次式が得られる。

$$u = \frac{y}{h}U - \frac{h^2}{2\mu}\frac{dp}{dx}\frac{y}{h}\left(1 - \frac{y}{h}\right) \quad \cdots\cdots\cdots\cdots (2\text{-}109)$$

上式において、上の壁の速度 U(m/s)、壁の距離（すきま）h(m)、粘度 μ(Pa・s)、圧力勾配 dp/dx(Pa/m、負の値、) を与えて、速度 u(m/s) を y(m) の関数として求める。図に示すように、距離 L の間の圧力降下を Δp（負）とすると、$dp/dx = \Delta p/L$ となる。

圧力勾配 dp/dx が 0 の場合、式 (2-109) の右辺第 2 項は 0 で第 1 項のみになり、速度は、$y=0$ で $u=0$ で y の増加とともに直線的の増加し、$y=h$ で $u=U$ になるせん断流れ（クエット流れ）になる。一方、上の壁が静止しており、速度 U が 0 の場合、式 (2-109) の右辺第 2 項のみになり、$y=0$、h で $u=0$ になる放物状の速度分布になる。

紙面に垂直方向単位幅あたりの流量 Q'm^2/s は次のようになる。

$$\begin{aligned}
Q' &= \int_0^h u\,dy = \int_0^h \left\{\frac{y}{h}U - \frac{h^2}{2\mu}\frac{dp}{dx}\frac{y}{h}\left(1 - \frac{y}{h}\right)\right\}dy \\
&= \frac{hU}{2} - \frac{h^3}{12\mu}\frac{dp}{dx} \quad\cdots\cdots\cdots (2\text{-}110)
\end{aligned}$$

- 82 -

計算例 13：平行平板間流れの漏れ流量
設問 13：

　図 2-33 において、平行平板間の距離 $h=50 \times 10^{-6}$m、壁の速度 $U=0$、$\mu=0.172$Pa・s（動粘度 $\nu=2 \times 10^{-5}$m^2/s、密度 $\rho=860$kg/m^3）、$L=0.005$m での圧力降下 $\Delta p=5$MPa、紙面に垂直方向幅が 0.015m の時の漏れ流量を求めよ。

―――――――――――――

解答 13：

　紙面に垂直方向単位幅あたりの流量 Q'm^2/s は、式（2-110）より次のようになる。

$$Q' = -\frac{h^3}{12\mu}\frac{dp}{dx} = -\frac{h^3}{12\mu}\frac{\Delta p}{L}$$

$$= -\frac{\left(50 \times 10^{-6}\text{m}\right)^3}{12 \times 0.172\text{Pa•s}}\frac{5 \times 10^6 \text{Pa}}{5 \times 10^{-3}\text{m}} = 6.056 \times 10^{-5}\text{m}^2/\text{s} \quad \cdots \quad (2\text{-}111)$$

紙面に垂直方向幅が 0.015m の場合、流量 Q は、

$$Q = 6.056 \times 10^{-5}\text{m}^2/\text{s} \times 0.015\text{m} = 9.08 \times 10^{-7}\text{m}^3/\text{s} = 0.91\text{cc/s}$$

となる。

２－15－2　平板間の放射状流れ

　図 2-34 に示すような原点 0 からすきま h 内を放射状に流れる場合の放射状流れを考える。図に示す扇型状の微小流体要素に r 方向に働く力の釣合を考える。先ず、微小要素に働く圧力による r 方向の力 F_r は次のようになる。

$$F_r = pdzr \bullet d\theta - p'dz\left(r+dr\right)d\theta + 2\left(p+p'\right)\frac{1}{2}dz \bullet dr \sin\frac{d\theta}{2}$$

$$\cong -\frac{dp}{dr}drdzrd\theta \qquad\qquad \cdots (2\text{-}112)$$

次に、微小要素に働くせん断応力による r 方向の力 F_s は次のようになる。

$$F_s = \frac{1}{2}\{rd\theta + (r+dr)d\theta\}dr(\tau'-\tau)$$
$$\cong rd\theta dr \frac{\partial \tau}{\partial z}dz \qquad \cdots\cdots\cdots\cdots\cdots\cdots (2\text{-}113)$$

r 方向の運動方程式を考えた場合、平行二平板間の流れと違い、平行平板間の放射状流れの半径方向の速度は減速し厳密には対流加速度が存在する。しかしながら、すきまの流れのような場合、流速が遅いので粘性項に比べて対流加速度の影響は小さいと考え（ストークス近似という）、力の釣合から $F_r + F_s = 0$ とおくと次式が得られる。

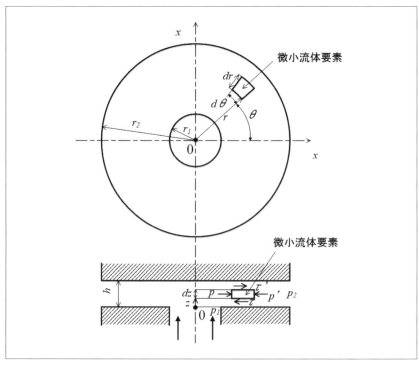

〔図 2-34〕平行平板間の放射状流れ

$$-\frac{dp}{dr}drdzrd\theta + rd\theta dr\frac{\partial \tau}{\partial z}dz = 0$$

よって

$$-\frac{dp}{dr}+\frac{\partial \tau}{\partial z} = 0 \qquad \cdots\cdots\cdots\cdots\cdots\cdots\cdots \text{(2-114)}$$

前述の平行二平板間の流れと同様に、せん断応力 τ と速度勾配 dv_r/dz には次の関係がある。ここで、μ は粘度、v_r では r 方向の速度成分である。

$$\tau = \mu\frac{\partial v_r}{\partial z} \qquad \cdots\cdots\cdots\cdots\cdots\cdots\cdots\cdots\cdots\cdots\cdots \text{(2-115)}$$

式 (2-114) と式 (2-115) から次式が得られる。

$$\frac{\partial^2 v_r}{\partial z^2} = \frac{1}{\mu}\frac{dp}{dr} \qquad \cdots\cdots\cdots\cdots\cdots\cdots\cdots\cdots\cdots \text{(2-116)}$$

上式において、右辺は r のみの関数であるから、両辺を z で 2 回積分すると次式が得られる。

$$v_r = \frac{1}{\mu}\frac{dp}{dr}\frac{z^2}{2}+c_1 z+c_2 \qquad \cdots\cdots\cdots\cdots\cdots\cdots \text{(2-117)}$$

ここで、c_1, c_2 は積分定数である。

境界条件は、$z=0$ で $v_r=0$、$z=h$ で $v_r=0$ であるから、これらの条件から式 (2-117) の積分定数を求めると次のようになる。

$$c_2 = 0, c_1 = -\frac{h}{2\mu}\frac{dp}{dr} \qquad \cdots\cdots\cdots\cdots\cdots\cdots\cdots \text{(2-118)}$$

これらを式 (2-117) に代入すると次式が得られる。

$$v_r = -\frac{h^2}{2\mu}\frac{dp}{dr}\frac{z}{h}\left(1-\frac{z}{h}\right) \qquad \cdots\cdots\cdots\cdots\cdots\cdots \text{(2-119)}$$

2. 油圧回路内の流れの基礎

上式において、壁の距離（すきま）h(m)、粘度 μ(Pa・s)、圧力勾配 dp/dr(Pa/m) を与えて、速度 v_r(m/s) を z(m) の関数として求める。

流量 Qm³/s は次のようになる。

$$Q = \int_0^h \int_0^{2\pi} r v_r \, d\theta dz = -\int_0^h \int_0^{2\pi} r \frac{h^2}{2\mu} \frac{dp}{dr} \frac{z}{h}\left(1-\frac{z}{h}\right) d\theta dz$$

$$= -\frac{r\pi h^3}{6\mu} \frac{dp}{dr} \qquad\qquad \cdots\cdots \ (2\text{-}120)$$

$r = r_1$ と $r = r_2$ において流量 Q は同じであるから、上式を変数分離して、$r = r_1$ で $p = p_1$、$r = r_2$ で $p = p_2$ の境界条件の下で解くと以下のようになる。

$$Q \frac{dr}{r} = -\frac{\pi h^3}{6\mu} dp$$

$$Q \ln\left(\frac{r_2}{r_1}\right) = -\frac{\pi h^3}{6\mu}(p_2 - p_1)$$

$$\therefore Q = -\frac{\pi h^3}{6\mu}(p_2 - p_1)\bigg/ \ln\left(\frac{r_2}{r_1}\right) \quad\cdots\cdots\cdots\cdots\cdots\cdots\cdots\cdots \ (2\text{-}121)$$

計算例 14：平行平板間の放射状流れの漏れ流量

設問 14：

図 2-34 において、平行平板間の距離 $h = 50 \times 10^{-6}$m、$\mu = 0.172$Pa・s（動粘度 $\nu = 2 \times 10^{-5}$m²/s、密度 $\rho = 860$kg/m³）、$r_1 = 0.005$m、$r_2 = 0.01$m での圧力降下 $p_1 = 5$MPa、$p_2 = 0$ の時の漏れ流量 Qm³/s を求めよ。

———————————

解答 14：

漏れ流量 Qm³/s は、式 (2-121) より次のようになる。

$$Q = -\frac{\pi h^3}{6\mu}(p_2 - p_1)\bigg/ \ln\left(\frac{r_2}{r_1}\right) = \frac{\pi\left(50\times10^{-6}\text{m}\right)^3}{6\times0.172\text{Pa}\bullet\text{s}} 5\times10^6\text{Pa}/\ln\frac{0.01}{0.005}$$

$$= 2.74\times10^{-6}\text{m}^3/\text{s} = 2.74\text{cc/s} \qquad\qquad \cdots (2\text{-}122)$$

2－15－3 二重管内の流れ

式 (2-110) から、$U=0$ と置き、紙面に垂直方向の幅を $2\pi R_1$ とすると二重管内を軸方向（z 方向）に流れるいわゆる二重管内の流れの流量 Q を次式のように求めることができる。

$$Q = -\pi R_1 \frac{h^3}{6\mu} \frac{dp}{dz} \quad\quad\quad (2\text{-}123)$$

計算例 15：二重管内の漏れ流量

設問 15：

図 2-35 において、二重管の $h=20\times 10^{-6}$m、$\mu=0.172$Pa·s（動粘度 $\nu=2\times 10^{-5}$m^2/s、密度 $\rho=860$kg/m^3）、$R_1=0.03$m、$L=0.03$m、$p_1=1$MPa、$p_2=0$ の時の漏れ流量 Qm^3/s を求めよ。

解答 15：

漏れ流量 Qm^3/s は、式 (2-123) より次のようになる。

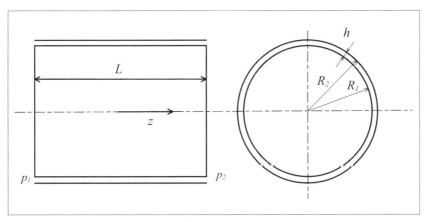

〔図 2-35〕二重管内の流れ

2. 油圧回路内の流れの基礎

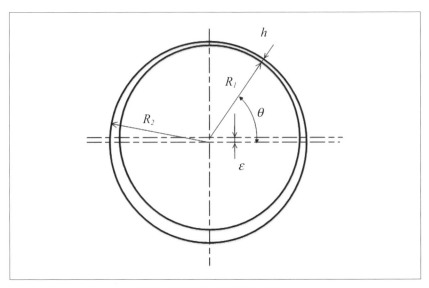

〔図2-36〕偏心二重管内の流れ

$$Q = -\pi R_1 \frac{h^3}{6\mu} \frac{dp}{dz} = -\pi \cdot 0.03\text{m} \frac{(20\times 10^{-6}\text{ m})^3}{6\times 0.172\text{Pa}\bullet\text{s}} \frac{-1\times 10^6 \text{Pa}}{0.03\text{m}} \quad (2\text{-}124)$$
$$= 2.43\times 10^{-8} \text{m}^3/\text{s} = 0.024\text{cc/s}$$

次に図2-36に示すようにεの偏心をした場合を考える。

偏心しない場合のすきまを$h_0 = R_2 - R_1$と置くと、偏心がない場合と同様な計算を経て流量は次のように得られる。

$$Q = -\pi R_1 \frac{h_0^3}{6\mu} \frac{dp}{dz} \left\{ 1 + \frac{3}{2}\left(\frac{e}{h_0}\right)^2 \right\} \quad\dotsb\quad (2\text{-}125)$$

偏心量が最大でh_0の場合、式(2-123)と(2-125)から漏れ流量は偏心がない場合の2.5倍になる。

3.

油圧作動油

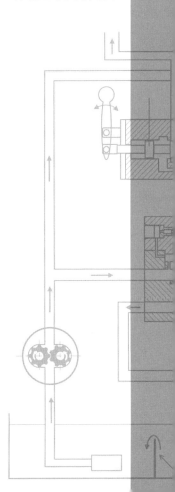

油圧技術とは、油圧回路において油などの潤滑性のある液体を用いて、ある場所から別の場所へ動力を伝達する技術である。当初は、液体として水が使用されていた。西暦 1795 年、ブラマは水圧プレスを完成し、ピストンリングが初めて使用された。20 世紀になると、油を用いた油圧回路技術が見直され、現在に至っている。このようにどのような液体を使用するかは、油圧回路技術において基本的な問題である。近年になって、環境問題から再び水の使用が検討され、一部で実施されている。

３－１　作動油に要求される性質
　作動油に要求される性質として以下が上げられる。
(1) 作動状態の下で圧縮性の影響が小さいこと。
(2) 使用範囲での粘度変化が小さいこと。
(3) 高温で蒸発しにくく、低温で凝固しにくいこと。
(4) 摺動部において潤滑性が良いこと。
(5) 酸化作用に対して、安定性を有いており、寿命が長いこと。
(6) 金属に対して腐食性がないこと。
(7) パッキンなどの材料に有害な影響を与えないこと。
(8) 臭気や毒素が少ないこと。
(9) 難燃性を有していること。
(10) 比熱や熱伝導度が大きく、熱膨張係数が小さいこと。
(11) 廃液処理が容易なこと。
(12) 泡立ちが少なく、出来た泡が消えやすいこと。

↻ 3. 油圧作動油

3－2　作動油の種類

　油圧回路の用いられる作動油（Hydraulic fluid）について以下に説明する。作動油は、石油系作動油と難燃性作動油に分けられる。

　先ず、石油系作動油の以下の4つについて説明する。

(1) 純鉱油：添加剤を含まないタービン油、マシン油などが使用されていたが、作動油としての特性が他に比べてよくないので、現在あまり使用されていない。

(2) R&O型作動油：高度に精製した基油に防錆材（Rust Inhibitor）と酸化防止剤（Oxidation Inhibitor）を添加した一般的な作動油である。それぞれの頭文字を並べた名称になっている。

(3) 耐摩耗型作動油：酸化防止剤、防錆剤、消泡剤の他に耐摩耗剤を添加したもので、主に高圧ベーンポンプ用に使用されている。

(4) 高粘度指数型作動油：粘度指数が大きい、即ち温度上昇による粘度低下が小さい作動油である。数値制御工作機械の性能は作動油の粘度に大きく左右されるため、粘度指数が高い作動油が要求される。数値制御工作機械用の作動油は、軽質の基油にせん断安定性が優れた粘度指数向上剤を多量に配合し、さらに酸化防止剤、防錆材、流動転降下剤、耐摩耗剤などを添加したものである。通常基油は石油系であるが、高粘度指数の合成油と石油系鉱油の混合物を使用することもある。

　次に、4つの難燃性作動油について説明する。

(5) O/W（Oil-in-Water emulsion）乳化型作動油：乳化剤としてカリ石鹸やノニオン活性剤などの界面活性剤を含む鉱油を使用する時に90～95％の水と混合撹拌してエマルジョンにする。粘性や圧縮性などの物理的性質は水とほぼ同じであるが、水に比べて防錆性や潤滑性に優れ、火災の心配もないので鉄鋼関係ではよく使用されている。しかし水に近い点から、浸漬されていない機械部分が錆びやすい、液温が高いとキャビテーションが起きやすい、潤滑性が通常の作動油に比べて悪い、粘度が低く漏れやすい、長時間使用するとバクテリヤが繁殖して腐食し悪臭を発するなどの欠点がある。

－ 92 －

(6) W/O（Water-in-Oil emulsion）乳化型作動油：炭鉱の火災や爆発事故を防ぐために、安価で特性も良い難燃性作動油として開発された。一般産業用に広く使用され、製鉄所など火災の危険性がある現場で使用されている。作動油の組成は、水と鉱油を4：6の割合で乳化したものが多い。

(7) 水―グリコール型作動油：製鉄所などの火災の危険性がある場所で使用されている。成分は、基材としてのエチレングリコークまたはプロピレングリコールが20 ～ 40％、消火剤としての水が35 ～ 50％、増粘剤としてのポリグリコールが10 ～ 15％、その他に気相防錆剤、液相防錆剤、油性材、消泡剤が添加されている。

(8) 燐酸エステル型作動油：3つの種類に大別される。第1は添加燐酸エステルで主に航空機用に開発された。混合アルキル・アリル燐酸エステルに各種の添加剤を加えて粘度、温度特性、高温安定性の特性を持たせている。第2は燐酸エステルと塩素化炭化水素（PCB）との組み合わせで、一般産業用として使用されてきたが、PCBの毒性のため近年使用されていない。第3は、ストレート燐酸エステルで、一般産業用として多く使用されている。

燐酸エステル形作動油の寿命を確保するために、水の混入を避ける必要がある。

高含水作動液（HWCF、High Water Content Fluid）もあるが、これは水を95％以上含んでおり、多くは、O/W乳化形作動油や水―グリコール形作動油に属している。

3-3 密度、比重および粘性

　質量が大きな固体よりも小さな固体の方が動かしやすいことはよく経験することである。流体の場合も同様であるが、流体の場合は形が一定でなくつかむこともできないために、固体のように考えにくいので、単位体積当たりの質量で考える。一般に、単位体積を1m^3、質量をkgとして密度kg/m^{3}を考える。空気の密度は約1.2kg/m^3、水の密度は約1000kg/m^{3}であり、油（石油系作動油）の密度は、約800～900kg/m^{3}である。

　流体どうしの密度を比較しやすくするために、4℃の水の密度を基準にして次式で示される比重 s で考える。

$$s = \frac{\rho}{\rho_w} \quad \cdots\cdots\cdots\cdots\cdots\cdots\cdots\cdots\cdots\cdots\cdots\cdots\cdots\cdots\cdots\cdots\cdots\cdots \quad (3\text{-}1)$$

標準気圧101.3kPaで、4℃の水の密度 ρ_w はほぼ1000kg/m^{3}である。

　従って、油（石油系作動油）の比重は、約0.8～0.9である。

　次に粘性について考える。粘性とは、簡単に言うと手で触れた場合のべとべとした感触で、水と油を比べると油の粘性が大きいように感じる。ここでは、もう少し厳密に考える。

　図3-1に示すように、油が上下の平行平板の薄い隙間 δ にはさまれ、

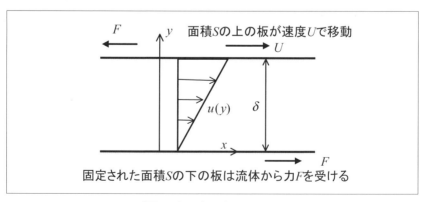

〔図3-1〕平行平板間の流れ

上の板が速度 U で右方向へ移動している場合を考える。上下の板の面積 A は隙間に比べて大きいとし、下の板は固定されている。上下の板の間の流れは、図のように上の板に接する油は板に引きずられ、下の板に接している油は静止している。これは油に粘性があるためで、もし粘性が無ければ上の板に接する油は板に引きずられることはなく静止しており、これはいわゆる摩擦がない場合に対応する。この流れの速度分布 $u(y)$ は図のように直線状になり、即ち du/dy は一定になる。下の板は油から右方向に力を受け、その力 F は、板が受けるせん断応力 τ に板の面積 A を乗したものになる。そのせん断応力は速度勾配 du/dy に比例するので、比例定数を μ として次式のようになる。

$$\tau = \mu \frac{du}{dy} \quad \cdots\cdots\cdots\cdots\cdots\cdots\cdots\cdots\cdots\cdots\cdots\cdots \quad (3\text{-}2)$$

この μ を粘度といい単位は Pa・s である。
水の場合、40℃で $\mu = 0.65 \times 10^{-3}$ Pa・s であり、油の場合はその数 10 倍程度である。
粘度を密度で割ったものを動粘度 ν m^2/s といい次式で与えられる。

$$\nu = \frac{\mu}{\rho} \quad \cdots\cdots\cdots\cdots\cdots\cdots\cdots\cdots\cdots\cdots\cdots\cdots \quad (3\text{-}3)$$

油の粘度は、油圧機器の漏れに影響を与え、そのために油圧ポンプやアクチュエータの効率に影響与える。また、制御弁や管路の圧力損失にも影響するため重要な油の物性値である。油の種類を表すために、粘度グレードが用いられ、約40℃の油温時の動粘度 mm^2/s を粘度グレード（VG）と決められている。例として、VG46 の油は、油温が40℃の時の動粘度が 46mm^2/s である。主な粘度グレードの温度と動粘度との関係を図 3-2 に示す。

3. 油圧作動油

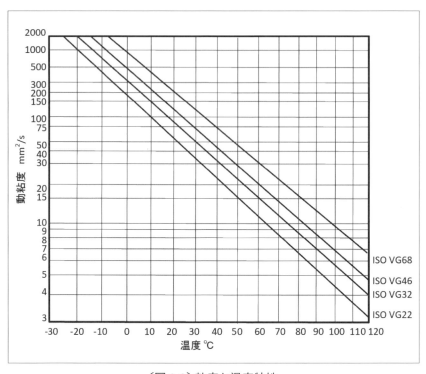

〔図 3-2〕粘度と温度特性

4.
油圧制御弁

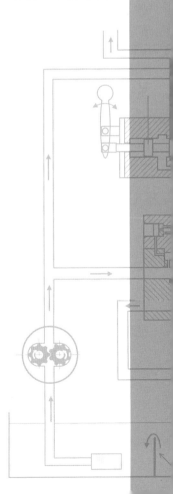

油圧制御弁は、油圧回路において、油の圧力、流量や流れの方向を制御する機器である。一般の流体機械における制御弁に比べて、油圧制御弁は、機能が複雑で高性能かつ精緻である。弁内を油が流れる場合に弁の絞りでの流路面積を調節することにより、弁前後の圧力や弁を流れる流量を制御し、弁の内部の流路を開閉することにより油の流れる方向を制御する。ここでは、油圧制御弁の機能と構造での分類および油圧制御弁内の流れと振動・騒音およびキャビテーション現象について、著者の研究室での研究成果を含めて説明する。

４－１　油圧制御弁の機能と構造での分類

　油圧制御弁を機能で分類すると次の３つになる。

　先ず、油の圧力を制御する圧力制御弁で、リリーフ弁、減圧弁、カウンタバランス弁、アンロード弁、シーケンス弁などがある。次に、油の流量を制御する流量制御弁で、絞り弁、流量調整弁、分流弁などがある。さらに、油の流れる方向を制御する方向制御弁で、切換弁、チェック弁、シャトル弁、デセラレーション弁、プレフィル弁などがある。

　一方、油圧制御弁を構造で分類すると、スライド弁、シート弁、分流弁に分けられる。先ず、スライド弁とは、弁体が流れと直角の方向に移動して流れを制御するものであり、スプール弁、ロータリ弁、プレート弁などがある。次に、シート弁とは、流れ方向に弁体が移動して流れを制御する形式のもので、ポペット弁、ボール弁、ノズルフラッパ弁などがある。分流弁とは、複数の受流ポートに一つの噴射口から出た油が分かれて、流量を所定の割合に分割するものである。

４－１－１　圧力制御弁

　圧力制御弁は油の流れの圧力を制御する機能を有している。２８節の油圧制御弁の絞りでの圧力と流量で説明したように、絞りを流れる油の流量と差圧の関係は次式で表せる。

$$Q = c_d a \sqrt{\frac{2\Delta p}{\rho}}$$ .... (2-41) 再掲

－ 99 －

ここで、$Q\mathrm{m}^3/\mathrm{s}$ は体積流量、$a\mathrm{m}^2$ は流路面積、c_d は流量係数（単位無）、$\Delta p\mathrm{Pa}$ は差圧および $\rho\mathrm{kg/m}^3$ は密度である。

絞りの上流の圧力を p_1 とし、下流の圧力を p_2 として書き換えると、式 (2-41) から次式が得られる。

$$p_1 - p_2 = \frac{\rho}{2}\left(\frac{Q}{c_d a(x)}\right)^2 \quad \cdots\cdots\cdots\cdots\cdots\cdots\cdots\cdots\cdots\cdots\cdots \quad (4\text{-}1)$$

流路面積 a は、弁開度 x の関数である。従って、絞りを流れる流量が一定の場合、弁開度を調節して圧力（p_1-p_2）を制御することができる。以下に代表的な圧力制御弁について説明する。

① 直動形リリーフ弁

リリーフ弁は、油圧回路の圧力が設定圧力以上に上昇すると、油の一部をタンクに戻して回路の圧力を設定値に保持する弁である。通常閉じているものは安全弁の機能と同様である。

直動形リリーフ弁の構造を図 4-1 に示す。油の入り口の圧力が上流側の圧力 p_1 であり、タンクへのポートの圧力が p_2 である。リリーフ弁では、圧力 p_2 は大気開放のためほぼ 0 である。ポペットはばねにより閉じる方向へ力を受けている。直動形リリーフ弁が圧力を制御する仕組みを、

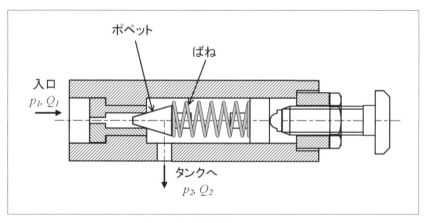

〔図 4-1〕直動形リリーフ弁

式 (4-1) を用いて説明する。p_1 が上昇すると流量 Q が増加し式 (4-1) の右辺の分子が大きくなる。そこで、p_1 が上昇した分ばねを押し上げて弁開度 x を増やし、流路面積を増加させる。すると、式 (4-1) の右辺の分母が大きくなり、右辺の値が元に戻るために、p_1 も元の設定値へ戻る。設定圧力は、調節ねじを回すことによりばねの初期たわみを変化させて設定する。

②パイロット作動形リリーフ弁（バランスピストン形リリーフ弁）

　パイロット作動形リリーフ弁は、主弁（バランスピストン）の圧力のバランスによってリリーフの動作を行うのでバランスピストン形リリーフ弁と言われることもある。パイロット作動形リリーフ弁を図4-2に示す。図4-3を用いてその作動原理を説明する。図の状態は、主弁とパイロット弁がともに閉じた状態で油は流れない。主流の圧力が上昇して設定値より高くなると先ずパイロット弁が開く。すると、主流から絞り、

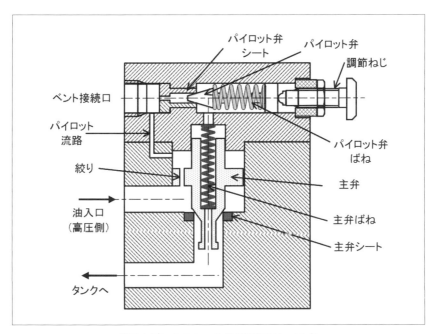

〔図4-2〕パイロット作動形リリーフ弁

パイロット流路、パイロット弁そして主弁の内部からタンクへの小さな流れが生じる。この結果、絞りの前後に差圧が生じ、主弁ピストンの上下の圧力pとp'に差異が生じる。絞りの上流の圧力pの方が高いので主弁が開き、主流から主弁そしてタンクへの大量の流れが生じ、主流の圧力の上昇を抑える。直動形に比べるとパイロット弁にかかる力は小さいので、スプリングは弱いもので十分である。また、主弁の圧力がかかる受圧面積も大きく取れるため、絞り前後の小さい差圧を増幅して力を出せる。従って、大流量のリリーフ弁を製作できる。図4-3の状態ではベント接続口は閉じているが、ベント接続口にパイロット管を接続して操作圧力を導き遠隔操作を行うこともできる。また、ベント接続口をタンクに接続して主流からの油をベント接続口から直接タンクに戻すこともできる。

次に、リリーフ弁の圧力オーバーライド特性について説明する。

2-12節のポペット弁に働く流体力で述べたように広がり流れの場合に、ポペットが周囲から受ける力F_{all}は、検査体の流体から受ける流体

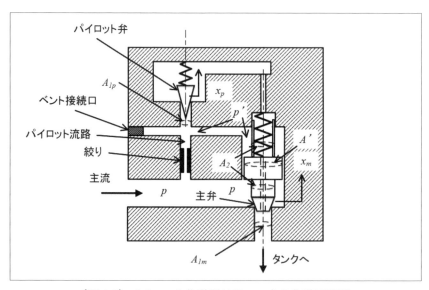

〔図4-3〕パイロット作動形リリーフ弁の作動原理図

力 F_x と面 df が受ける力の合計になり次式のようになる。

$$F_{all} = F_x + (面\,df\,が受ける力)$$
$$= p_1 A_1 + p_2 (A_2 - A_1)$$
$$- \rho \left\{ Q_2 (v_2 \cos\theta - v_1) + \dot{Q}_2 (h_2 + h_3) + A_2 \dot{X}(\dot{X} - v_1) + \ddot{X} A_2 \left(\frac{2}{3} h_2 + h_3 \right) \right\}$$
$$+ (面\,df\,が受ける力) \qquad \cdots (2\text{-}96)\ 再掲$$

ここで、図 2-26 の df の面積は A_2 であり、そこに圧力 p_2 がかかっているから、面 df が受ける力は、$A_2 p_2$ となる。そこで、定常流れを考えると上式から次式が得られる。

$$F_{all} = p_1 A_1 + p_2 (A_2 - A_1) - p_2 A_2 - \rho Q_2 (v_2 \cos\theta - v_1)$$
$$= A_1 (p_1 - p_2) - \rho Q_2 (v_2 \cos\theta - v_1) \qquad \cdots\cdots (4\text{-}2)$$

ここで、p_2 は大気圧で 0 とし、v_1 は $v_2\cos\theta$ に比べて小さいとすると、

$$F_{all} = A_1 p_1 - \rho Q_2 v_2 \cos\theta \quad \cdots\cdots\cdots\cdots\cdots\cdots\cdots\cdots\cdots (4\text{-}3)$$

となる。

一方、式 (2-41) より、$\Delta p = p_1 - p_2$ であるから、$p_2 = 0$ として、Q_2 は次式で与えられる。

$$Q_2 = c_d a \sqrt{\frac{2p_1}{\rho}} \quad \cdots\cdots\cdots\cdots\cdots\cdots\cdots\cdots\cdots\cdots\cdots\cdots (2\text{-}34)$$

ここで、a は流路面積、c_d は流量係数、p_1 は上流の圧力および ρ は密度である。

弁絞りでの面積を a とすると、式 (2-97) から

$$a = \pi X \sin\theta (d_s - X \sin\theta \cos\theta) \quad \cdots\cdots\cdots\cdots\cdots\cdots\cdots (4\text{-}4)$$

となり、$X\sin\theta\cos\theta$ は d_s に比べて小さいので

$$a = \pi d_s X \sin\theta$$

$- 103 -$

となる。従って、Q_2 は次のようになる。

$$Q_2 = c_d\,\pi d_s X \sin\theta \sqrt{\frac{2p_1}{\rho}} \quad\cdots\cdots\cdots\cdots\cdots\cdots\cdots\cdots\quad (4\text{-}5)$$

一方、式 (2-39) から、$q_2=v_2$、$h=p_1/(\rho g)$ とおいて、速度 v_2 は次式のようになる。

$$v_2 = c_v \sqrt{\frac{2p_1}{\rho}} \quad\cdots\cdots\cdots\cdots\cdots\cdots\cdots\cdots\cdots\cdots\quad (4\text{-}6)$$

ここで、c_v は速度係数で、速度を補正するために使用する。式 (4-5) と (4-6) を式 (4-3) に代入すると次式が得られる。

$$F_{all} = A_1 p_1 - \rho c_d\,\pi d_s X \sin\theta \sqrt{\frac{2p_1}{\rho}}\, c_v \sqrt{\frac{2p_1}{\rho}}\, \cos\theta \quad\cdots\cdots\cdots\quad (4\text{-}7)$$

$$F_{all} = A_1 p_1 - cX p_1$$

ここで、

$$c = \pi c_d c_v d_s \sin 2\theta$$

である。

　油圧回路において、ある回路の回路圧が設定圧力 p_s に達するまで弁が閉じていて、p_s に達した時に弁が全開すれば理想的な作動であるが、ポペットにばねが設置されており弁が開き始め流れが生じるとともに弁を閉じる方向に流体力も働くため、弁が開き始めるクラッキング圧力と設定圧力は一致しない。この特性を圧力オーバーライドと呼んでいる。

　今、図 4-1 に示すような直動形でポペット形状のリリーフ弁を考える。ポペットが静止している広がり流れの定常流れの場合である。従って、$Q_1 = Q_2$ となる。

　式 (4-7) を用いて、力のつり合いから次式が得られる。

$$A_1 p_1 - cX p_1 = k(X + X_0) \quad\cdots\cdots\cdots\cdots\cdots\cdots\cdots\cdots\quad (4\text{-}8)$$

ここで、k はばね定数、X は弁開度、X_0 は弁が閉じている状態でのばねのたわみ量である。

クラッキング圧力 p_c を、

$$p_1 = p_c + p \quad\cdots\cdots\cdots\cdots\cdots\cdots\cdots\cdots\cdots\cdots\cdots\cdots\cdots\quad (4\text{-}9)$$

とおくと、

$$A_1 p_c = kX_0 \quad\cdots\cdots\cdots\cdots\cdots\cdots\cdots\cdots\cdots\cdots\cdots\cdots\quad (4\text{-}10)$$

である。ここで、A_1 は図 2-26 に示すポペット弁の上流側の流路面積である。

式 (4-8) から (4-10) を用いて次式が得られる。

$$A_1 p_1 - cX p_1 = kX + kX_0$$
$$A_1(p_c + p) - cX p_1 = kX + kX_0$$
$$A_1 p - cX(p_c + p) = kX$$
$$p = \frac{(k + c p_c)X}{A_1 - cX} \quad\cdots\cdots\cdots\cdots\cdots\cdots\cdots\quad (4\text{-}11)$$

同様にして、次式が得られる。

$$X = \frac{A_1(p_1 - p_c)}{k + c p_1} \quad\cdots\cdots\cdots\cdots\cdots\cdots\cdots\cdots\quad (4\text{-}12)$$

上式を式 (4-5) に代入すると

$$Q_2 = c_d \pi d_s \sin\theta \sqrt{\frac{2(p_c + p)}{\rho}} \frac{A_1(p_1 - p_c)}{k + c p_1}$$
$$= \frac{K A_1 p \sqrt{p + p_c}}{k + c(p + p_c)} \quad\cdots\cdots\cdots\cdots\quad (4\text{-}13)$$

ここで、

$$K = c_d \pi d_s \sin\theta \sqrt{\frac{2}{\rho}}$$

↻ 4. 油圧制御弁

となる。

オーバライド圧力を小さくするには、

$$\frac{\partial Q_2}{\partial p}$$

を大きくした方が良いため、式 (4-13) から、ばね定数 k を小さくした方が、オーバーライドが減少することが分かる。さらに、K や A_1 を大きく取ればよく、上流の管路径 d_s（図 2-26 参照）を大きくすれば良さそうであるが、d_s は c にも影響するため注意が必要である。もし、管路径 d_s を大きくするとオーバーライドが小さくなる時でも、弁の設計上において管路径 d_s を大きくすると弁そのものが大きくなるので他の設計面からの制約も受ける。

計算例 16：直動形リリーフ弁の圧力オーバーライド特性
設問 16-1：

　具体的な計算例として、広がり流れの場合の図 2-26 において、以下の条件の時の圧力と流量の関係を求めよ。

　$k = 250\text{N/cm}$、$X_0 = 3\text{cm}$、$d_s = 10\text{mm}$、$\theta = 20°$、$c_d = 0.7$、$c_v = 0.7$、$\rho = 860\text{kg/m}^3$

――――――――――――

解答 16-1：

　先ず、$A_1 = (\pi/4)d_s^2$ から A_1 を求め、

$$A_1 p_c = kX_0 \quad \cdots\cdots\cdots\cdots\cdots\cdots\cdots\cdots\cdots\cdots\cdots\cdots\cdots\cdots\cdots \text{(4-10) 再掲}$$

から、p_c を計算し、$c = \pi c_d c_v d_s \sin 2\theta$ から、c を計算し、

$$K = c_d \pi d_s \sin\theta \sqrt{\frac{2}{\rho}}$$

から K を求める。

つぎに、以下の式 (4-11) から X を 0 から少しずつ増やして与えて p を求め、式 (4-13) から Q_2 を得る。つまり、以下の式に弁開度 X を与えて、

－ 106 －

圧力 p と流量 Q_2 を求める。

$$p = \frac{(k+cp_c)X}{A_1-cX}$$ ························· (4-11) 再掲

$$Q_2 = \frac{KA_1 p\sqrt{p+p_c}}{k+c(p+p_c)}$$ ······················ (4-13) 再掲

最後に

$$p_1 = p_c + p$$ ·· (4-9) 再掲

から p_1 が計算される。

　上流の圧力 p_1 と流量（$=Q_1$ あるいは Q_2）計算結果を図 4-4 に示す。図において、クラッキング圧力 p_c である 9.55MPa あたりから急に弁が開

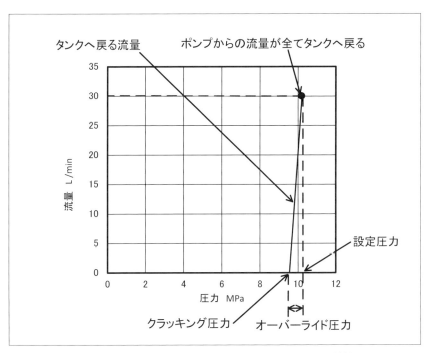

〔図 4-4〕直動形リリーフ弁の圧力オーバーライド特性

ᢗ 4. 油圧制御弁

き流量が増加する様子が分かる。縦軸の計算結果である流量 $Q_2 (= Q_1)$ は、リリーフ弁からタンクへ戻る流量であり、設定圧力でポンプからの流量が全てタンクへ戻る。設定圧力時の流量が 30L/min での弁開度は約 0.4mm である。この計算例のように、設定圧力とクラッキング圧力との間に差異が生じるが、これをオーバーライド圧力と言い、この圧力が小さいほどリリーフ弁としての機能は良い。この例は、比較的オーバーライド圧力が小さく、圧力オーバーライド特性が良好な場合である。実際のリリーフ弁で実験を行うと、圧力を増加する時の特性と減少させる時の特性に差があり、設定圧力から圧力を減少させるとクラッキング圧力以下で流量はゼロになる。

設問 16-2：

$k = 10000\text{N/cm}$、$X_0 = 0.01\text{cm}$、$d_s = 5\text{mm}$ の場合の圧力オーバーライド特性を求めよ。他のパラメータは前設問と同様である。

―――――――――――――

解答 16-2：

前設問と同様に計算した結果を図 4-5 に示す。図においては、圧力の増加とともに流量が徐々に増加するため圧力オーバーライド特性が悪い場合である。以上のような手順で、ばね定数 k、初期たわみ X_0、上流の管路径 d_s を変更して、要望するリリーフ弁を設計できる。

次に、図 4-3 に示すパイロット作動形リリーフ弁について説明する。主弁を流れる流量は、式 (4-5) から

$$Q_m = c_{dm} \pi d_{sm} x_m \sin\theta \sqrt{\frac{2p}{\rho}} = K_m x_m \sqrt{p} \quad \cdots\cdots\cdots\cdots\cdots (4\text{-}14)$$

ここで、

$$K_m = c_{dm} \pi d_{sm} \sin\theta \sqrt{\frac{2}{\rho}}$$

で、添え字 m は主弁を表す。圧力 p は図 4-3 において、主流の圧力である。

― 108 ―

次に主弁の力の釣合を考える。各記号は図4-3を参照されたい。

式(2-98)から図2-27に示すせばまり流れの場合にポペットが受ける定常流体力は、$p_2=0$として次のようになる。

$$F_{all} = p_1(A_2 - A_{1m}) + \rho Q_2 v_2 + (\text{面} df \text{が受ける力})$$

上式において、面dfが受ける力は$p'(A'-A_2)$で、ポペットの上部分に上方向に働く力は$p(A'-A_2)$であるから、それを加えて、

$$\begin{aligned}F_{all} &= p(A_2 - A_{1m}) + \rho Q_m v_2 + p(A'-A_2) - p'(A'-A_2) \\ &= \rho Q_m v_2 + A'(p-p') - pA_{1m} + p'A_2 \end{aligned} \quad \cdots\cdots (4\text{-}15)$$

が得られる。

上式での速度v_2は、式(4-6)から次式のようになる。

$$v_2 = c_v \sqrt{\frac{2p}{\rho}}$$

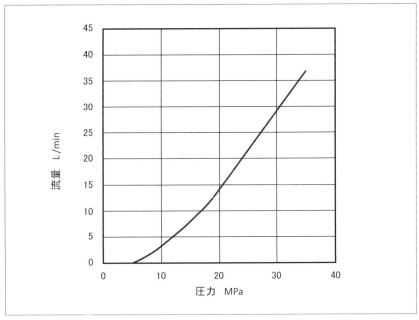

〔図4-5〕直動形リリーフ弁の圧力オーバーライド特性（良くない例）

ここで、c_v は速度係数である。

従って、式 (4-15) は

$$F_{all} = \rho Q_m c_v \sqrt{\frac{2p}{\rho}} + A'(p-p') - pA_{1m} + p'A_2$$
$$= \sqrt{2\rho} Q_m c_v \sqrt{p} + A'(p-p') - pA_{1m} + p'A_2$$

となり、力の釣合は以下のようになる。

$$k_m(x_m + x_{m0}) = c_m Q_m \sqrt{p} + A'(p-p') - pA_{1m} + p'A_2 \quad \cdots\cdots\cdots (4\text{-}16)$$
$$ここで,\ c_m = c_v \sqrt{2\rho}$$

x_{m0} はばねの初期たわみである。

　主弁の絞り部は一般に細くて長い円筒絞りであるから、その前後の差圧 $(p-p')$ はハーゲン・ポアズイユの式 (4-17) で算出される。

$$Q_p = \frac{(p-p')\pi d_c^4}{128\mu l} = K_0(p-p') \quad \cdots\cdots\cdots\cdots\cdots\cdots\cdots (4\text{-}17)$$
$$ここで, K_0 = \frac{\pi d_c^4}{128\mu l}$$

d_c は絞りの内径、l は絞りの長さである。図 2-32 を参照されたい。

パイロット弁を流れる流量は、式 (4-5) より

$$Q_p = c_{dp}\pi d_{sp} x_p \sin\theta \sqrt{\frac{2p'}{\rho}} = K_p x_p \sqrt{p'} \quad \cdots\cdots\cdots\cdots\cdots (4\text{-}18)$$
$$ここで, K_p = \sqrt{\frac{2}{\rho}}\, c_{dp}\pi d_{sp}\sin\theta$$

パイロット弁の力の釣合から式 (4-8) と同様に式 (4-3)、(4-6) から次式が得られる。

$$k_p(x_p + x_{p0}) = A_{1p}p' - c_p Q_p \sqrt{p'} \quad \cdots\cdots\cdots\cdots\cdots\cdots (4\text{-}19)$$
$$ここで, c_p = \rho c_v \sqrt{\frac{2}{\rho}}\cos\theta$$

－ 110 －

ここで、添え字 p はパイロット弁の値を表す。

式 (4-18) と (4-19) から次式が得られる。

$$k_p(x_p + x_{p0}) = A_{1p}p' - c_p K_p x_p \sqrt{p'} \sqrt{p'}$$

$$\therefore p' = \frac{k_p(x_p + x_{p0})}{A_{1p} - c_p K_p x_p} \quad \cdots\cdots\cdots\cdots\cdots\cdots (4\text{-}20)$$

$$Q_p = K_p x_p \sqrt{\frac{k_p(x_p + x_{p0})}{A_{1p} - c_p K_p x_p}} \quad \cdots\cdots\cdots\cdots\cdots\cdots\cdots (4\text{-}21)$$

さらに、式 (4-17) から

$$Q_p = K_0(p - p')$$

$$\therefore p = \frac{Q_p}{K_0} + p' \quad \cdots\cdots\cdots\cdots\cdots\cdots\cdots\cdots (4\text{-}22)$$

となり、式 (4-14)、(4-16) を再び書くと

$$Q_m = K_m x_m \sqrt{p} \quad \cdots\cdots\cdots\cdots\cdots\cdots\cdots (4\text{-}14) \text{ 再掲}$$

$$k_m(x_m + x_{m0}) = c_m Q_m \sqrt{p} + A'(p - p') - p A_{1m} + p' A_2 \quad \cdots (4\text{-}16) \text{ 再掲}$$
ここで, $c_m = c_v \sqrt{2\rho}$

となり、両式から次式が得られる。

$$k_m(x_m + x_{m0}) = c_m K_m x_m \sqrt{p} \sqrt{p} + A'(p - p') - p A_{1m} + p' A_2$$

$$\therefore x_m = \frac{-k_m x_{m0} + A'(p - p') - p A_{1m} + p' A_2}{k_m - c_m K_m p} \quad \cdots (4\text{-}23)$$

が得られる。

ここで, $c_m = c_v \sqrt{2\rho}$, $K_m = c_{dm} \pi d_{sm} \sin\theta \sqrt{\dfrac{2}{\rho}}$

⟲ 4. 油圧制御弁

計算例 17：パイロット作動形リリーフ弁の圧力オーバーライド特性
設問 17：
　計算例として、以下の定数の場合の圧力と流量の関係を求めよ。
　パイロット弁：ばね定数 $k_p = 250$N/cm、初期たわみ $x_{p0} = 3$cm、上流の
　　　　　　　　内径 $d_{sp} = 10$mm、流量係数 $c_{dp} = 0.7$、ポペット角度
　　　　　　　　$\theta = 20°$、速度係数 $c_v = 0.7$
　主弁：ばね定数 $k_m = 420000$N/m、初期たわみ $x_{m0} = 10.155$mm、下流の内
　　　　径 $d_{sm} = 0.02$m、ポペット径 $d_{mm} = 0.03$m、ばね側径 $d_{spm} = 0.05$m、
　　　　流量係数 $c_{dm} = 0.7$、ポペット角度 $\theta = 20°$、速度係数 $c_v = 0.7$
　円筒絞り：内径 $d_c = 1$mm、長さ $l = 1$cm
　その他：密度 $\rho = 860$kg/m^3、粘度 $\mu = \rho\nu = 860$kg/m$^3 \times (50$cSt $\times 0.01 \times$
　　　　　$10^{-4})$m^2/s $= 0.043$Pa・s

解答 17：
先ず、以下の面積が算出される。
　A_{1p}：パイロット弁上流面積 $= \pi d_{sp}^2/4$
　A'：主弁のばね側の面積 $= \pi d_{spm}^2/4$
　A_2：主弁のポペット面積 $= \pi d_{mm}^2/4$
　A_{1m}：主弁の下流の管路面積 $= \pi d_{sm}^2/4$
次に、以下の手順で計算を行う。
1. 次式より、x_p を与えて、p'を得る。

$$p' = \frac{k_p(x_p + x_{p0})}{A_p - c_p K_p x_p} \quad \cdots\cdots\cdots\cdots\cdots\cdots\cdots\cdots (4\text{-}20)\ 再掲$$

$$ここで、\quad c_p = \rho c_v \sqrt{\frac{2}{\rho}}\cos\theta \qquad K_p = \sqrt{\frac{2}{\rho}}c_{dp}\pi d_{sp}\sin\theta$$

2. 次式 (4-18) より、Q_p を得る。

$$Q_p = K_p x_p \sqrt{p'} \quad \cdots\cdots\cdots\cdots\cdots\cdots\cdots\cdots\cdots (4\text{-}18)\ 再掲$$

－ 112 －

3. 次式（4-22）から p を計算する。

$$p = \frac{Q_p}{K_0} + p' \quad \cdots\cdots\cdots\cdots\cdots\cdots\cdots\cdots\cdots\cdots\cdots\cdots\cdots\cdots （4\text{-}22）再掲$$

ここで，　$K_0 = \dfrac{\pi d_c^4}{128\mu l}$

4. 次式（4-23）から主弁の弁変位を求める。

$$x_m = \frac{-k_m x_{m0} + A'(p - p') - pA_{1m} + p'A_2}{k_m - c_m K_m p} \quad \cdots\cdots\cdots\cdots （4\text{-}23）再掲$$

ここで，　$c_m = c_v \sqrt{2\rho}$

$$K_m = c_{dm} \pi d_{sm} \sin\theta \sqrt{\frac{2}{\rho}}$$

5. 次式（4-14）から Q_m を求める。

$$Q_m = K_m x_m \sqrt{p} \quad \cdots\cdots\cdots\cdots\cdots\cdots\cdots\cdots\cdots\cdots\cdots\cdots\cdots\cdots （4\text{-}14）再掲$$

6. 圧力 p と流量 $Q_p + Q_m$ の関係が分かる。

　横軸を圧力 p とし、縦軸を流量 $Q_p + Q_m$ とした計算結果を図4-6に示す。パイロット弁のクラッキング圧力である 9.55MPa 付近でパイロット弁が開き円筒絞りからパイロット弁へ少量の流量が生じる。そのため p と p' との圧力差が生じて主弁をばね力に反して開き、9.88MPa 付近で主弁が開いたことにより急激に流量が上昇している。上で述べている定数を変更して要望する弁を設計することが可能である。この計算条件で、パイロット弁の最大開度は 0.017mm 程度で，主弁の最大開度は 0.2mm 程度である。

　以上の計算例 16 の直動形リリーフ弁の圧力オーバーライド特性と計算例 17 のパイロット作動形リリーフ弁の圧力オーバーライド特性の計算において、パイロット弁と主弁の弁開度が時間的に一定の場合の圧力と流量を求めて圧力オーバーライド特性を算出している。実験において

もほぼ定常流れの状態で圧力と流量を計測して圧力オーバーライド特性を計測する。実験では、圧力を増加させながら計測する場合と減少させながら計測する場合との間に、一般に差異が生じ、同じ圧力に対して減少させるときの方の流量が多くなる。これは、圧力を減少させる時、弁開度の戻りが上昇時に比べて遅く、同じ圧力でも圧力増加時よりも減少時の弁開度が大きいためである。

③減圧弁

　減圧弁は、油の出口（下流）の圧力を入口（上流）の圧力より低いある値に制御する弁で、出口側圧力を一定に保つ弁、入口出口の圧力差を一定に保つ弁などがある。出口側圧力を一定にするパイロット作動形減圧弁の構造例と図記号を図4-7に示す。出口側圧力が設定圧力以下の場合、パイロット弁は閉じているから、主弁の両端の圧力は同じであり、主弁ばねの力により主弁は下方向に押し下げられ、入口の油は出口へ流出す

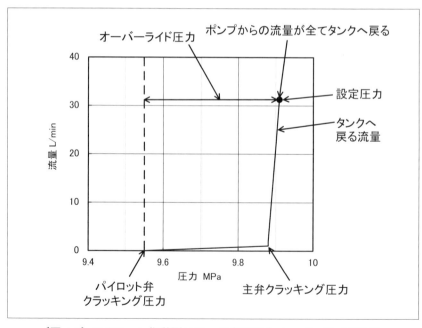

〔図4-6〕パイロット作動形リリーフ弁の圧力オーバーライド特性

る。出口の圧力が設定圧力以上になると、出口の油は主弁の細孔、主弁内を流れパイロット弁が開き油はタンクへ流出する。その際、細孔を油が流れることにより主弁の両端に圧力差が生じ、主弁は上方向に移動し

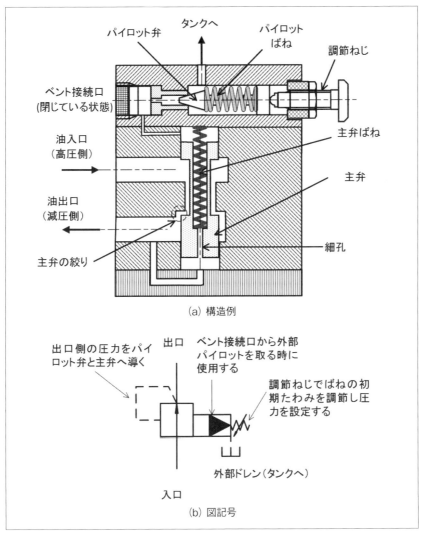

〔図4-7〕パイロット作動形減圧弁

て主弁の絞りの流路面積を減少させ、出口の圧力を設定圧力に戻すように制御される。

　リリーフ弁と似ているが、リリーフ弁は、回路内の最高圧力を設定しそれ以上に圧力が上昇することを防ぎ安全を確保するような目的で使用される。一方、減圧弁は、あるアクチュエータに回路内の最高圧力より低い圧力を設定したい場合にそのアクチュエータの油の流入側に用いられる。従って、減圧弁を使用する際にも、通常ポンプ吐出口でのリリーフ弁は必要である。

　9-1-3 項その他の④減圧回路において、減圧弁の使用方法を述べている。図 9-23 に示す減圧回路では、一つのシリンダ内の圧力をリリーフ弁の設定圧力に、もう一つのシリンダ内圧力を減圧弁の設定圧力に設定する回路を示し、図 9-24 複数の減圧回路では、二つのシリンダ内の圧力を二つの減圧弁を用いて異なるシリンダ内圧力に設定する回路を示している。

④カウンタバランス弁

　カウンタバランス弁とは、一方向の流れに対して抵抗を持ち、逆方向の流れに対してはほぼ抵抗なしで自由に流れる弁である。油圧シリンダが垂直に取り付けられている場合、重力のためにピストンが下降する時の過大な速度を防ぐ。また、大きな慣性負荷を持つ油圧モータの空転を防止する。直動形カウンタバランス弁の構造例を図 4-8 に示す。図の 1 次側（入口）から油が流入し、2 次側（出口）へ油が流出する場合、1 次側の急激な圧力上昇の際でもスプールに働くばね力のために、スプールの開度が増すことはなく過度の流れを生じないようにする。流れ方向が逆の自由流の場合、油はチェック弁をほぼ抵抗なく流れる。パイロット圧接続口には、入り口側と接続して内部パイロットとして使用するか、その他と接続して外部パイロットとして使用する。その際、補助パイロットは使用しない。内部パイロットと外部パイロットを同時に使用する場合には、パイロット圧接続口を内部パイロットとして、補助パイロットポートを外部パイロットとして使用する。スプールが受ける圧力による力について、パイロット圧接続口から圧力がかかる受圧面積より、補

助パイロットポートからの受圧面積の方が大きいので、補助パイロットからの圧力の影響が大きい。内部パイロットと外部パイロットを同時に使用する場合については、図9-51の操舵機の回路例で説明する。

　カウンタバランス弁の代表的な使用例を図4-9に示す。この場合は内部パイロットとしてシリンダのロッド側の圧力を取っており、図4-8のパイロット圧接続口が1次側（入口）に接続されている。もし、重負荷Wが図の状態で静止しており、カウンタバランス弁が設置されていない場合、4ポート3位置方向制御弁の左側のソレノイドをONにした直後に、負荷の自重で急な速度で落下する可能性がある。この場合、シリンダのキャップ側（上側）の圧力も負圧になり気泡の発生の原因にもなる。そこで、カウンタバランス弁をシリンダのロッド側に設置しこのように負荷が急落下することを防ぐ。カウンタバランス弁の圧力の設定値は、スプール弁のばねの初期たわみで調節し、ポンプからの圧力とピス

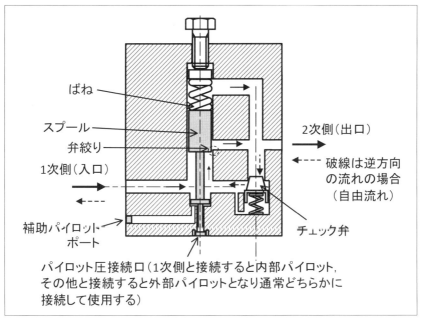

〔図4-8〕直動形カウンタバランス弁

4. 油圧制御弁

トンと負荷の自重による圧力の合計値以上でそう高くない設定値に合わせておく。すなわち、その設定値にシリンダのロッド側の圧力が達するまでカウンタバランス弁は開かないのでピストンは下降しない。図の状態から、4ポート3位置方向制御弁の左側のソレノイドをONにしてポンプからの油がシリンダのキャップ側に流れるようにすると、負荷Wとピストンは下降しようとするが、ロッド側に排圧がかかり、この圧力がカウンタバランス弁の設定値になるまでは弁が開かないのでピストン

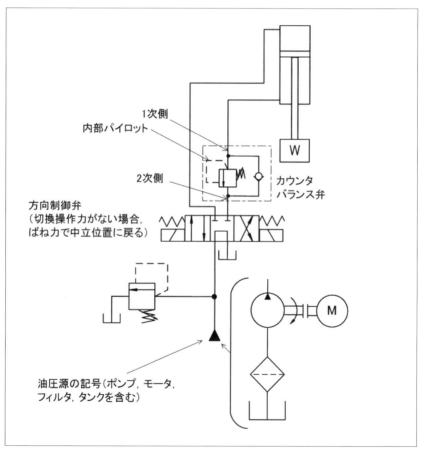

〔図4-9〕カウンタバランス弁の使用例

と負荷は止まっている。設定圧力以上になると弁が開き、油がカウンタ
バランス弁を通って方向制御弁からタンクへ戻るためピストンと負荷は
下降する。油がタンクへ流れるとパイロット圧力（ロッド側のシリンダ
内の圧力）が下がりカウンタバランス弁が閉じるようになり落下を防止
できる。このことにより、シリンダのキャップ側の負圧の発生を同時に
防ぐ。方向制御弁の左側のソレノイドを OFF にして右側を ON にして
ポンプからの油がカウンタバランス弁に流れるようにするとチェック弁
を通ってシリンダのロッド側に流れ、キャップ側の油は方向制御弁を通
りタンクへ戻る。このようにカウンタバランス弁は、シリンダの降下速
度を安定に制御するために用いられる。図 4-9 に示すカウンタバランス
弁は、後に示す図 4-13 (e) のチェック弁付きで内部パイロット内部ドレ
ンと同じ構造である。カウンタバランス弁、シーケンス弁、後述のアン
ロード弁はほぼ同一の構造を有している。

　図 4-9 において、タンク、フィルタ、ポンプおよびモータをまとめて
油圧源と言い、黒の三角▲で表す。今後、回路図の簡単化のためにでき
るだけ油圧源に図記号を使用する。

　カウンタバランス弁は、ピストンの途中停止を出来るだけ維持するた
めに漏れが比較的少ないシート形式のポペット弁を使用する場合もある
が、ここでは図 4-8 に示すようにスライド形式のスプール弁を使用して
いる。図 4-13 (e)、(h) に示すカウンタバランス弁も同様である。この
ように、カウンタバランス弁にスライド形式のスプール弁を使用した場
合には、カウンタバランス弁やそれと接続されているスプール弁である
方向制御弁の摺動部での漏れのためにピストンが徐々に下降することが
予想される。このような場合で、ピストンを確実に中間位置で保持する
ためには、後述の図 9-28 の内部パイロット方式によるカウンタバラン
ス弁を用いた回路に示すようにシリンダとカウンタバランス弁の間にパ
イロット操作チェック弁を設けることが必要である。これについては、
4-1-3 項の方向制御弁の②チェック弁（図 4-22 パイロット操作チェック
弁）と 9-1-3 項のその他の⑥カウンタバランス弁の使用法で詳しく述べ
る。

－ 119 －

⑤アンロード弁

　アンロード弁は、油圧回路においてポンプを無負荷にするために使用される。アンロード弁の原理図を図4-10に示す。この図は、図4-13（d）と同じである。パイロット口のパイロット圧力が上昇するとばねが圧縮され入口から出口（タンク）へのポートが開き、ポンプからの油は抵抗を受けることなくタンクへ戻る。従って、ポンプは無負荷状態になる。

　アンロード弁を使用した油圧回路の一例を図4-11に示す。アンロード弁のパイロット口は弁や負荷への管路の圧力（回路圧）を受けている。回路圧が低い場合は、低圧大容量ポンプと高圧小容量ポンプの流量が一緒に弁や負荷へ送られ、システムは高速で動く。負荷抵抗が大きい場合、

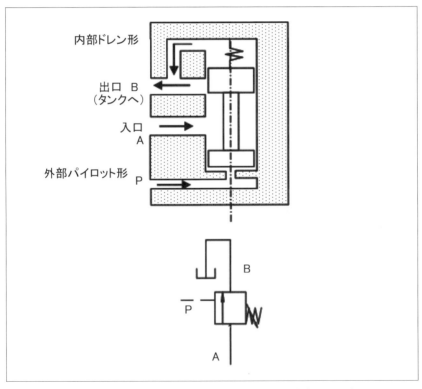

〔図4-10〕アンロード弁（外部パイロット、内部ドレン）

回路圧力が上昇し設定値に達するとアンロード弁を開き、低圧大容量ポンプの流量はアンロード弁の方へ流れ、高圧小容量ポンプからの油だけが弁や負荷へ送られ、負荷は低速で動く。このように、アンロード弁を使用した油圧回路によって、低圧力で大流量が必要な場合には、低圧大容量ポンプと高圧小容量ポンプの両方で大流量を供給し、流量よりも高圧が必要な場合には高圧小容量ポンプのみで高圧力を負荷に与える。チェック弁は高圧側から低圧側への油の流れを防いでいる。以上のことにより、高圧大容量ポンプを1台使用する時に比べて効率も良く、コストも低減できる。このアンロード弁を用いた回路は、操舵機（図9-51）、プレス機械、工作機械の早送りや切削送り機構などに幅広く使用されている。

⑥シーケンス弁

シーケンス弁は油圧回路において主にアクチュエータの作動順序を制

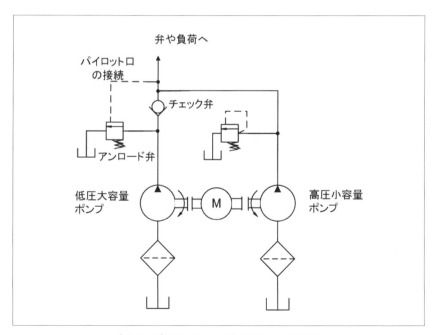

〔図4-11〕アンロード弁を用いた回路例

御するために使用される。シーケンス弁の動作原理図を図 4-12 に示す。図に示すように直動形圧力制御弁でパイロット口とドレン口を接続する場所で種々の機能を持たせることができる。パイロット口を流れの入口につなぐことを内部パイロット、圧力を検出したい他の場所に接続することを外部パイロットと言う。また、ドレン口を弁の出口につなぐことを内部ドレン、直接タンクにつなぐことを外部ドレンと言う。

　種々のシーケンス弁を図 4-13 に示す。先ず、図 (a) から (d) について説明する。図 (a) は、内部パイロットと内部ドレンの組み合わせで出口は直接タンクにつながれており、リリーフ弁の機能を有する。図 (b) は、内部パイロットと外部ドレンの組み合わせで入口圧力が設定圧力以上になると弁が開いて油が出口へ流れる。ドレンは直接タンクに接続されており、弁の出口圧力の影響を受けない。つまり、弁のばねがある室の圧力は常にタンク圧で、そこでの圧力はスプールに力を及ぼさない。これはシーケンス弁として使用される。図 (c) は、弁入口の圧力の影響を受けず、外部パイロットで遠隔操作が可能になっており、パイロット圧が設定圧力に達した時、弁の入口から出口へ油が流れる。ドレンは直接タンクに接続されており、弁の出口圧力の影響を受けず、これもシー

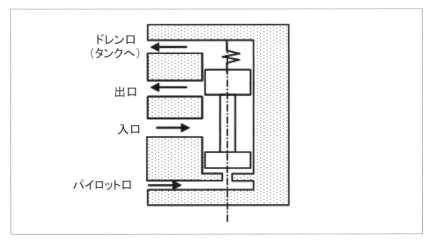

〔図 4-12〕シーケンス弁の動作原理

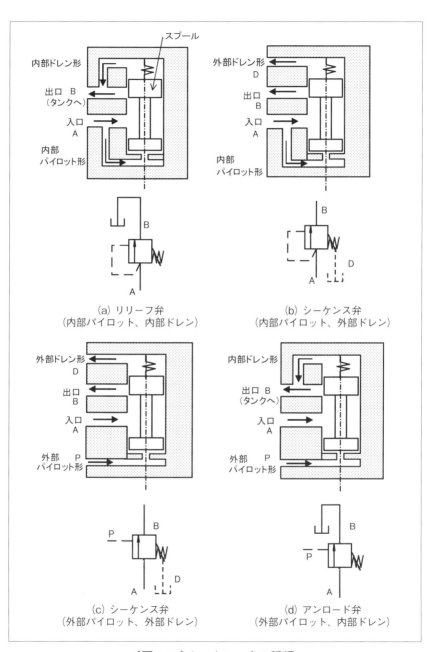

〔図4-13〕シーケンス弁の種類

4. 油圧制御弁

ケンス弁として使用される。図 (d) は、外部パイロットで、ある回路の圧力を取り込み、その回路圧が設定値を超えると弁の入口と出口がつながり、無負荷状態にでき、ポンプの動力を軽減できる。従って、出口側は大気開放で圧力がゼロであるから、内部ドレンになっている。これは、図 4-11 のアンロード弁として使用される。

図 (e) から (h) は、チェック弁（逆止め弁）を内蔵したシーケンス弁で、図 (a) から (d) の機能に加えて、逆方向に流れる時に抵抗なく流れる機能を持たせている。特に、図 (e)、(h) はカウンタバランス弁として使用されており、内部ドレンとなっている。これは、カウンタバランス弁の出口 B は、タンクと接続するからである。

シーケンス弁の使用例を図 4-14 に示す。方向制御弁が図の状態で、

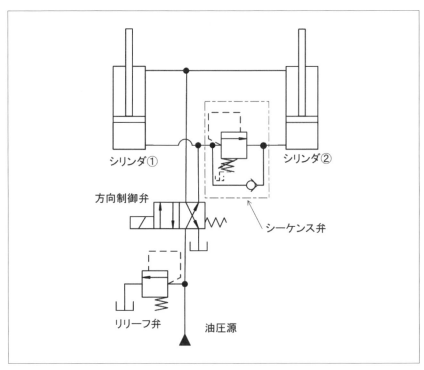

〔図 4-14〕シーケンス弁の使用例

先ず油圧シリンダ①に油が流れ、ピストンが上に行き着いたら、シーケンス弁のパイロット圧が上昇しシーケンス弁が開き、油圧シリンダ②へ

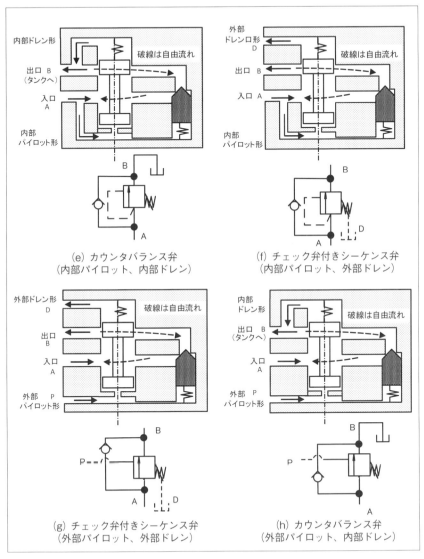

〔図4-13〕シーケンス弁の種類

4. 油圧制御弁

油が流れピストン②が上昇する。この使用例では、ドレンは直接タンクに接続されており、弁の出口圧力の影響を受けない図4-13 (f) のチェック弁付きシーケンス弁が使用されている。

4－1－2　流量制御弁

　流量制御弁は、絞り弁、流量調整弁、分流弁（集流弁）、一方向絞り弁（遮断弁）およびデセラレーション弁などに分類される。流量制御弁では、圧力差を変化させて流量を設定値になるように調節しているものが多い。ここでは、代表的な流量制御弁として、絞り弁と流量調整弁について説明する。

①絞り弁

　絞り弁とは、流れの抵抗である弁の絞りにおいて、油が流れる流路面積を調節して、流れを制御する弁である。流路面積が一定の絞り弁としては、2-14 節のキャビテーションで説明した図 2-31 のオリフィス絞りや図 2-32 の円筒絞りがある。オリフィスの絞り前後の差圧 Δp、流量 Q および流路面積 a の関係は、式 (2-41) を書き換えると次のようになる。

　オリフィスの場合：

$$Q = aK_{or}\sqrt{\Delta p} \qquad \cdots\cdots\cdots\cdots\cdots\cdots\cdots\cdots (2\text{-}41)\ \text{再掲}$$

$$\text{ここで, } K_{or} = c_d\sqrt{\frac{2}{\rho}}$$

円筒絞りの場合の差圧と流量の関係を次に再び書く。

　円筒絞りの場合：

$$Q_p = \frac{(p - p')\pi d_c^4}{128\mu l} = K_0(p - p') \qquad \cdots\cdots\cdots\cdots\cdots (4\text{-}17)\ \text{再掲}$$

$$\text{ここで, } K_0 = \frac{\pi d_c^4}{128\mu l}$$

流路面積 a は、内径 d_c を用いて次のように表わせる。

$$a = \frac{\pi}{4}d_c^2$$

－ 126 －

従って、式 (4-17) より次のように変形される。

$$K_0 = \frac{\pi}{128\mu l} a^2 \left(\frac{4}{\pi}\right)^2 = \frac{a^2}{8\pi\mu l}$$

$$Q = \frac{(p-p')\pi d_c^4}{128\mu l} = K_c a^2 \Delta p \quad \cdots\cdots\cdots\cdots\cdots\cdots (4\text{-}24)$$

ここで, $K_c = \dfrac{1}{8\pi\mu l}$, $\Delta p = p - p'$

　オリフィスの場合には、式 (2-41) より、流量は圧力差の平方根に比例し、円筒絞りの場合には、式 (4-24) より流量は圧力差に比例する。

　流路面積を変化できるようにした可変式の代表的な絞り弁の一つであるニードル弁を図4-15に示す。この弁の圧力、流量および流路面積の関係は式 (2-41) で表される。従って、差圧が一定であれば、流量はニードル弁のハンドル操作で流路面積に比例して調節できる。しかしながら、差圧が変動する場合には注意を要する。

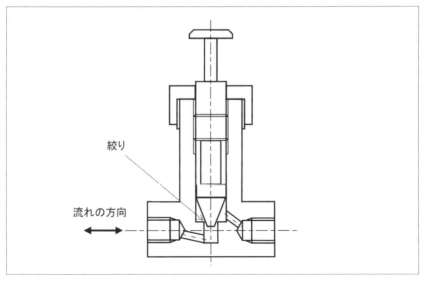

〔図4-15〕ニードル弁

②流量調整弁

　絞り弁では、流路面積を調節し流量を設定しても、差圧が変動すると流量が変化する。ここで説明する流量調整弁は、負荷圧力などが変動しても一定の流量を送れる機能を持っている。その作動原理と図記号を図 4-16 に示す。一般に、絞りの流路面積が一定の場合、その前後の差圧が変化しなければ流量は一定であることは、式 (2-41) から明らかである。流量制御弁において、あらかじめ流路面積が設定された図中の絞りの上流と下流の圧力 p_1、p_2 の差を一定に保つことにより、絞りを流れる流量即ち流量制御弁を流れる流量を一定に保てる。絞りの上流と下流の圧力 p_1、p_2 は、スプールの右側と左側に導かれている。右側に導かれている圧力 p_1 がスプールに及ぼす左方向の力と左側に導かれている圧力 P_2 による力とばね力による右方向への力が釣り合った状態でスプー

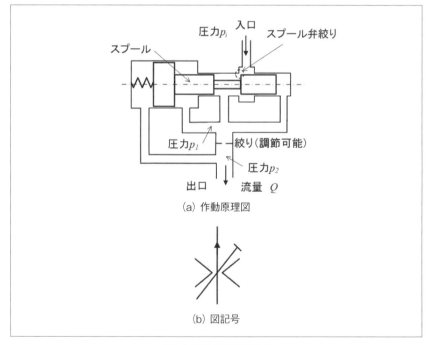

〔図 4-16〕流量調整弁

ルは静止する。従って、流量 Q が設定値の場合には、スプールに働く力は平衡を保ち、スプールは静止している。この状態を保てば問題ないのであるが、油圧回路においては、供給圧力や負荷の圧力は変動する。具体的な変動の状況を想定して流量を一定に保てることを説明する。先ず、出口側の圧力 P_2 が急に上昇したとすると、スプールの左側のばねのある室の圧力が増加しスプールを右方向へ移動させスプール弁絞りの開度が増し、流路抵抗が減少する。その結果、絞りの上流の圧力 p_1 が上昇して、オリフィス前後の差圧が元に戻り、流量も一定を保つ。逆に、出口側の圧力 p_2 が急に下降したとすると、スプールの左側のばねのある室の圧力が減少しスプールを左方向へ移動させスプール弁絞りの開度が減少しし、そのため流路抵抗が増加する。その結果、絞りの上流の圧力 p_1 が減少して、オリフィス前後の差圧が元に戻り、流量も一定を保つ。一方、入口での圧力が増加した場合には、それにともなって p_1 も増加するが、スプールは左方向に移動しスプール弁の絞りの開度が減少するため p_1 は減少して絞りの前後の差圧を元に戻し設定流量は保持される。逆に、入口での圧力が減少した場合には、それにともなって p_1 も減少するが、スプールは右方向に移動しスプール弁の絞りの開度が増加するため p_1 は増加して絞りの前後の差圧を元に戻し設定流量は保持される。設定流量は、絞りの抵抗を変化させることによって調節できる。

4－1－3　方向制御弁

　油の流れの方向を制御する弁を方向制御弁という。この弁を使用することにより、油圧アクチュエータの始動、停止および運動の方向が制御できる。ここでは、代表的な方向制御弁として、切換弁、チェック弁、パイロット操作チェック弁およびシャトル弁について説明する。

①切換弁

　代表的な切換弁を図 4-17 (a) に、その図記号を図 (b) に示す。この弁は、P、T、A、B の 4 つの油が出入りするポートを持っている。タンクへの T ポートが図では 2 つあるが、一つにつながっている。スプールが左に移動すると、ポート P から A へ油が流れ、ピストンが右へ移動し、ポート B から T へ油が流れる。この時、図 (b) の状態になる。一方、

4. 油圧制御弁

スプールが右へ移動すると、ポートPからBへ油が流れ、シリンダが左へ動き、油はポートAからTへ戻る。この時、図 (b) において、ポートの位置は変わらず、2つの箱が左へ移動したPとBの接続、AとTの接続になる。このようにこの弁は4つのポートを持ち、2つの位置を選択できるので、4ポート2位置弁と呼ばれている。図4-17 (a) に示す状態では、油は流れないがこの弁ではこの位置にスプールが停止しない構造になっている。

ポートの数や位置の数による分類を表4-1に示す。

4ポート3位置の方向制御弁（切換弁）の例を図4-18に示す。3位置弁では、スプールを中央で停止させることができる。この中央位置で油のいろいろな流れのパターンを作ることができる。図 (a) のようにスプ

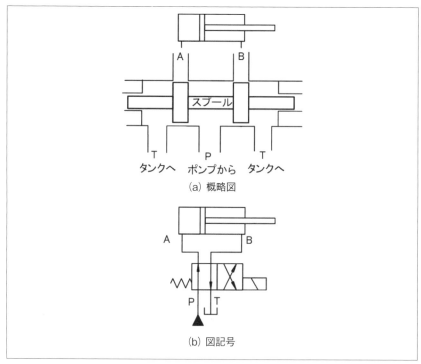

〔図4-17〕4ポート2位置方向制御弁（切換弁）と油圧シリンダ

ールランドの幅がポートの幅より大きい場合をオーバーラップ、図 (b) のように小さい場合をアンダーラップと言う。図 (a) の弁では中央位置で全ての流れが遮断されるため、オールポートブロックと言う。図 (b) では、中央位置で4つのポートが互いに通じているため、オールポートオープンと言う。この他にもいろいろな流れのパターンが考えられる。

　図 (a) オールポートブロックの図記号の意味を図 (c) に示す。オールポートオープンの場合も同様である。ソレノイドの切り替え時におけるポートの接続状態を図 (d) に示す。両方のソレノイドがOFFの状態で

〔表4-1〕ポートの数や位置の数による呼び方

記号	呼び方
	2ポート2位置
	3ポート2位置
	4ポート2位置
	5ポート2位置
	5ポート3位置

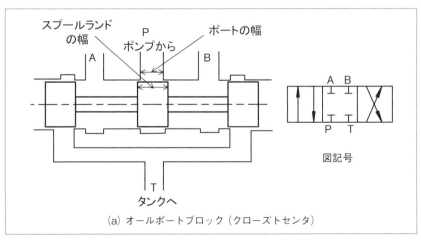

(a) オールポートブロック（クローズトセンタ）

〔図4-18〕4ポート3位置方向制御弁

4. 油圧制御弁

は、ポートP、T、A、Bは閉じており、油は流れない。左のソレノイドをONにすると、3つの箱（スプール）が右方向に移動し、ポートPとAがつながり、ポートBとTがつながる。そして、油はポートAからシリンダへ、シリンダの反対側のポートBから油がタンクへ戻る。左のソレノイドをOFFにして右のソレノイドをONにすると、スプール

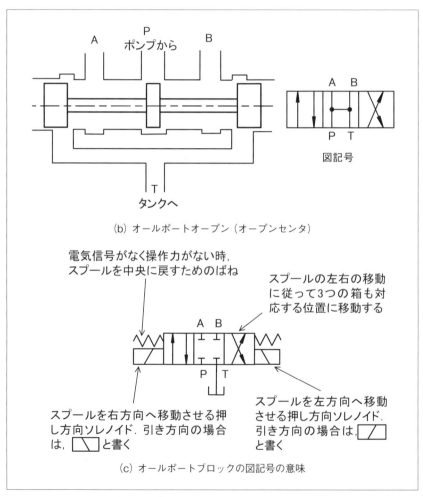

(b) オールポートオープン（オープンセンタ）

(c) オールポートブロックの図記号の意味

〔図4-18〕4ポート3位置方向制御弁

が左方向へ移動し、ポートPとBがつながり、同時にポートAとTがつながり同様になる。

操作力が働いていない時のスプールの位置をノーマル位置と言う。ノーマル位置は戻しばねによって決まる。戻しばねによる分類を表4-2に示す。

スプールの操作方法としては、表4-3に示すように、人力操作、電磁操作、パイロット操作および機械操作などがある。表中のデテント付きとは、スプールの切換え位置を保持させる機構のことでデテント（自己保持）機構と言われている。人力操作に限らず、電磁操作による方向制御弁においても用いられている。

電磁操作による電磁切換弁の例を図4-19に示す。手動操作などの人力操作による切換弁では、油の流れの方向などをレバー操作によってスプールを移動させて切り替えるが、電磁切換弁では、レバーではなく、ソレノイド（電磁石）により発生する力で、スプールを移動させ油の流れの方向を切り替える。ソレノイドの一つに電流を流すとその中心にあ

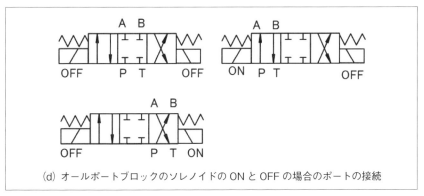

(d) オールポートブロックのソレノイドのONとOFFの場合のポートの接続

〔図4-18〕4ポート3位置方向制御弁

〔表4-2〕戻しばね方式による分類

記号	ばねの機能
	スプリングリターン：操作力（電磁力）がないと元の位置に戻る。（2位置形）
	スプリングセンタ：操作力がないと中立位置に戻る。（3位置形）

4. 油圧制御弁

る可動鉄心が移動してスプールを移動させ流れの方向を変える。図に示す弁は、4ポート3位置の電磁切換弁で、表4-2の戻しばね方式による分類に示すスプリングセンタ方式である。

三つの切換状態での油の流れと図記号について説明する。図の状態では、両方のソレノイドには通電されておらずスプールはばね力で釣り合って中立位置で静止しておりAおよびBポートは閉じられており、油は流れない。次にソレノイドaに通電すると、スプールは右に動き、供

〔表4-3〕操作方法による分類

記号	操作方法
デテント	人力操作：人力で操作される。デテント付きのためレバー操作力を除いてもその位置を保持される。
	電磁操作：電磁力により操作される。
	パイロット操作：パイロット圧力（パイロットの油圧）により操作される。
	機械操作：ローラやプランジャなどの機械的方法により操作される。（左図はローラ）

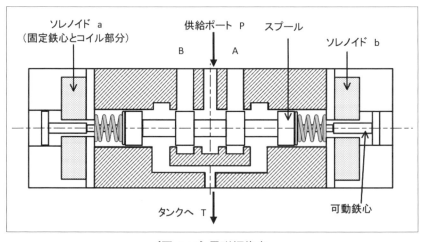

〔図4-19〕電磁切換弁

給ポートpとAポートがつながり、油がAポートからアクチュエータへ流れ、アクチュエータからBポートに流れ、タンクへ戻る。つまり油はPポートからAポートへ流れ、Bポートからタンクへ戻る。ソレノイドaへの通電をOFFにすると、右側のばね力によってスプールは元の中立位置に戻り油の流れは止まる。ソレノイドbに通電した場合も同様で、油は供給ポートからBポートへ流れ、アクチュエータから戻る油はAポートからタンクへ流れる。切換状態での図記号については、図4-18のオールポートブロックの4ポート3位置方向制御弁を参照されたい。ソレノイド部分は、構造によってドライ形とウエット形があり、ドライ形は可動鉄心が空気中を動くため、油中を動くより抵抗が少なく応答性はいいが、摺動部からの漏れに注意が必要である。ウエット形は、可動鉄心が油中で作動し、全体をシールすることができるので油漏れが少ないのが特徴であるが、油中での流体抵抗を受ける。

　電磁パイロット切換弁の例を図4-20に示す。上側がパイロット弁で

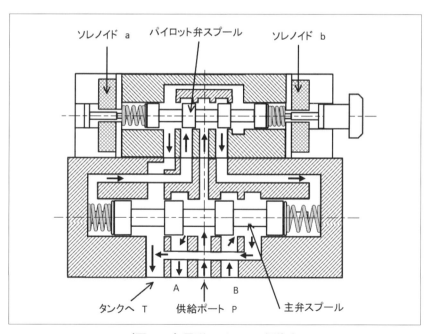

〔図4-20〕電磁パイロット切換弁

⟲ 4. 油圧制御弁

下側が主弁である。ソレノイド a に電流を流すとパイロット弁スプール
は右に動き、パイロット弁スプールから主弁スプールの右端へのポート
が開き、図の流れの状態になる。すると、供給 P ポートから油がパイ
ロット弁を流れ主弁スプールの右端に流れ、主弁スプールを左に動かす。
その結果、A ポートが開き P ポートから A ポートへ油が流れ、油がア
クチュエータに送られアクチュエータからの戻りの油は B ポートから
T ポートを通りタンクへ戻る。

　次に示す順序により方向制御弁（切換弁）の名称を付ける。

1. 弁の入口と出口のポートの合計数

2. スプールの停止位置の数

3. スプールの中立位置での流れの状態

4. ばねの機能

5. スプールの操作方法

例として、「4 ポート・3 位置・オールポートブロック・スプリングセン
ター・電磁パイロット切換弁（方向制御弁）」と言う。

　図 4-19 に示す切換弁は、4 ポート・3 位置・オールポートブロック・
スプリングセンター・電磁切換弁である。

②チェック弁（逆止め弁）

　チェック弁は、逆止め弁とも呼ばれている。チェック弁は、油が一方
向のみに流れ、逆方向の流れに対しては弁を閉じて流れない機能を有す
る弁である。

　代表的なチェック弁を図 4-21 に示す。図 4-21 (a) はアングル形を示し、
図 4-21 (b) はポペット弁を使用したインライン形、図 4-21 (c) はボール
弁を使用したインライン形の例を示している。図の入口から出口への一
方向のみ油は流れる。逆流防止のために内部漏れが少ないポペット弁や
ボール弁などのシート弁が用いられている。

　アングル形は、油の入口と出口が直角をなして配置されており、ポペ
ット弁が開けば、入口 A から出口 B へ向かって流れる。ポペットにあ
けられた穴は、油が出口 B から入口 A に逆流した場合に、ポペットを
下方向に押して弁を閉じる目的に圧力をかけるために設置されている。

インライン形は、油の入口と出口が同一軸上にあり、油はポペットにあけられた穴を通りポペットの中を流れる。
　アングル形、インライン形ともに、入口Aの圧力によってポペットを押し上げる力がばねにより閉じる力以上になった時に弁が開き、油は

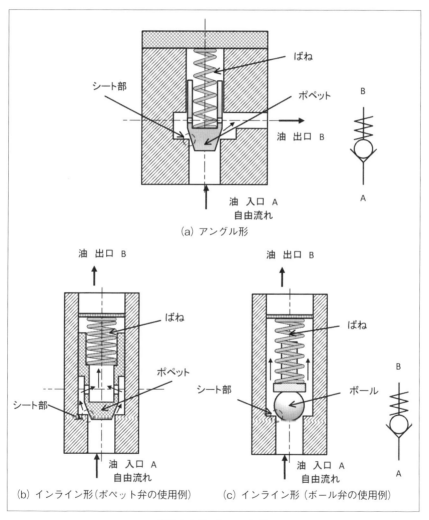

〔図 4-21〕チェック弁

4. 油圧制御弁

入口Aから出口Bへ向かって流れる。この時の圧力をクラッキング圧力と言い、4-1-1項の圧力制御弁で説明した。チェック弁のクラッキング圧力は、低いもので0.004MPaあたりで、高いもので1MPa程度である。
③パイロット操作チェック弁
　パイロット操作チェック弁を図4-22に示す。チェック弁の一つであ

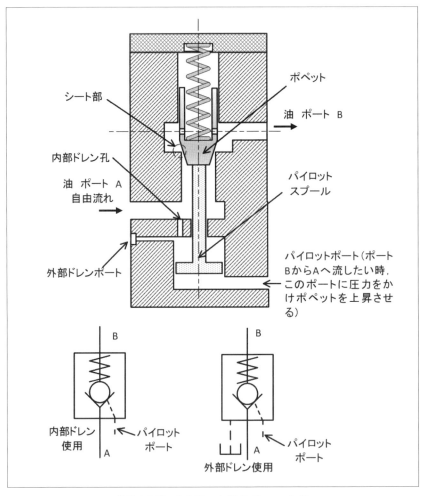

〔図4-22〕パイロット操作チェック弁

るが、パイロット圧によってポートBからAへ油が流れる逆流を止める機能を解除できる機能を有している。パイロットポートへ導かれているパイロット圧力が上昇するとパイロットスプールが上昇して、ポペットが開いて、ポートBからAへの流れを可能にする。この弁は、図9-29のロッキング回路（位置保持回路）、図9-54のダムゲートの油圧回路および図9-55の油圧プレスの回路などに使用されている。シリンダの位置保持などにチェック弁を使用した場合、位置保持をした後に、シリンダを移動させるために逆流させることが必要になる場合がある。このような場合に、パイロットポートに圧力をかけ、その圧力でパイロットスプールそしてポペットを押し上げて、ポートBからAへ逆流させる。パイロットポートからの圧力を受けるパイロットスプールの受圧面積は比較的大きく取ってあり、パイロット圧力が低くてもばね力よりも大きな力が出せポッペットを押し上げられるように設計する。パイロットスプールが上昇する時などに油をタンクへ流すために、外部ドレンポートを用いる外部ドレンあるいは外部ドレンポートを閉じて内部ドレン孔を用いる内部ドレンを使用する。外部ドレンの場合には、外部ドレンポートからタンクへ油を流すために専用の配管が必要である。内部ドレンの場合には、ポートAに油が流れるので、ポートAがタンクにつながって低圧であることが必要である。

④シャトル弁

シャトル弁の構造の概略と図記号を図4-23に示す。ポートCは出口であり、弁内のボールが移動することにより、ポートAとポートBで圧力が高い方のポートから油がポートCへ流れる。

⑤デセラレーション弁

デセラレーション弁の構造例と図記号を図4-24に示す。これはチェック弁付きのデセラレーション弁で、図9-57に示すような垂直移動装置や工作機械のテーブル送りなどの際に使用され、機械装置のカムによって図に示されるローラを介してスプールを上方向から押し、絞りの開口面積を緩やかに変化させアクチュエータの減速時のショックを減少させる。図のスプール弁絞りのテーパ部分の角度や曲線を用途に応じて設

4. 油圧制御弁

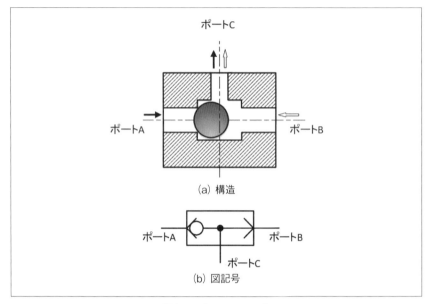

〔図 4-23〕シャトル弁

計して絞り抵抗の変化を調節し、ショックを加減する。図に示すデセラレーション弁は、ノーマルオープンタイプで、スプールおよびチェック弁が設けられている。ノーマルオープンタイプであるためポートAとポートBは通常つながっている。アクチュエータと連結しているカムによりスプールが下げられ絞りの流路面積が減少し抵抗が増加してアクチュエータの速度を減速させる。カムが離れると下側にあるばねによってスプールは上方へ移動し元に戻る。ポートBからポートAへの流れは、スプール弁が閉じていてもチェック弁を通り自由に流れる。

4－1－4　電気油圧制御弁

①サーボ弁

　電気やその他の信号を入力として、圧力や流量を制御する弁が、電気油圧制御弁の中でも代表的なサーボ弁である。特に、電気信号で方向制御弁（切換弁）を制御する弁は電気油圧サーボ弁と言われ、広く使用されている。方向制御弁を操作するために、電気信号では力不足であるた

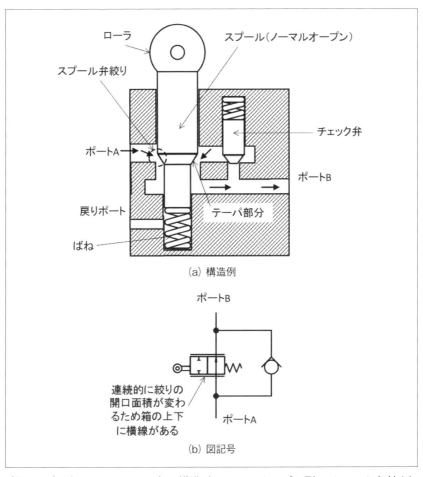

〔図 4-24〕デセラレーション弁の構造（ノーマルオープン形、チェック弁付き）

め、一般にノズルフラッパ機構などの前段増幅器を介して力を増幅して方向制御弁のスプールを動かす。一般的な2段形サーボ弁の構造を図 4-25 に示す。この弁は、上部のトルクモータ部（電気機械変換部）、その下のノルズフラッパ機構部（初段増幅部）および下部のスプール弁部（切換弁部）の3つから構成されている。2段形サーボ弁の作動原理を図 4-26 に示す。上部のトルクモータ部では、電気エネルギーから機

4. 油圧制御弁

械エネルギーへの変換がトルクモータで行われている。コイルに入力電流を与えるとアーマチェアが磁化されて、入力電流に比例した大きさだけ傾く。これと一体になっているフラッパが変位して、ノズルの背圧を変化させる。その様子を図 4-26 に示す。今、フラッパが右に動いて右側のノズルの背圧を増加させたとする。すると、スプールの右端に働く力の方が左端より大きくなり、スプールは左方向に動いて、供給ポートから流れた油は供給ポートとつながっている左のポートからスプール弁内に流入し、左の制御ポートからアクチュエータへ流れる。アクチュエータを出た油は、右の制御ポートを経て、スプール弁内に流入し戻りポートからタンクへ戻る。フラッパとスプールはフィードバックスプリングで連結されており、スプールが左へ動くとフラッパも左へ動き、スプールの右側の背圧は減少して、フィードバックスプリングによる右方向の力、2-11 節のスプール弁に働く流体力で説明したスプールに働く流体力およびスプール両端の背圧による左方向の力等が釣り合ったところ

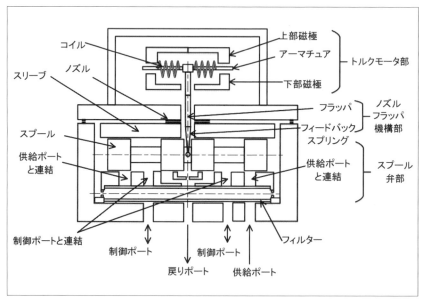

〔図 4-25〕2 段形サーボ弁

で、スプールは静止する。エネルギーは、トルクモータ部（電気機械変換部）で電気から機械へ、ノズルフラッパ部（初段増幅部）で機械から油圧、スプール弁部（切換弁部）で油圧から油圧へそれぞれ変換され増幅される。

②比例制御弁

比例制御弁は、入力信号に比例して圧力や流量の制御ができる弁である。入力に電気を用いる弁を比例電磁弁と言う。電気信号を機械的な動きに変換するのに比例ソレノイドが用いられている。比例ソレノイドは、可動鉄心の位置に関係なく、電流と電磁力が比例するように設計されたソレノイドである。

代表的な例として比例電磁式リリーフ弁の作動原理と図記号を図 4-27 に示す。この弁は、各種の圧力制御弁や可変容量形ピストンポンプの圧

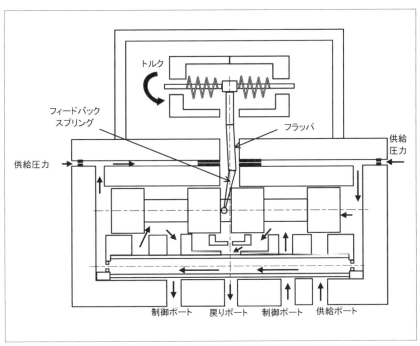

〔図 4-26〕2 段形サーボ弁の作動原理

4. 油圧制御弁

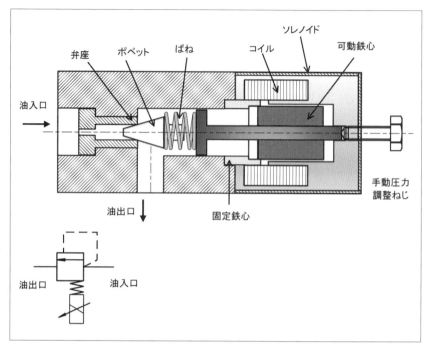

〔図 4-27〕比例電磁式リリーフ弁の作動原理と図記号

力を入力信号に応じて比例的に制御するためのパイロット弁として用いられている。定格流量は、1～2L/min 程度である。

　コイル（ソレノイド）に電流が加えられるとそれに比例した吸引力が発生し、可動鉄心はばねを圧縮する方向へ移動し、ポペットを閉じる方向に力が働く。一方、圧力ポートから流入した油はポペット周辺を流れタンクへ流出していて、ポペットの上流の圧力とソレノイドの吸引力が釣り合って設定圧力が決まる。すなわち、電流に比例した圧力が設定される。

4－2　油圧制御弁内の流れと振動・騒音およびキャビテーション
4－2－1　ボール弁

　球形状をしたボールで弁を開閉するボール弁は、図4-21（c）に示すチェック弁をはじめ、油圧回路や機器のいたるところで使用されている。構造が簡単で部品点数が少ないことが使用される主な理由である。しかしながら、ばねで支持されているため場合によってはボールが振動し、騒音が発生する。また、特にボールと弁座の絞り付近の流れは、高速乱流噴流であり複雑な流れで、2-14節のキャビテーションで述べたキャビテーション現象が発現し、キャビテーション気泡で油が真っ白になることもある。以上のような弁の振動、騒音およびキャビテーション現象は油圧回路や機器の機能や作業環境に悪影響を及ぼすため防止することが必要である。しかしながら、これらの現象はお互いに干渉して複雑であり、どのようにして防ぐかが問題である。これらの問題を解決するには、初めに現場で使用されているボール弁の振動、騒音やキャビテーション現象をも含む流れ現象の現状を計測して知る必要がある。先ず、振動は、一般に変位計で計測するが、ここで取り上げている三次元的な運動をすることが予想されるボールの場合、接触式および非接触式変位計のどちらも使用は困難である。次に、騒音は、マイクロフォンで計測可能であるが、必要な音のみを計測するため注意が必要である。さらに、現象を把握するためには可視化（観察）実験とコンピュータを用いた流れ解析（CFD, Computational Fluid Dynamics）を用いる方法がある。ここでは、これらの問題を解決するために著者の研究室で行われた可視化実験とCFDを用いた研究成果について紹介しながら説明する。

　今回研究の対象にしたボール弁の概略を図4-28に示す。これは、図4-21（c）に示すボール弁を使用したインライン形のチェック弁と同様な構造であるが厳密には同一ではない。図の下側から油が流れ、ボールサポートの周囲を通り上方に流れ出る。弁の内部の流れれを観察するために、実験用の弁の外側は透明アクリルで製作しており、内部の流動状態およびボールやばねの動きが可視化した。ボール弁の上流の圧力はリリーフ弁によって設定可能である。この実験では、普段は見えないボー

4. 油圧制御弁

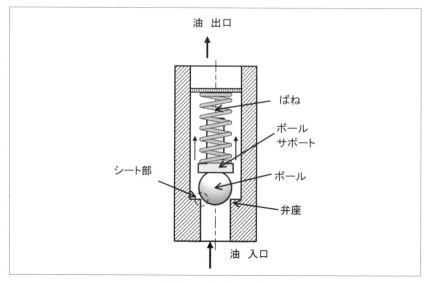

〔図 4-28〕ボール弁

ル弁内のボールやばねの動きを観察するためにX線による透過撮影を行った。

　キャビテーション気泡発生時において、通常のデジタルビデオカメラを用いた撮影結果とX線による透過撮影結果の一例を図 4-29 に示す。図 4-29 (a) は通常のデジタルビデオカメラで撮影した画像である。ピー音と言われているキャビテーション音を発してボールは振動し内部のボールはキャビテーション現象からの白い気泡のため確認できない。白い円盤状に見えるものがボールサポートである。図 4-29 (b) は、高速度カメラを用いてX線撮影をした一コマである。ばねとボールの輪郭が鮮明に捉えられている。ボールサポートの材質は金属でないのでX線は透過し映っていない。撮影映像より、ボール、ボールサポートおよびばねが連動してばね軸とほぼ垂直方向に振動（横振動）していることが分かった。さらに、その振動数で騒音、キャビテーション気泡が発生していることが分かった。従って、ボールの横振動を防ぐと騒音やキャビテーション気泡の発生も抑えられる可能性がある。このような観察実験の

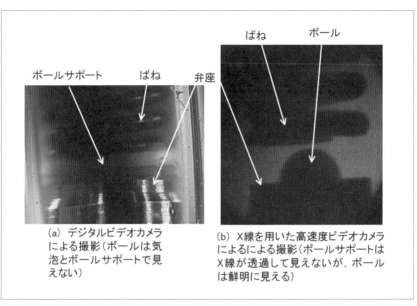

〔図 4-29〕キャビテーション発生時の撮影

結果、ボールとボールサポートは離れることなく振動するために、ボールサポートを横振動しない構造にし、油がボールサポートの側面や内部を流れるようにして下流へ流出させ、振動・騒音およびキャビテーション気泡の発生が抑制された弁の改良がなされた。

4−2−2 ポペット弁

　ポペット弁は一般にばねを有しているため、油の流れと連成したばね質量系としての振動問題が生じる。図4-1の直動形リリーフ弁、図4-2のパイロット作動形リリーフ弁、図4-7のパイロット作動形減圧弁、図4-15のニードル弁、図2-21のチェック弁、図4-22のパイロット操作チェック弁および図4-27の比例電磁式リリーフ弁などにおいてポペット弁が使用されている。ポペット弁の場合のポペットの振動・騒音および弁絞りでのキャビテーション現象の計測や実験的およびCFDによる解析は、ボール弁の場合と同様な方法で可能である。ここでは、油圧管路内で生じるポンプなどによる弁の上流での脈動流量が弁の振動に及ぼす

4. 油圧制御弁

影響について、著者の研究室で行われた CFD 結果に基づき説明する。

解析において使用した、質量 m のポペット、ばね係数 k のばねおよびダッシュポットを持つモデルを図 4-30 に示す。ダッシュポットの粘性係数 c_f は、ポペットと弁本体との隙間の油の粘性抵抗から与えた。入口ポートから流入し弁絞りを通り出口ポートから全周に流出する広がり流れのシミュレーションを行った。油圧システムにおいてはギヤポンプ、ベーンポンプなど多くの形式のポンプが使用され、種々の脈動流量が存在する。そこで、基本的な脈動流量として正弦波脈動流の場合を取り上げ、シミュレーションを行った。流量 Q は次式により与えた。

$$Q = Q_m + \Delta Q \sin(2\pi f t) \quad \cdots\cdots\cdots\cdots\cdots\cdots\cdots (4\text{-}25)$$

ここで、Q_m は平均流量、ΔQ は流量振幅、f は脈動周波数である。

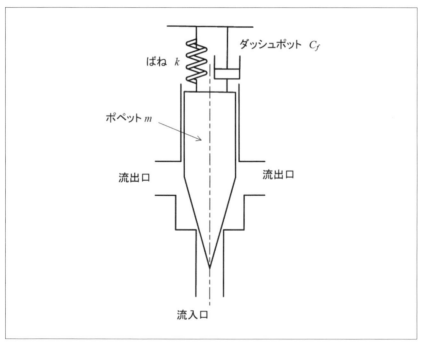

〔図 4-30〕ポペット弁の解析モデル

種々のパラメータで計算を行った結果、ポンプからの脈動流量の周波
数がポペット弁の固有振動数付近では、ポペットは固有振動数で振動し、
脈動流量の周波数が固有振動数から離れた場合、流量振幅が大きいほど
ポペットは脈動周波数の影響を受け脈動周波数で振動することが分かっ
た。この振動は、油圧回路の機能に大きく影響する。従って、ポペット
弁を設計する際に、弁の固有振動数を油圧回路内のポンプからの流量脈
動の周波数から遠ざけて設計することが必要である。さらに、油圧回路
の流量の脈動を、アキュムレータ等を設置して低減し、弁振動を極力起
こさないようにする対策も場合によっては必要である。

　ポペット弁の固有振動数 f は次式から計算する。

$$f = \frac{1}{2\pi}\sqrt{\frac{k}{m}}$$ ・・ (4-26)

ここで、k はばね定数 N/m、m はポペットの質量 kg である。

　ポンプの脈動周波数の求め方は、ピストンポンプ、ベーンポンプおよ
びギヤポンプなどの種類によって異なるが、回転数、押しのけ容積、ピ
ストンやベーンの数、歯数などによって求められる。

４－２－３　つば付きポペット弁

　図 2-27 に示すせばまり流れの場合にポペットが受ける定常流体力は、
次のようになる。

$$F_{all} = p_2 A_1 + p_1 (A_2 - A_1) + \rho Q_2 v_2 + (\text{面} df \text{が受ける力}) \quad \text{(2-98) 再掲}$$

上式の右辺第 3 項の定常流体力を低減化するための方法として、速度 v_2
を減少させることが考えられる。このために、図 4-2 に示されるパイロ
ット作動形リリーフ弁の主弁の先に円盤突起状のつばが設置され、速度
v_2 を減少させ定常流体力を補償している。しかしながら、このつば付近
でキャビテーション気泡が発生し機器の性能に悪影響を及ぼす。このキ
ャビテーション気泡の発生は、弁の中を観察できるようにした実験用の
弁で油の白い気泡を見ることにより確認できる。このようなキャビテー
ションの発生に関する問題においてのキャビテーションの現象の整理方

- 149 -

法および弁の改良方法の一例を説明する。

先ず、2-14節のキャビテーションで説明した次式で定義されるキャビテーション係数 σ を使用する。

$$\sigma = \frac{p_2 - p_v}{p_1 - p_2} \quad \cdots\cdots\cdots\cdots\cdots\cdots\cdots\cdots \quad \text{(2-100) 再掲}$$

ここで、p_1, p_2, p_v は、オリフィス絞りの上流の圧力、下流の圧力、蒸気圧で絶対圧力である。キャビテーション係数が小さいほど、キャビテーションが起こりやすい。

ここでは、蒸気圧 p_v を0とし、次式でキャビテーション係数を定義する。

$$\sigma = \frac{p_2}{p_1 - p_2} \quad \cdots\cdots\cdots\cdots\cdots\cdots\cdots\cdots\cdots \quad \text{(4-27)}$$

さらに、代表長さを弁開度 X（図2-27参照）、代表速度を絞りでの平均速度 U としてレイノルズ数を式（2-4）から次式で定義する。

$$R_e = \frac{XU}{\nu} \quad \cdots\cdots\cdots\cdots\cdots\cdots\cdots\cdots\cdots\cdots \quad \text{(4-28)}$$

ここで，ν は動粘度 m^2/s，$U = \dfrac{Q}{X\pi d}$ $\cdots\cdots\cdots\cdots\cdots$ (4-29)

Q は流量 m^3/s、d は絞り部分の弁座の内径 m である。

以上のように、ある弁開度が設定された弁に対して、圧力あるいは流量を与えたキャビテーション現象も含む流れの状態を無次元量であるレイノルズ数とキャビテーション係数で整理する。今回は、図4-2に示すパイロット作動形リリーフ弁の主弁を取り上げ、図4-31 (a) に示すようなポペットの端につばを設置したつば付きポペットについて説明する。キャビテーション気泡発生時において、つば付近の観察画像をスケッチした結果を図4-31 (b) に示す。観察実験では、キャビテーション気泡は図に示す位置に白い雲のように見える。

弁開度と上流の供給圧力を設定し、キャビテーション気泡が発生していない状態から下流側の圧力を徐々に下げていき、キャビテーション気泡が発生した時の状態の領域を破線の帯で図 4-32 に示す。具体的には、キャビテーション気泡が発生始めた時の下流圧力と流量を計測して式 (4-27)、(4-28) からキャビテーション係数とレイノルズ数を計算して図中に書き入れて、キャビテーションの発生の境界領域を破線で示す。破線から左上はキャビテーションが発生しない範囲であり、右下では発生している範囲である。即ち、キャビテーション係数が小さいほど、あるいはレイノルズ数が大きいほどキャビテーションは発生する。

　以上のようにして、キャビテーション気泡が発生する範囲を無次元パラメータであるレイノルズ数とキャビテーション係数の平面で明らかに

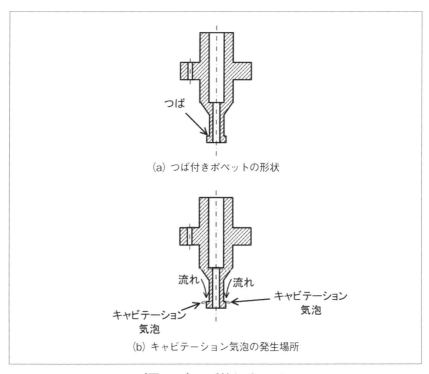

〔図 4-31〕つば付きポペット

4. 油圧制御弁

して、キャビテーションの発生に関する弁の特性を把握し、用途に応じた弁の使用や開発を行うことができる。

4－2－4　急落下防止弁

図 4-2 に示すパイロット作動形リリーフ弁の主弁でのせばまり流れ部分の構造が用いられている急落下防止弁の騒音とキャビテーション現象の低減化について説明する。

騒音測定結果の一例を図 4-33 に示す。キャビテーション気泡が発生しない場合を図 (a) に、発生している場合を図 (b) に示す。縦軸は A 特性音圧レベル L_{PA} である。キャビテーション気泡が発生すると、2kHz 以上の騒音レベルが上昇することが分かる。

次に、4-2-3 項のつば付きポペット弁の場合と同様にレイノルズ数とキャビテーション係数を定義する。

先ず、レイノルズ数を次式で定義する。

$$R_e = \frac{XU}{\nu} \quad \cdots\cdots\cdots\cdots\cdots\cdots\cdots\cdots\cdots\cdots\cdots\cdots\cdots (4\text{-}30)$$

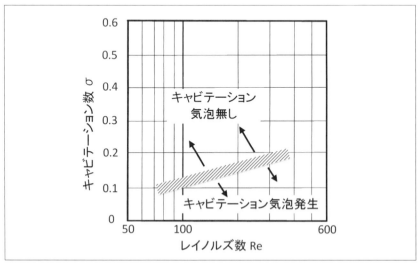

〔図 4-32〕キャビテーションの発生領域

ここで、X は弁開度である。

さらに、式 (4-6) より v_2 を U とし、$c_v=1$ として、下流の圧力 p_2 を考慮して、次式が得られる。

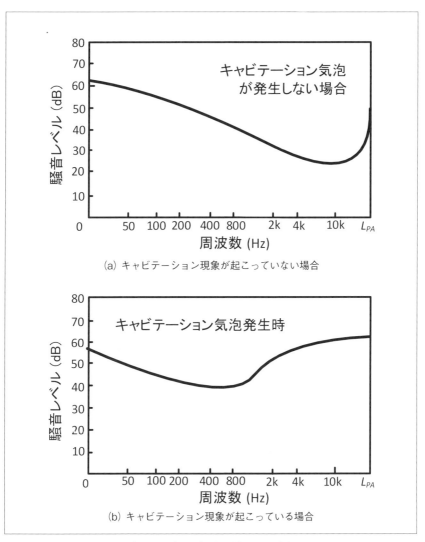

〔図 4-33〕騒音計測結果の一例

$$U = \sqrt{\frac{2(p_1 - p_2)}{\rho}} \quad \cdots\cdots\cdots\cdots\cdots\cdots\cdots\cdots\cdots\cdots (4\text{-}31)$$

キャビテーション係数は、式 (4-27) と同様である。

計測結果の一例として、キャビテーション気泡の発生領域と騒音の測定結果を図 4-34 に示す。横軸はキャビテーション係数で縦軸が A 特性音圧レベルである。レイノルズ数は約 2500 から 3500 での実験結果である。破線の領域は、キャビテーション気泡が発生する場合としない場合との境界でレイノルズ数によって幅が生じている。キャビテーション係数が小さい範囲では、キャビテーション気泡が発生して、音圧レベルが急に上昇することが分かる。

以上のように、キャビテーション数が減少するとキャビテーション気泡が発生してキャビテーション現象が生じる影響で A 特性音圧レベルが急に上昇することが分かる。従って、キャビテーション気泡が発生しない弁形状を設計し、キャビテーション現象が起こらない条件で使用す

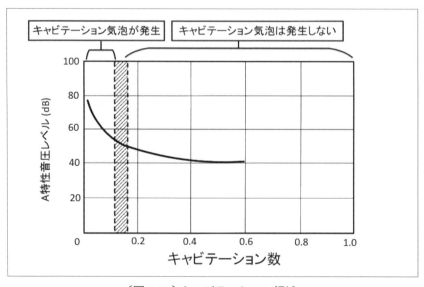

〔図 4-34〕キャビテーション領域

ることが肝要である。

4－2－5　スプール弁

　スプール弁に関して、先ず、弁絞り付近の噴流について述べる。絞りからの噴流角は、スプールが油の流れから受ける流体力を式 (2-85)、(2-86) を用いて求める際に必要である。スプール弁絞りから弁室に流入する場合の図 4-35 の破線で囲んだ弁絞りからの噴流に二つの流れのパターンがある。一つ目のパターンとして、絞りからの噴流が下流の壁に付着することなく流れる場合である。観察結果のスケッチ図 4-36 に示す。次に、二つ目のパターンとして噴流が壁面に付着する流れのパター

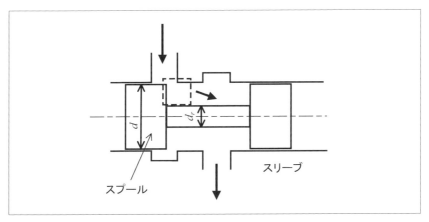

〔図 4-35〕スプール弁絞り

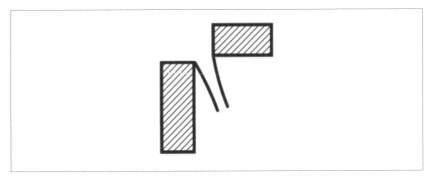

〔図 4-36〕スプール弁絞りからの噴流

ンを図 4-37 に示す。以上のように、スプール弁絞りからの噴流には大きく分けて壁面に付着しない噴流（図 4-36）と付着する噴流（図 4-37）とがある。一般に、噴流が衝突する下流の壁面までの距離が長い方が噴流は壁面に付着して図 4-37 に示す流れになる傾向にある。つまり、図 4-35 において、$d-d_r$ が大きい方が噴流は壁面に付着し付着噴流である図 4-37 のような流れになる。

　近年、コンピュータ技術の発達にともなって、スプール弁内部の流動解析も簡単に行えるようになってきた。ここでは、結果の一例を示す。図 4-38 にスプールとスリーブの一部分を示す。図の四角で囲まれた部分の三次元乱流解析を標準の乱流 k-ε モデルを使用して行った結果の速度ベクトルを図 4-39 に示す。スプールの中心軸を含む面での分布である。スプール弁の絞り付近で速度が速く噴流として弁室から右下へ流出していることが分かる。速度の単位は、m/s である。

〔図 4-37〕スプール弁絞りからの付着噴流

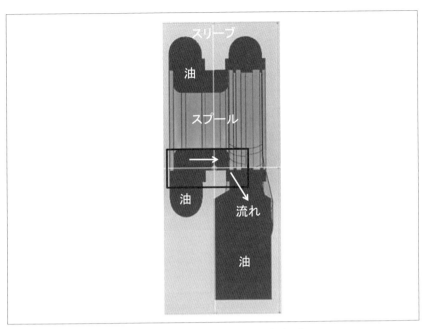

〔図 4-38〕スプール弁内の解析領域

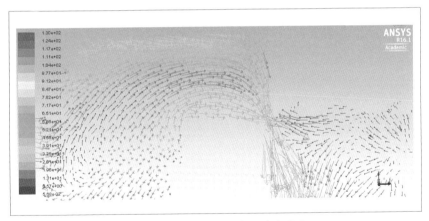

〔図 4-39〕スプール弁内の速度分布

5.
油圧ポンプ

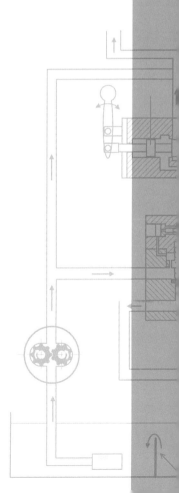

流体を輸送するためのポンプは、大きくターボ式、容積式に分けられる。ターボ式ポンプは、ケーシング内で羽根車を回転させて流体に運動エネルギーを与えるものである。一方、容積式は、閉じ込められた流体の容積の移動や変化を利用して流体に圧力エネルギーを与え、流体を吐出する。油圧ポンプとしては、容積式が用いられる。容積式ポンプには、ロータの回転により流体の容積を移動させる回転ポンプとピストンの往復運動による容積変化を利用する往復ポンプがある。回転ポンプの中で油圧ポンプとして使用されているのは、ギヤポンプ、ベーンポンプおよびねじポンプなどである。往復ポンプの中では、アキシアルピストンポンプ、ラジアルピストンポンプおよびレシプロピストンポンプがある。ここでは、ポンプの基礎事項、アキシアルピストンポンプ、ラジアルピストンポンプ、ベーンポンプおよびギヤポンプについて説明する。

5－1　基礎事項

　ポンプ1回転当たりの押しのけ容積を D とすると、理論平均吐出し量 Q_t および理論平均動力 P_t は次のようになる。

$$Q_t = nD \qquad \cdots\cdots\cdots\cdots\cdots\cdots\cdots\cdots\cdots\cdots\cdots\cdots\cdots\cdots (5\text{-}1)$$

$$P_t = Q_t\,p \qquad \cdots\cdots\cdots\cdots\cdots\cdots\cdots\cdots\cdots\cdots\cdots\cdots\cdots (5\text{-}2)$$

ここで、n は毎秒回転数で、p は出口と入口の圧力差である。
一方、理論平均動力 P_t と理論平均トルク T_t との関係は次のようになる。

$$P_t = 2\pi n T_t \qquad \cdots\cdots\cdots\cdots\cdots\cdots\cdots\cdots\cdots\cdots\cdots\cdots (5\text{-}3)$$

上式から理論平均トルクは、

$$T_t = \frac{P_t}{2\pi n} = \frac{Q_t\,p}{2\pi n} \qquad \cdots\cdots\cdots\cdots\cdots\cdots\cdots\cdots\cdots (5\text{-}4)$$

となる。

－ 161 －

5-2 アキシアルピストンポンプ

アキシアルピストンポンプは斜板式と斜軸式とに分けられる。

5-2-1 斜板式

回転シリンダ形斜板式（Swash plate type）アキシアルピストンポンプの構造を図5-1に示す。駆動軸が回転するとピストンが入っているシリンダブロックが回転し、ピストンの先端のピストンシュウ部分は斜板に接触する構造になっているので、ピストンはシリンダブロックとともに回転しながら往復運動する。斜板の傾斜角 α を大きくするとピストンのストロークも大きくなり吐出し流量が増加する。弁板には、kidney portと呼ばれている腎臓の形をした2つの弁ポートが設置されており、吐出ポートと吸込みポートである。

シリンダブロックがある回転角での瞬時の理論吐出し量 Q_t は次のよ

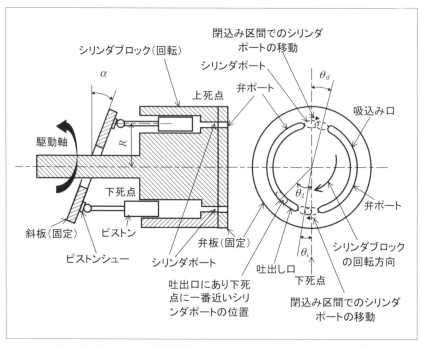

〔図5-1〕回転シリンダ形斜板式アキシアルピストンポンプの構造

うになる。

$$Q_t = 2\pi n A R \tan\alpha \sin\left(\theta_1 + \frac{k-1}{z}\pi\right)\frac{\sin\left(k\pi/z\right)}{\sin\left(\pi/z\right)} \quad \cdots\cdots\cdots\cdots \quad (5\text{-}5)$$

ここで、n は毎秒回転数、A は一本のピストン面積、R はシリンダブロック内におかれたピストンのピッチ円半径、k は吐出し行程にあるピストン本数、z はピストンの全本数、θ_1 は、吐出し口にあって、下死点（図5-1の下の状態）から測って一番下死点に近い1番目のピストンの図に示す角度である。

ただし、

$$0 \leq \theta_1 \leq \frac{2\pi}{z} \quad \cdots\cdots\cdots\cdots\cdots\cdots\cdots\cdots\cdots\cdots\cdots\cdots\cdots\cdots\cdots\cdots\cdots\cdots\cdots \quad (5\text{-}6)$$

である。

ピストン行程は、$2R\tan\alpha$ であるから、平均吐出し量 Q_{mean} は、次式になる。

$$Q_{mean} = 2R\tan\alpha \times nAz = 2nARz\tan\alpha \quad \cdots\cdots\cdots\cdots\cdots\cdots \quad (5\text{-}7)$$

記号は、図5-1と同様である。

　回転斜板式アキシアルピストンポンプの構造を図5-2に示す。図4-21のチェック弁も参照されたい。この場合、斜板が回転してシリンダブロックは固定し、ピストンが往復運動する。図には、図4-21に示す4つのチェック弁が使用されている。

５－２－２　斜軸式

　斜軸式（bent axis type）アキシアルピストンポンプを図5-3に示す。駆動軸とシリンダブロックがともに回転し、その運動に伴ってシリンダが往復運動する。傾転角 α を変化させて吐き出し流量を変えることができる。

　理論吐出し量は次式で与えられる。

5. 油圧ポンプ

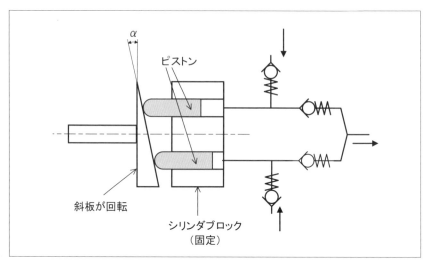

〔図 5-2〕回転斜板式アキシアルピストンポンプの構造

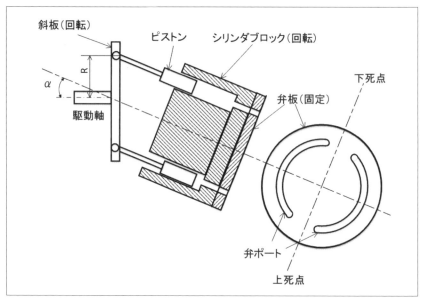

〔図 5-3〕斜軸式アキシアルピストンポンプの構造

$$Q_{th} = 2\pi nAR \sin\alpha \sin\left(\theta_1 + \frac{k-1}{z}\pi\right)\frac{\sin(k\pi/z)}{\sin(\pi/z)} \quad \cdots\cdots\cdots (5\text{-}8)$$

ここで、n は毎秒回転数、A は一本のピストン面積、R は駆動軸取付位置でのピストンのピッチ円半径、k は吐出し行程にあるピストン本数、z はピストンの全本数、θ_1 は、斜板式と同様に、吐出し口にあって、下死点（図 5-3 の上の状態）から測って一番下死点に近い 1 番目のピストンの下死点からの角度である。

平均吐出し量 Q_{mean} は、次式になる。

$$Q_{mean} = 2nARz\sin\alpha \quad \cdots\cdots\cdots\cdots\cdots\cdots\cdots\cdots\cdots\cdots\cdots\cdots (5\text{-}9)$$

5－2－3　閉込み

アキシアルピストンポンプの閉込み現象について、回転シリンダ形斜板式アキシアルピストンポンプの構造図 5-1 を使用して説明する。図の上部において、ピストンが上死点を通過して吐出し行程から吸込み行程へ移る時、シリンダポートは短時間ふさがれ、θ_d の間閉じ込みの状態になる。逆に、図の下部において、ピストンが下死点を通過して吸込み行程から吐出し行程へ移る時、シリンダポートは短時間ふさがれ、θ_s の間閉じ込みの状態になる。このような状態を閉じ込みという。この結果、上死点を過ぎたあたりでは、吸込み口とつながった時点で瞬間的に高圧油が吸込みポートに流出し、シリンダ内圧力が瞬間的に吸込み圧力以下になることがある。また、下死点を過ぎたあたりでは、吐出し口とつながった時点で瞬間的に高圧油がシリンダ内に流れピーク圧力が発生する。

5－2－4　ノッチ

5-2-3 項でで述べた回転シリンダ形斜板式アキシアルピストンポンプの下死点を過ぎたあたりで瞬間的に高圧油がシリンダ内に流れピーク圧力が発生することや上死点を過ぎたあたりで瞬間的にシリンダ内圧力が吸込み圧力以下になることを防ぐためにノッチという窪みを一般に弁板につける。ここでは、下死点を過ぎたあたりで瞬間的に高圧油がシリン

5. 油圧ポンプ

ダ内に流れピーク圧力が発生する場合を説明する。この場合のピーク圧力を避けるための対策として、ノッチを設置する。ノッチのために吐出し口から急にシリンダ内へ油が流入するための急な圧力上昇は抑えられる。しかしながらその代わりにノッチからの高速な油の流れのためにキャビテーション気泡が発生する。

この気泡を観察するために製作されたアキシアルピストンポンプの概要を図5-4に示す。可視化実験では、吸込み行程から吐出し行程に切り替わる際に、吐き出し側の高圧側から油がノッチを通ってシリンダ内に流入する流れを撮影するため、その場所が観察できるように部分的にアクリル材料で製作した。図5-4のノッチ付近のキャビテーション噴流の様子を観察するために、軸と垂直方向の観察方向Aからと、軸方向の観察方向Bから観察した。

観察方向Aから見たノッチ付近を図5-5に、観察方向Bから見たノ

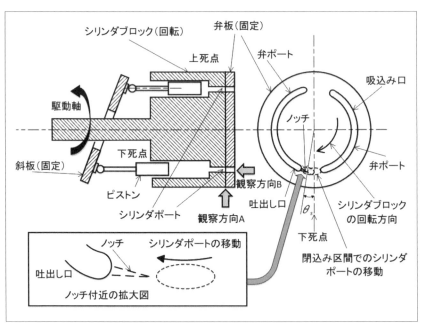

〔図5-4〕アキシアルピストンポンプのノッチ

ッチ付近を図5-6に示す。図5-6に示すように、ノッチ開度hは弧の長さである。

　キャビテーション噴流の発生の様子を以下に示す。図5-4の観察方向Aからの流れを撮影した結果を図5-7に示す。ノッチ開度hは、約2mm程度で、撮影速度は4500FPS（0.0002sec間隔）である。図5-7において、雲のような部分がキャビテーション気泡である。気泡の可視化を容易にするため油を多少着色しているため鮮明に高速度撮影されている。同様な条件におけるコンピューターシミュレーションを用いたCFD結果を

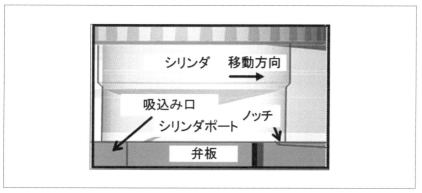

〔図5-5〕図5-4のA方向から見たノッチ

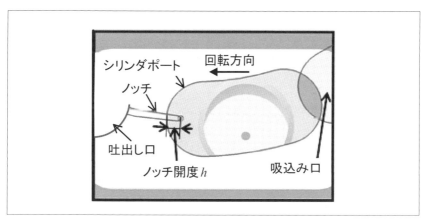

〔図5-6〕図5-4のB方向から見たノッチ

図5-8に示す。気泡含有率の分布であり、実験結果をよくとらえている。

次に、図5-4の観察方向Bから撮影した撮影結果を図5-9に示す。さらに、CFD結果を図5-10に示している。CFD結果において、実験結果との比較を容易にするため、気泡含有率が30%の等値面を示している。

〔図5-7〕観察されたキャビテーション気泡

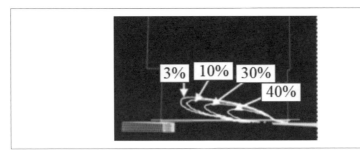

〔図5-8〕シミュレーションによるキャビテーション気泡含有率

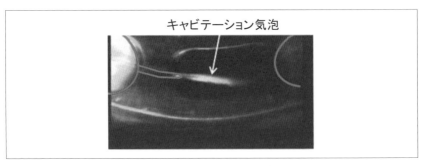

〔図5-9〕キャビテーション気泡

可視化実験のキャビテーション気泡の様子をCFD結果もよく捉えていることが分かる。以上のように、CFD解析を用いて実際のキャビテーションの様子を予測することができる。

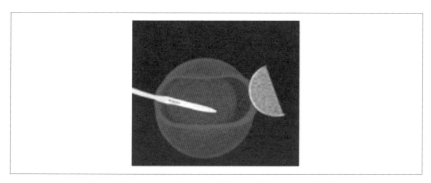

〔図5-10〕シミュレーションによる気泡含有率30%の領域

5−3 ラジアルピストンポンプ

　ラジアルピストンポンプは回転シリンダ形と固定シリンダ形に分類される。さらに、回転シリンダ形は定容量形と可変容量形に分けられる。回転シリンダ形ラジアルピストンポンプの原理を図5-11に示す。シリンダブロックが回転し、ケーシングは固定されているので各々のピストンは往復運動し、油は中心付近の上の小さな穴から吸い込まれ、下の穴から吐出される。偏心量 e が固定されているものが定容量形で、偏心量 e を変化させる機構を有し吐出し量を変えることができるものが可変容量形である。

　固定シリンダ形ラジアルピストンポンプの原理を図5-12に示す。中央部の回転偏心カムが回転して、ピストンを往復運動させる。この形式のものは、吐出し量を変化させることはできない。

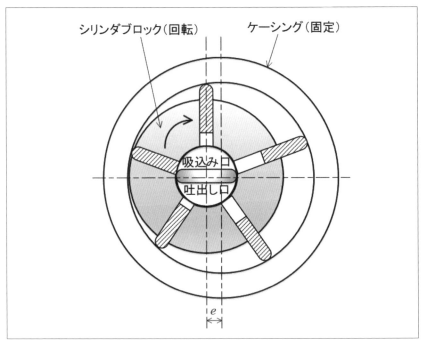

〔図5-11〕回転シリンダ形ラジアルピストンポンプの原理

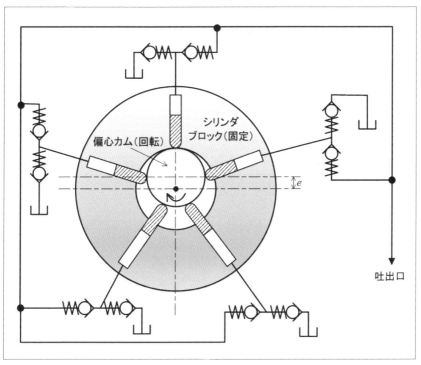

〔図 5-12〕固定シリンダ形ラジアルピストンポンプの原理

5-4 ベーンポンプ

　非平衡形ベーンポンプを図 5-13 に、平衡形ベーンポンプを図 5-14 に示す。どちらともにロータに取り付けられたベーンと呼ばれる平板状の羽で囲まれた部分の回転に伴う容積変化を利用して油を吸込み、吐出する構造である。図 5-13 においては、1 組の吸込みと吐出しポートを有しており、非平衡形と呼ばれている。この形式の場合、軸受けに大きな力がかかるが、ロータとカムリングの偏心量を調節して吐出し量を変化させられる。図 5-14 は、2 組の吸込みポートと吐出しポートを軸対称に設置して、ロータのまわりの圧力に基づく半径力が釣り合うように設計されていて平衡形と呼ばれている。

　5-2 節のアキシアルピストンポンプでは、コンピューターシミュレーション技術を用いて、キャビテーション現象の把握や設計開発が行われていることを述べたが、ベーンポンプ内の流れにおいてもポンプ内の実際の動作状態での流れのシミュレーション解析が行われている。平衡形

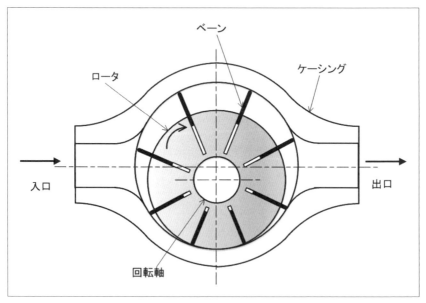

〔図 5-13〕非平衡形ベーンポンプ

ベーンポンプが回転中のベーン室内の油の中の気泡含有率のシミュレーション結果を図5-15に示す。気泡含有率が1の時が100%である。キャビテーションのために油中から気泡が発生している様子が分かる。この領域をできるだけ減少させるようにポンプ形状を工夫することが性能向上のために必要である。以上のように、コンピューターシミュレーションで、ベーンポンプ内のキャビテーション気泡の分布の予測が可能である。

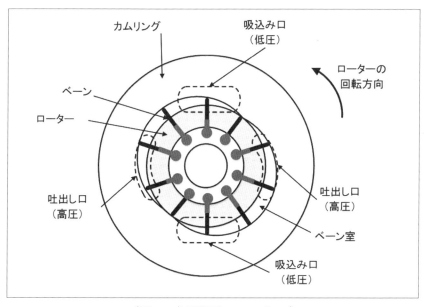

〔図5-14〕平衡形ベーンポンプ

5. 油圧ポンプ

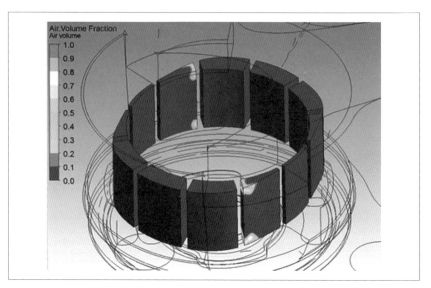

〔図 5-15〕平衡形ベーンポンプ内の気泡含有率

5-5　ギヤポンプ

　ギヤポンプは、ケーシング内でかみあう一般に2個のギヤの歯溝に吸い込み口から流入した油を回転により吐出し口へ押し出す構造になっている。外接形ギアポンプを図5-16に示す。ケーシングと歯で囲まれた容積の移動により油が出口へ運ばれる。

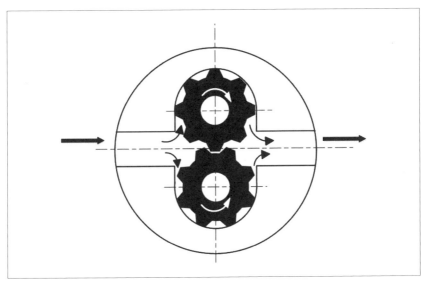

〔図5-16〕外接形ギヤポンプ

6.
マニホールドブロックの管路の設計法

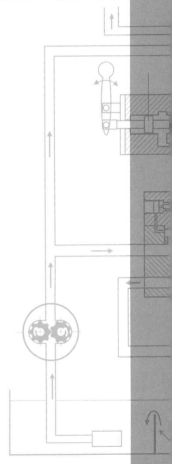

油圧回路やシステムの省エネルギー化を行うには、管路での損失を低減化することが必要である。従って、油圧機器を接続するために用いられる管路においてもなるべく圧力損失を小さくするように設計することが重要である。一般に多くの制御弁が使用される油圧回路においては、制御弁を接続するための管や継ぎ手が多く必要になり、必要なスペースも広くなり、配管作業に時間を要す。近年、管や継ぎ手を減らすために様々な手法が考案され、その中の一つにマニホールド方式がある。これは鉄製のブロック内部に穴をあけて管路を作成し、そのブロックに直接制御弁を接続して配管する方式である。例として、図6-1（a）に示すカ

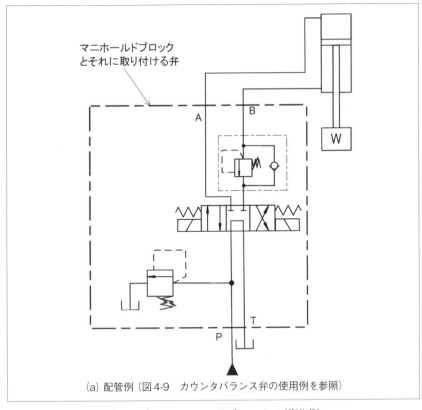

(a) 配管例（図4-9　カウンタバランス弁の使用例を参照）

〔図6-1〕マニホールドブロックの構造例

6. マニホールドブロックの管路の設計法

ウンタバランス弁を使用した回路について、キリ穴形マニホールドブロックの構造例を図6-1 (b) に示す。この方式の長所は、配管に管や継ぎ手が不要になるため、スペースが削減でき、配管作業を減らすことができ、油漏れの危険性が減る点である。

ここでは、マニホールド方式を用いたマニホールドブロック内の管路の損失、キャビテーション現象および管路網の設計方法について述べる。

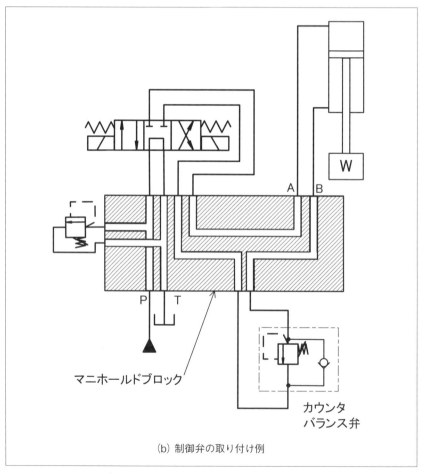

(b) 制御弁の取り付け例

〔図6-1〕マニホールドブロックの構造例

6-1 マニホールドブロックの管路内流れの損失と低減化

2-9節の管路内の流れと損失において、管路内の流れにおける損失の基本的な求め方について説明した。本節では、マニホールドブロック内の管路内の流れを対象に、圧力損失を低減するための方法を説明する。

本節では、代表的なマニホールドブロックとして、キリ穴で管路を作成するキリ穴形マニホールドブロック（以下キリ穴形と呼ぶ。）と複数のブロックを貼り合わせて平面的に管路を作成する積層形マニホールドブロック（以下積層形と呼ぶ。）を取り上げそれらの圧力損失などの比較を行い説明する。

キリ穴形のマニホールドブロックの一例を図6-2に示す。ポートP'とT'が上面にあり、ポートPとTは下面にあけられている。ここでは、ポートTとT'をつなぐ管路について説明する。そのキリ穴形マニホールドブロックの管路を図6-3に示す。その管路はねじ穴を避けており、内径は6mm（一部分は10mm）である。キリ穴形のマニホールドブロックは、ドリルで穴をあけるだけなので、加工が簡単で、管路設計が比較的容易である長所がある反面、直線的な管路しかできないため設計の自由度が低く、管路に曲り部が多くなり圧力損失が増加し油圧回路の効率が低下するなどの短所がある。油は、入口T'から流入し、a、b、c、d、e、fへと流れ、出口Tから流出する。

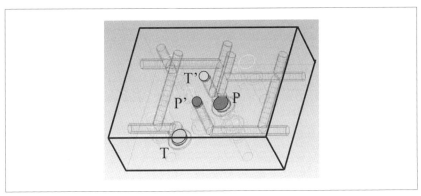

〔図6-2〕キリ穴形マニホールドブロック

6. マニホールドブロックの管路の設計法

　図6-2に対応する積層形マニホールドブロックの一例を図6-4に示す。これは、図6-5に示すように三つのブロックを貼り合わせている。このように積層形はあらかじめ溝や穴を加工しておいた複数のブロックを層状に貼り合わせることで管路を製作できる。この形式では、曲線的な管路で油圧回路が形成でき、設計の自由度が高く、曲り部が少なくキリ穴式と比較して圧力損失が少ないのが長所であるが、短所としてブロック同士の貼り合わせが困難な場合があることや回路が複雑になると設計が難しくなることが挙げられる。

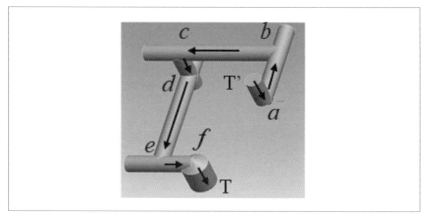

〔図6-3〕図6-2の流路

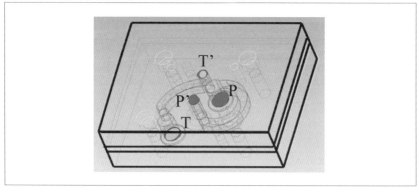

〔図6-4〕積層形マニホールドブロック

ポートTとT'とをつなぐ積層形Aの流路を図6-6に示す。図6-3のキリ穴形と比べて、曲り流路で接続できるためポート間の管路が短く曲線的である。

　さらに、キリ穴形と比較し、管路の曲がり部の曲面が損失に及ぼす影響を知るために、キリ穴形とほぼ同じ長さの積層形Bと呼ぶ積層形流路を図6-7に示す。

　これらの流路内の流れのシミュレーションを行った。代表的な結果を図6-8に示す。横軸は、図6-3、6、7に示す入口T'から流路中心に沿って出口Tまでの距離で、縦軸は、流路の中心軸上の圧力pと出口圧力

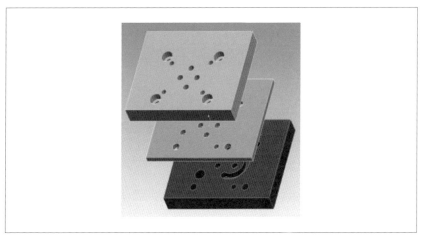

〔図6-5〕接着前の積層形マニホールドブロック

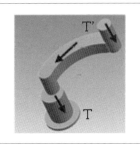

〔図6-6〕積層形A

6. マニホールドブロックの管路の設計法

p_e との差である。図中の $a \sim f$ は図6-3、7の曲がり部に対応している。図中において、キリ穴はキリ穴式の結果であり、積層Aおよび積層Bは積層形AおよびBの結果である。以上の結果から、曲り部 $a \sim f$ での

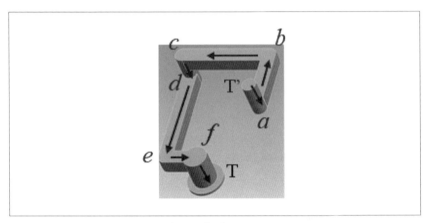

〔図6-7〕積層形B

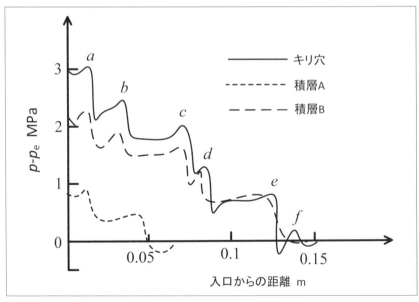

〔図6-8〕流路の中心軸上での圧力

- 184 -

圧力損失が大きいことが分かる。さらに、キリ穴形では、直角に曲がる場合であっても、角の上流や下流の直管部の長さや向きによって圧力損失が異なることが分かる。積層形ＡおよびＢの圧力損失は、キリ穴形に比べて小さい。さらに、曲り部が曲面になっていることにより、そこでの圧力損失が小さく、同じ長さでもキリ穴形に比べて積層形Ｂの方が全体の圧力損失が減少していることが分かる。これらについては、流路断面において、同じ幅でも積層形の方が、流路面積が大きいことも影響している。以上のように、流路の曲り部での形状に丸みを与え、積層形で設計した方が流路も短くなり、今回の場合圧力損失がキリ穴形に比べて約1/3になることが分かる。

　次に、90°曲り部におけるキリ穴の深さが圧力損失に及ぼす影響について説明する。前述のように、マニホールドブロック内の管路の全損失の中で曲り部での損失が大きいことが分かる。そこで、図6-9に示すように、曲り部でのキリ穴の深さをsとし、管の内径dに対して、キリ穴の深さを変化させ圧力損失を求めた。曲り部での上流側と下流側の直管部の長さは100mm、管径は8mmである。損失は、次式の損失係数ζで評価した。

$$\zeta = \frac{2}{\rho u^2} \Delta p \quad \cdots\cdots\cdots\cdots\cdots\cdots\cdots\cdots\cdots\cdots\cdots\cdots\cdots\cdots\cdots \quad (6\text{-}1)$$

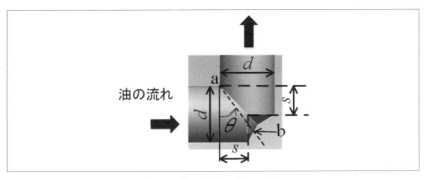

〔図6-9〕90°曲り部の形状

6. マニホールドブロックの管路の設計法

ここで、u は平均速度、Δp は圧力損失である。

損失係数のシミュレーション結果の例を図 6-10 に示す。この図より、s/d が 1〜4 の場合は、損失係数はほぼ一定である。s/d が 1 以上の曲り部の形状は、キリ穴が交差部から突き出る。従って、交差部から突き出したキリ穴は損失に影響をほぼ与えないことが分かる。これは、s/d が 1〜4 の範囲では、曲り部から突き出た管内の流れはほぼ閉じた渦領域であり、実際の曲り部での流れの流路面積はほぼ一定であるためである。s/d が約 0.5 の時が最も損失が小さく、約 0.25 の場合が最も大きい。図 6-9 から、曲り部での流路面積（断面 ab の面積）の曲り方向（θ 方向）の変化を考えると、s/d が 0.5 付近が曲り方向の流路面積の変化が少なく、従って流れの渦領域が小さく抵抗も小さい。s/d が 0.25 の場合は流路面積が上流の管の流路面積に比べて小さく抵抗が大きいために損失係数が増加する。従って、キリ穴の 90°交差部において、s/d が 0.5 付近で加工すると圧力損失を低減できる。

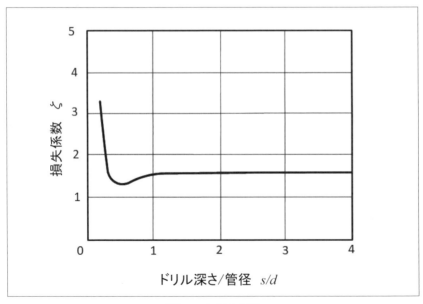

〔図 6-10〕損失係数

次に、積層形の曲り部での曲率半径が損失係数に及ぼす影響を説明する。図 6-11 に示す曲り部の上流と下流に 65mm の長さの直管が接続されている。曲り部での曲率半径比（R/D）が圧力降下に及ぼす影響を数値シミュレーションで調べた。損失係数は式（6-1）から計算した。曲率半径比（R/D）と損失係数の関係を図 6-12 に示す。損失係数は、曲率半径比（R/D）が 0.5 以上から急に減少する。管内部の流動状態を観察し

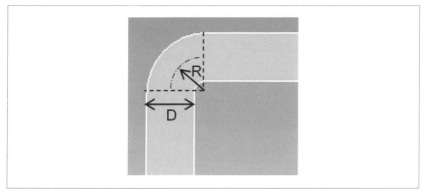

〔図 6-11〕90°曲がり部

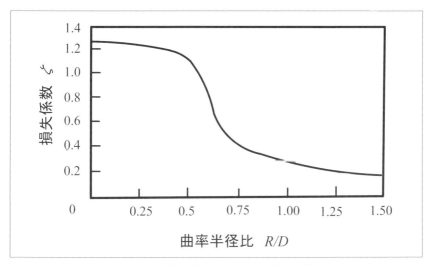

〔図 6-12〕曲率半経比と損失係数の関係

6. マニホールドブロックの管路の設計法

た結果を図6-13に示す。図より、曲率半径比（R/D）が0.5より0.625の方のはく離域が小さく、それに伴って損失が減少していることが分かる。従って、曲り部では、はく離域を小さくするように設計すると圧力損失を抑えることができる。ここでの結果から、曲率半径比（R/D）を1.0以上に取ると圧力損失を低減できる。

さらに、積層形マニホールドブロックの曲り部を加工することにより損失を低減する方法を述べる。曲り部での加工例を図6-14に示す。図のように曲り部での流路面積を、溝を切ることによって増やし抵抗を減らし損失を低減する。この溝はエンドミルで容易に製作でき、曲り部でのキャビテーション気泡の発生も抑制できる。溝がない場合と、$\theta=45°$、$h=4.2mm$、$w=3mm$ の溝をつけた場合の流量と圧力降下の関係を図6-15に示す。溝をつけた場合の方の流路面積が増加し抵抗が少なく圧力降下

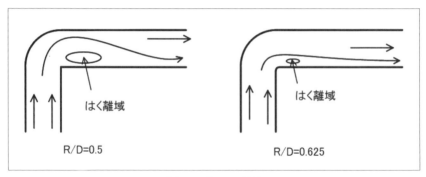

〔図6-13〕はく離域

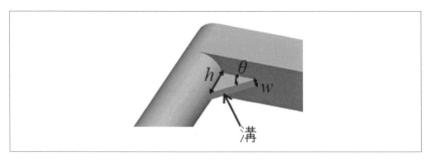

〔図6-14〕溝の形状

が小さくなる。以上のように、キリ穴形では困難であるが、積層形では曲り部での加工が容易で圧力損失を減少させることが簡単にできる。

省エネルギー化を目指すには、管路の曲り部での圧力損失を減少させることが重要であり、配管をコンパクトにするにつれて、曲り部での圧力損失をいかに抑えるかが肝要になる。

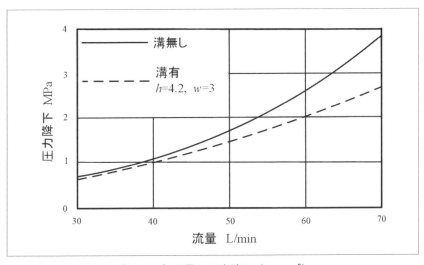

〔図 6-15〕流量と圧力降下（θ =45°）

6−2 マニホールドブロックの管路内のキャビテーションの低減化

　前節で、積層形の曲り部を加工して流路面積を増やすことがキャビテーション気泡の発生を抑制できることを説明した。ここでは、キャビテーション気泡の観察結果について述べる。

　溝の加工を施さない90°の場合の流れの観察結果を図6-16に示す。左上から下に流れ、曲り、右方向へ流れている様子を撮影した。白く光っているものがキャビテーション気泡である。曲り部から下流はほぼ気泡で白くなっていることが分かる。曲り部に溝をつけて曲り部の流路面積を増やしたものを図6-17に示す。図6-17に示す溝を持った曲り部では、キャビテーションがほとんど起こっていないことが分かる。従って、このように曲り部で溝を作り、流路面積を大きくすることがキャビテーションを抑制するために有効である。

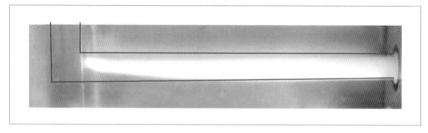

〔図6-16〕キャビテーション気泡（溝無し）

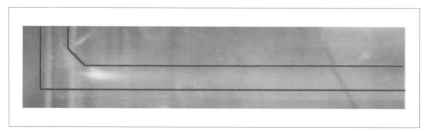

〔図6-17〕キャビテーション気泡（溝有り、h=4.2mm、w=3mm、θ=45°）

6-3　マニホールドブロック内の管路網の設計方法

マニホールドブロック内の油圧管路の設計には、強度面を確認しつつ、圧力損失を極力抑えることが求められているため、マニホールドブロックの設計段階で、内部の油圧管路の各場所での流量や圧力を予測し設計開発を行う必要がある。さらに、既に使用されている複雑な管路網を有するマニホールドブロック内の圧力損失が大きい場所が特定できれば、ブロック全体の損失を低減させるための対策を講じる有用なデータになる。

図6-1 (b) に示すようなマニホールドブロック内で簡単な接続で管路網が構成されている場合、即ち油の分岐や合流がなく入口と出口が一本の管路で直結されている場合などについては、マニホールドブロックの出入り口で圧力や流量を計測することにより、ブロック内部の管路内の流れの圧力などの状態を把握することは比較的容易である。しかしながら、マニホールドブロックに方向制御弁等が取り付けら、マニホールドブロックへの入口が一つで、内部でいくつかの管路に分岐し、さらに合流して出口から流れ出るような管路網では、マニホールドブロックの出入り口での圧力や流量の計測のみでは、マニホールドブロック内の管路内の流量や圧力を予測することは一般には困難である。

本節では、マニホールドブロック内の分岐や合流を含む管路内流れの圧力や流量を簡便にある程度の精度をもってコンピューターシミュレーションで求める方法について述べる。

先ず簡単な管路網計算を例に挙げ、その原理について述べる。管路と曲がり部の損失係数を記した単純な管路網図を図6-18に示す。図中の i は管の番号、d_i は管 i の管内径、L_i は管 i の管の長さ、Q は管 i の流量である。図中には、例としての数値を与えている。ζ は式 (6.1) に示す損失係数であり、例えば ζ_{3-6} は管3から6への曲がり部での損失係数である．図において、油は $i=5$ の管から流入し $i=1$ と2の管に分かれ、$i=6$ の管に合流して流出する。

管路網の計算において、以下2つの条件を満たすように計算を行う。

1. 1つの閉回路、例えば図6-18の閉回路に沿って1周したときの

圧力降下は0である。図において、1周とは、$i=5, 2, 3, 6, 4, 1, 5$ のように、入口と出口を含む。ただし、$i=5, 6$の管路の長さは考慮しない。

2. 管路の1つの合流部分や分岐部分において、流入する流量の総和は, 流出する流量の総和に等しい. この条件を満たすように繰り返し計算の初期値を設定する。後の計算での流量の補正では、この条件が満たされるように補正される。従って、繰り返し計算の最初にこの条件2.を満たすように流量を定めれば、その後の計算過程や最終結果において満たされている。

計算のフローチャートを図6-19に示す。

①：管内径、管長、流量、損失係数 ζ_{i-j} を設定する。各流量は前述の条件2を満たすように設定する。マニホールドブロックにシリンダが装着されている場合には、シリンダの入口と出口の流量を受圧面積の比を考慮して計算して、管路網のシリンダが設置された場所に流入流量と流出流量として与える。両ロッドシリンダで対称シリンダの場合には、シリンダの両側の受圧面積は等しいので、流入流出流量は等しくする。

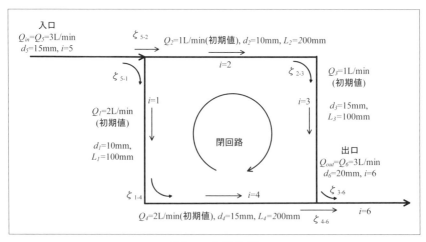

〔図 6-18〕管路網

②:レイノルズ数を計算する。
③:レイノルズ数によって層流か乱流かの判定を行い、例えば図 2-17 のムーディ線図から管摩擦係数 $\lambda_{i,k}$ を求める。
④:管路 i の k 回目の圧力損失 $\Delta p_{i,k}$ を式 (6-2) から求める。

$$\Delta p_{i,k} = \rho \frac{L_i}{d_i} \frac{u_{i,k}^2}{2} \lambda_{i,k}\left(Re_{i,k}\right) + \rho \sum \varsigma_{i-j} \frac{U_k^2}{2} \quad \cdots\cdots\cdots\cdots\cdots \quad (6\text{-}2)$$

圧力損失 $\Delta p_{i,k}$ は管 i と管 i の端の曲り部での損失ヘッドであり、式 (6-2)

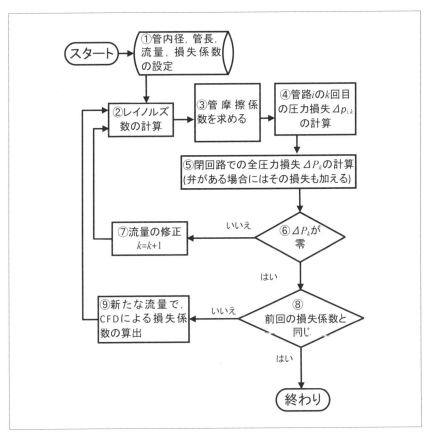

〔図 6-19〕管路網の計算のフロー

に示すように右辺第1項の管摩擦損失と第2項の曲り部の損失の和から算出される．これについては、2-9節の管路内の流れと損失を参照されたい。以上で、i と j は管の番号であり、k は補正流量を用いて閉回路内の1周の全損失ヘッドを0にするまでの計算回数、Re はレイノルズ数、u は速度、U は曲り部での大きい方の速度あるいは分岐・合流での大きい流量での速度である。式の右辺第2項の Σ は、隣の管路の損失係数の重複が無いように取る。

⑤：式 (6-2) から閉回路内の1周の全圧力損失 ΔP_k を計算する。マニホールドブロックに装着された方向制御弁などがある場合、式 (6-2) の右辺第2項と同様に、ある損失係数の抵抗と考え、式 (6-2) の右辺に加える。例えば、図 6-18 において、全圧力損失を計算する場合、管摩擦損失ヘッドは、$i = 1, 2, 3, 4$ の管路の4つで、曲り部での損失ヘッドは、6つの ζ_{5-1}, ζ_{5-2}, ζ_{2-3}, ζ_{1-4}, ζ_{3-6}, ζ_{4-6} を用いて計算する。

⑥：$\Delta P_k = 0$ を満たすかによる収束判定をする。

⑦：ΔP_k が零でない場合には、次式により流量を補正し、②へ戻る。すなわち、1ステップ前の流量に補正流量 ΔQ_k を加減する。補正流量は、閉回路内の1周の全損失ヘッドが0になる条件の下に導かれている。これは、⑥で全圧力損失が0になるまで続ける。

$$Q_{i,k} = Q_{i,k-1} + \Delta Q_k \quad \cdots\cdots\cdots\cdots\cdots\cdots\cdots\cdots\cdots\cdots \quad (6\text{-}3)$$

$$\Delta Q_k = -\frac{\sum_i A_{i,k-1} Q_{i,k-1} \left| Q_{i,k-1} \right| + \sum_{i,j} B_{i-j,k-1} Q_{i,k-1} \left| Q_{i,k-1} \right|}{2\left\{ \sum_i A_{i,k-1} \left| Q_{i,k-1} \right| + \sum_{i,j} B_{i-j,k-1} \left| Q_{i,k-1} \right| \right\}} \quad \cdots\cdots \quad (6\text{-}4)$$

$$A_{i,k-1} = \frac{L_i}{d_i} \frac{u_{i,k-1}^2}{2g} \lambda_{i,k-1}, \quad B_{i-j,k-1} = \zeta_{i-j} \frac{U_{k-1}^2}{2g} \quad \cdots\cdots\cdots\cdots\cdots \quad (6\text{-}5)$$

補正流量は、閉回路内で流量に対して一定値を加減するので、補正後も条件2は保たれる。マニホールドブロックに装着された方向制御弁などがある場合、式 (6-4) と (6-5) にその圧力損失を考慮する必要がある。

⑧：⑥を満たした場合、⑧に進み、各管路での前回の損失係数との差異を確認する。⑧を満たす場合は、計算終了とし，管路内の流量や圧力が求まる。

⑨：⑧を満たさない場合、今回求まった新たな流量で、CFD計算を用いて各場所の損失係数を求める。CFD解析によって圧力と流速とを求め、管路網計算で必要な損失係数を式(6-1)から算出し、②へ戻る。

　閉回路が複数存在する場合でも同様な方法で閉回路ごとに以上の計算を行う。以上の手順を適用することにより、マニホールドブロック内の複雑な管路網の管路内の流量や圧力が求められる。

　以上の手法を利用した解析例について以下に述べる。図6-20に示すように、マニホールドブロックに3つの制御弁A、BおよびCが取り付けられ、入口Aから油がマニホールドブロック内へ流れ、二つに分岐し、さらにマニホールドブロックに装着された3つの制御弁を通り、分岐や合流をして、出口Dから流れ出る。それぞれの管路での流量をQ_1からQ_5で表しており、Q_3の流れの方向は分らない。マニホールドブロック内の管路をモデル化した管路網は図に示されている。制御弁Aは二か所にあるが、実際は一つの弁であり一か所に装着されている。制御弁B

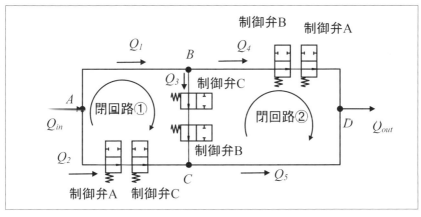

〔図6-20〕マニホールドブロックの管路網の解析例

およびCについても同様である。実際の一つの制御弁は、4ポート2位置方向制御弁であるが、管路網を分かりやすくするために、制御弁A、BおよびCのそれぞれを二つに分けて書いている。図のように制御弁の全てのポートが開いている状態を考える。この管路網に場合、二つの閉回路を構成して、流量Q_3は両方の閉回路に共通している。例えば、入口Aから位置Cまでにおいては、制御弁A、Cの他に、いくつかの管路や曲り部がある。それぞれの管路などを図6-18のように考える。制御弁の部分は、式(2-41)と(6-1)を比較して、$\zeta = 1/c_d^2$とおいて絞り抵抗と見なす。流量係数c_dは、他の曲り部での損失係数と同様にCFDで求める。

　管内径、管長、入口での流量Q_{in}を与えて、図6-19の計算のフローに従って計算を行った結果、数回の繰り返しで、各流量や圧力は得られた。圧力については、例えば、位置A、BからCまでの圧力降下と位置AからCまでの圧力降下が等しいように結果が得られ、もちろん上述の条件1. を満たす結果である。他の場所での圧力降下も同様である。流量については、上述の条件2. を満たすように初期値を与え、同条件を満たすような結果が得られる。結果の一例を以下に示す。

　流量Q_{in}＝40 L/minの場合、Q_1＝26 L/min、Q_2＝14L/min、Q_3＝14 L/min、Q_4＝12 L/min、Q_5＝28 L/min

　以上の方法で、入口と出口の圧力降下やマニホールドブロック内の各位置の圧力が得られ、マニホールドブロック内の圧力降下が大きい場所が特定でき、圧力降下を低減化するための設計が可能になる。

7.
油圧アクチュエータ

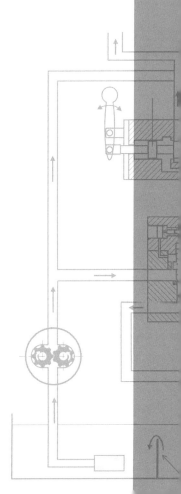

7-1 油圧アクチュエータ

油圧アクチュエータの分類を図7-1に示す。このように、油圧アクチュエータは油圧モータ、油圧シリンダおよび揺動形アクチュエータに分類される。

油圧モータは、高速用と低速高トルク用とに分けられる。一般に、チェック弁を使用していない形式のポンプは、吐出し側と吸込み側を逆にすれば油圧モータとして機能する。回転式および往復式の高速用のモータの構造は、ポンプの構造と同じである。油圧モータの用途として低速高トルクを要求される場合が多く、低速高トルクモータの中で多く用いられているラジアルピストンモータは重要である。

ここでは、油圧シリンダおよびギヤモータ、ベーンモータ、ピストンモータなどの油圧モータについて説明する。

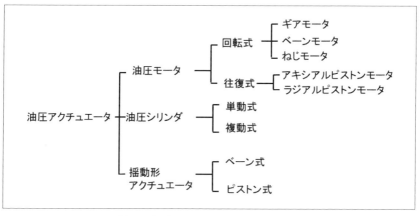

〔図7-1〕油圧アクチュエータの分類

7. 油圧アクチュエータ

7-2 油圧シリンダ

　油圧シリンダは図7-2に示すように単動形シリンダと複動形シリンダに分けられる。この図はピストンロッドが右側のみについている片ロッドシリンダの場合である。単動形シリンダでは、一方向を油圧の力で動かし、戻り方向は外部の機械的な力で動かす。複動形シリンダでは、両方向のピストンの動きを油圧の力で動かす。

　油圧シリンダの代表的な例として、複動形油圧シリンダを図7-3 (a)、(b) に示す。図に示すように、シリンダチューブ、ピストン、ピストンロッドなどから構成されている。

　シリンダチューブの材料や肉厚は、内径、定格圧力および構造によって決まる。チューブ内径とロッド径（ピストンロッド径）の組み合わせは、JIS B 8367にシリンダの種類ごとに決められており、表7-1に示す．

　シリンダチューブの材料は、機械構造用炭素鋼管が多く、肉厚はJIS B 8354で次式のように規定され、次式で得られた値以上の十分な強度を持つことが必要である。

$$t = \frac{PD}{2S} \quad \cdots\cdots\cdots\cdots\cdots\cdots\cdots\cdots\cdots\cdots\cdots\cdots\cdots\cdots \quad (7\text{-}1)$$

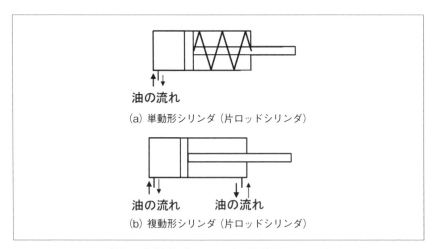

〔図7-2〕単動形シリンダと複動形シリンダ

ここで、t は肉厚 (mm)、P は定格圧力 (MPa)、D はチューブ内径 (mm)、S は $\sigma/5$(N/mm^2)、σ は引っ張り強さの最低値 (N/mm^2) である。

ピストンロッドは、圧縮、引張、曲げおよび衝撃荷重に耐えられるよ

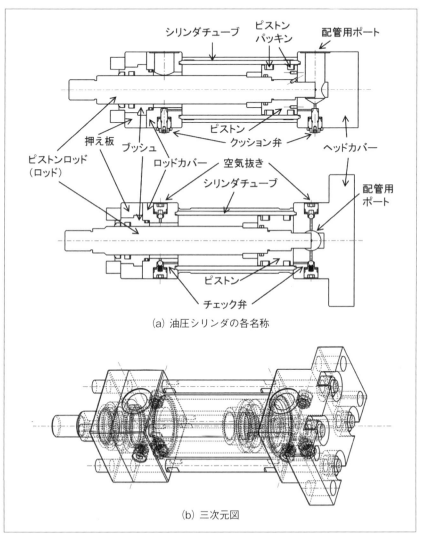

〔図7-3〕複動形油圧シリンダの例

うに設計され、座屈などを考慮してロッド径を決めるべきである。

図7-4に示す片ロッドの複動シリンダを考える。右方向を正とした理論シリンダ力Fは次式で与えられる。

$$F_1 = p_1 A_1 - p_2 A_2 \quad\quad\quad\quad\quad\quad\quad\quad\quad (7\text{-}2)$$

ここで、p_1、p_2はシリンダ内の左室および右室の圧力で、A_1とA_2は、シリンダの左室と右室の受圧面積である。右室の受圧面積は、右室の受

〔表7-1〕チューブ内径およびロッド径の基準寸法

チューブ（シリンダ）内径 mm	ロッド径の記号と寸法 mm			
	A	B	C	D
32	22	18	14	10
40	28	22	18	14
50	36	28	22	18
63	45	36	28	22
80	56	45	36	28
100	70	56	45	36
125	90	70	56	45
140	100	80	63	50
160	110	90	70	56
180	125	100	80	63
200	140	110	90	70
220	160	125	100	80
250	180	140	110	90

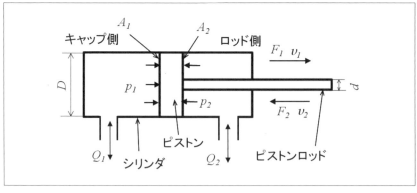

〔図7-4〕複動形片ロッドシリンダ

圧面積に比べてピストンロッドの分だけ小さい。シリンダ内径を D、ピストンロッド径を d、シリンダのキャップ側へ出入りする流量を Q_1、ロッド側へ出入りする流量を Q_2 とし、ピストンが右方向へ動く時のピストンが受ける力を F_1、速度を v_1、左方向へ移動する時のそれらを F_2、v_2 とする。ここで、Q_1、Q_2、F_1、v_1、F_2 および v_2 は正である。

ピストンロッドによって外部に伝えられるシリンダ出力と呼ばれる実際の推力 F_a は、推力効率（荷重圧力係数）λ を用いて以下のようになる。

$$F_a = \lambda F \quad \cdots\cdots\cdots\cdots\cdots\cdots\cdots\cdots\cdots\cdots\cdots\cdots\cdots\cdots\cdots \quad (7\text{-}3)$$

ここでは、F はピストンが受ける力、推力効率 λ は圧力やパッキンによって異なるが、一般に 0.85 から 0.95 程度である。

計算例 18：油圧シリンダ
設問 18-1：
シリンダの内径が 80mm、ロッド径が 45mm、キャップ側の圧力が 4MPa、ロッド側の圧力が 0.1MPa の時の推力を求めよ。ただし、推力係数は 0.85 とする。

―――――――――

解答 18-1：
受圧面積 A_1、A_2 は次のようになる。

$$A_1 = \frac{\pi}{4} D^2 = \frac{\pi}{4} (0.08\text{m})^2 = 0.00502\text{m}^2$$

$$A_2 = \frac{\pi}{4} (D^2 - d^2) = \frac{\pi}{4} \left\{ (0.08\text{m})^2 - (0.045\text{m})^2 \right\} = 0.00343\text{m}^2$$

式 (7-2)、(7-3) より、推力 F_a は次式から求まる。

$$F_a = \lambda (p_1 A_1 - p_2 A_2) = 0.85 (4 \times 10^6 \text{Pa} \times 0.00502\text{m}^2$$
$$- 0.1 \times 10^6 \text{Pa} \times 0.00343\text{m}^2) = 16776\text{N} = 16.8\text{kN} \quad \cdots\cdots \quad (7\text{-}4)$$

- 203 -

↺ 7. 油圧アクチュエータ

設問 18-2 :

　キャップ側の圧力が 10MPa で 150kN の推力を出したい。シリンダの内径をどのくらいにすればよいか。ただし、推力係数は 0.85 とする。

―――――――――――――

解答：18-2

　先ず簡単のために、ロッド側の圧力を大気圧とすると、式 (7-2)、(7-3) より、推力 F_a は次式のようになる。

$$F_a = \lambda p_1 A_1 = \lambda p_1 \frac{\pi}{4} D^2 \quad \cdots\cdots\cdots\cdots\cdots\cdots\cdots\cdots\cdots \quad (7\text{-}5)$$

上式から次式が得られる。

$$D = \sqrt{\frac{4F_a}{\pi \lambda p_1}} = \sqrt{\frac{4 \times 150000 \mathrm{N}}{\pi \times 0.85 \times 10 \times 10^6 \mathrm{Pa}}} = 0.1499 \mathrm{m} = 150 \mathrm{mm} \quad (7\text{-}6)$$

　表 7-1 から、ロッド径の記号を B として、得られたチューブ内径より大きい値を選ぶ。するとチューブ内径は 160mm でロッド径は 90mm になる。これから、ロッド側の圧力を 0.3MPa 程度として確認すると

$$A_1 = \frac{\pi}{4} D^2 = \frac{\pi}{4} (0.160 \mathrm{m})^2 = 0.020 \mathrm{m}^2$$

$$A_2 = \frac{\pi}{4} (D^2 - d^2) = \frac{\pi}{4} \{ (0.160 \mathrm{m})^2 - (0.09 \mathrm{m})^2 \} = 0.01373 \mathrm{m}^2$$

$$F_a = \lambda (p_1 A_1 - p_2 A_2) = 0.85 \, (10 \times 10^6 \mathrm{Pa} \times 0.02 \mathrm{m}^2$$
$$- 0.3 \times 10^6 \mathrm{Pa} \times 0.01373 \mathrm{m}^2) = 166498.9 \mathrm{N} = 166.5 \mathrm{kN} \quad (7\text{-}7)$$

となり 150kN 以上の力が得られる。

設問 18-3 :

　ロッド側の圧力が 14MPa、シリンダの内径が 50mm、ロッド径が 28mm の時の推力を求めよ。ただし、背圧（キャップ側の圧力）は 0.1MPa、推力効率は 0.85 とする。

―――――――――――――

解答 18-3：

この場合、ピストンは左方向へ動く。前問と同様にして、次のように推力 F_a は計算される。

$$A_1 = \frac{\pi}{4}D^2 = \frac{\pi}{4}(0.05\text{m})^2 = 0.00196\text{m}^2$$

$$A_2 = \frac{\pi}{4}(D^2 - d^2) = \frac{\pi}{4}\left\{(0.05\text{m})^2 - (0.028\text{m})^2\right\} = 0.00135\text{m}^2$$

$$F_a = \lambda F_2 = \lambda(p_2 A_2 - p_1 A_1) = 0.85(14 \times 10^6\text{Pa} \times 0.00135\text{m}^2$$
$$- 0.1 \times 10^6\text{Pa} \times 0.00196\text{m}^2) = 15898.4\text{N} = 15.9\text{kN} \qquad (7\text{-}8)$$

設問 18-4：

シリンダの内径が 40mm、ロッド径が 22mm で、ピストンが右方向へ速度 $v_1 = 100\text{mm/s}$ で動く時の油の供給流量と吐出流量を求めよ。

────────────────

解答 18-4：

キャップ側への供給流量 Q_1 は、ピストン速度×受圧面積 A_1 であるから、次式のようになる。

$$Q_1 = v_1 A_1 = 0.1\text{m/s} \times \frac{\pi}{4}(0.04\text{m})^2 = 0.0001256\text{m}^3/s = 7.54\text{L/min}$$

ロッド側からの吐出流量 Q_2 は、ピストン速度×受圧面積 A_2 であるから、次式のようになる。

$$Q_1 = v_1 A_2 = 0.1\text{m/s} \times \frac{\pi}{4}\left\{(0.04\text{m})^2 - (0.022\text{m})^2\right\}$$
$$= 0.0000876\text{m}^3/s = 5.25\text{L/min}$$

従って、供給流量より吐出流量が少なくなる。

設問 18-5：

上の設問の状態でキャップ側の圧力が 14MPa でロッド側の圧力が 0 の場合の動力を求めよ。

────────────────

7. 油圧アクチュエータ

解答 18-5：

動力 P は、ピストンの推力×速度であるから、推力効率は 0.85 として、式 (7-2)、(7-3) から次のようになる。

$$P = F_a v_1 = \lambda F_1 v_1 = \lambda p_1 A_1 v_1$$
$$= 0.85 \times 14 \times 10^6 \mathrm{Pa} \times \frac{\pi}{4} \times (0.04\mathrm{m})^2 \times 0.1\mathrm{m/s} = 1494.6\mathrm{W} = 1.5\mathrm{kW}$$

ピストンの移動行程の端において、ピストンがカバーに衝突することを防止するために図7-5に示すようなクッション機構が設けられている。図7-5 (a) において、ピストンは右方向に移動しており、クッション突入前では、図のように油が流れポートから流出している。クッション突入後は、図7-5 (b) のようにクッションプランジャによって油がクッションチャンバに閉じ込められ油はクッション弁を通って流れるためピストンの速度が急に減少する。クッション弁を調節して弁絞りの開口

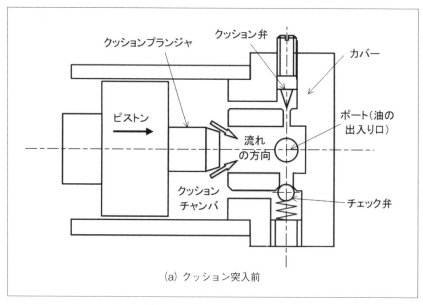

〔図7-5〕クッション構造

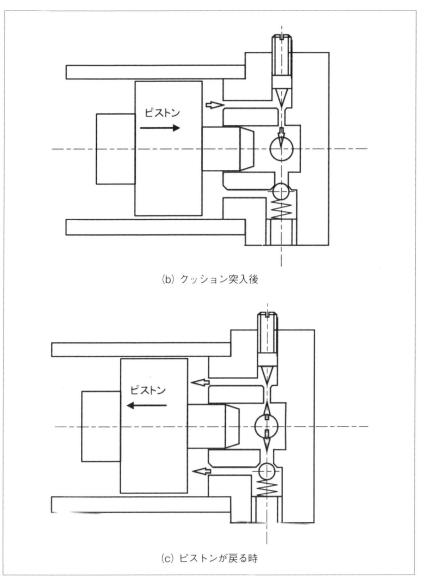

〔図 7-5〕クッション構造

🔁 7. 油圧アクチュエータ

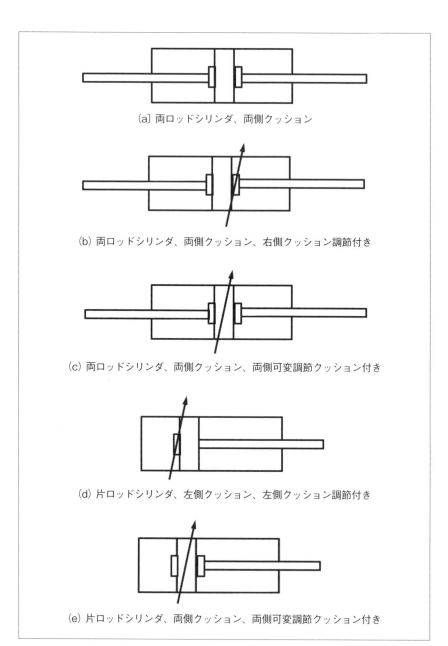

〔図 7-6〕クッション機構を持つ油圧シリンダの図記号

面積即ち抵抗を加減してクッションの強さを調節できる。ピストンが戻る場合には、油は図7-5 (c) のようにチェック弁も通り流れる。

クッション機構を持つ油圧シリンダの図記号を図7-6に示す。

工作機械のテーブルのような滑り面を有する負荷を低速で駆動する場合、滑り初めのころにテーブルが円滑に運動せず、急に動きだしたりその後停止したりすることを繰り返すことがある。この現象をスティックスリップと呼んでいる。摩擦特性を図7-7に示す。横軸は物の速度 v で、縦軸はものに働く摩擦力 F である。ものに駆動力を徐々に加えると、静摩擦 F_s までは速度零で静止しており、駆動力が静摩擦 F_s を超えると摩擦力は F_d まで減少するので駆動力が大きくなり急に動く。動き出して速度が大きくなると摩擦力が再び大きくなりものは静止する。この動きを繰り返す現象をスティックスリップと呼んでいる。この現象は静摩擦力が動摩擦力より大きいことが原因で起こる。ピストンで負荷を運動させる場合を考えた場合、スティックスリップの原因として、シリンダ本体のパッキンの摩耗や負荷の摺動部の潤滑が原因として挙げられる。

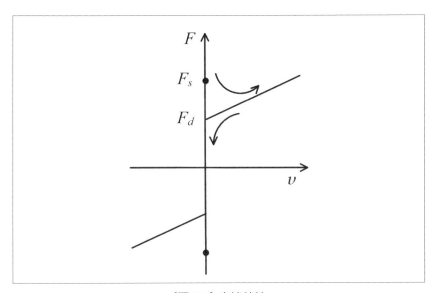

〔図 7-7〕摩擦特性

⟲ 7. 油圧アクチュエータ

7－3　油圧モータ

7－3－1　ギヤモータ

　油圧モータの一つであるギヤモータは、基本的な構造は図 5-16 示すギヤポンプと同様である。しかしながら、モータとして使用されるために次の点がポンプと異なる。

　a) 両方向の回転が要求されるので、油の出入り口について対称な構造である。

　b) 起動時や低速時の性能を上げるために転がり軸受が一般に用いられている。

　c) 起動時にギヤ側面のブレーキ作用を防止する工夫がされている。

　ギヤモータの長所は、構造が簡単で安価、油中のごみに強い、過酷な運転条件にも耐えうる等である。一方短所は、漏れ流量が大きい、トルク変動が大きい、寿命が短い、可変容量にできない等である。

7－3－2　ベーンモータ

　ベーンモータの構造は図 5-13 や 5-14 に示すベーンポンプの構造と類似しているが以下の点が異なっている。

　a) 起動時にベーンがカムリングに密着していなければならないので、そのような構造になっている。

　b) ロータ側面からの漏れをできるだけ抑えるために、ケーシング側に円板を取り付け、その背後に流入圧を作用させて側面の隙間を小さくする工夫がなされている。

　c) 油圧モータとして使用するために、回転方向を逆にできるように設計されている。

7－3－3　ピストンモータ

　ピストンモータの分類を図 7-8 に示す。高速用ピストンモータの構造はピストンポンプとほぼ同様である。低速高トルク用モータはラジアル形とアキシアル形に大別される。

－ 210 －

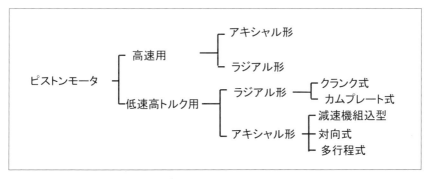

〔図7-8〕ピストンモータの分類

8.
その他の油圧機器

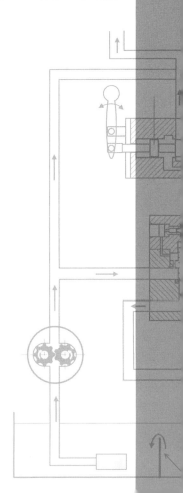

ここでは、アキュムレータ、フィルタ、クーラー、油タンクを取り上げ説明する。

8−1　アキュムレータ

アキュムレータは、油圧回路において圧力エネルギーの蓄積やサージ圧力や圧力脈動を吸収するために用いられる。図9-8のアキュムレータによる一定圧力供給回路においては、圧力エネルギーをアキュムレータに蓄積して、油を放出し圧力を一定に保っている。アキュムレータには、気体式、ばね式およびおもり式などがある。気体式のアキュムレータとしてブラダ形アキュムレータの構造と図記号を図8-1（a）、ダイヤフラム形アキュムレータの構造と図記号を図8-1（b）に示す。ブラダ形アキュムレータは容器内にゴム袋であるブラダがあり、気体と油を分けている。種類が豊富で広範囲の条件で使用できるために、アキュムレータの

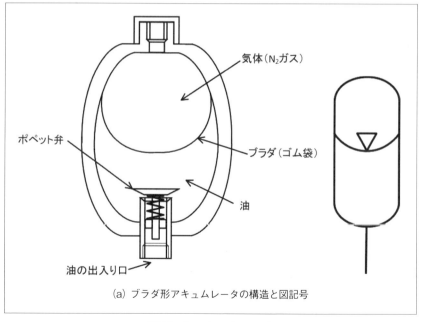

(a) ブラダ形アキュムレータの構造と図記号

〔図8-1〕アキュムレータ

− 215 −

中でブラダ形が最もよく使用されている。ブラダ内の気体は、一般に窒素ガスが用いられる。

　図 8-2 に示すようにブラダ形アキュムレータを例にあげ、エネルギーを蓄積できる原理を簡単に説明する。初期の封入圧力を絶対圧で p_1、その時の気体の容積を V_1 とする。次に、アキュムレータに油が流入しエネルギーを蓄積し、気体の圧力が p_2、体積が V_2 になったとする。ポリトロープ指数を m とするポリトロープ変化とすると次式が成り立つ。等温変化の場合には、ポリトロープ指数 m を 1 にし、断熱変化の場合の m は比熱比になる。窒素ガスの比熱比は 1.4 である。

$$p_1 V_1^m = p_2 V_2^m \quad \cdots\cdots\cdots\cdots\cdots\cdots\cdots\cdots\cdots\cdots\cdots\cdots\cdots\cdots \quad (8\text{-}1)$$

さらに、蓄積されたエネルギーを負荷の駆動のために使用し油がアキュ

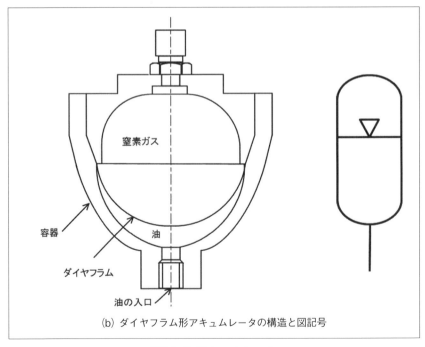

(b) ダイヤフラム形アキュムレータの構造と図記号

〔図 8-1〕アキュムレータ

ムレータから流出し、圧力が p_3、気体の体積が V_3 になったとする。この変化は、ポリトロープ指数を n とするポリトロープ変化とすると次式が成り立つ。等温変化の場合には、ポリトロープ指数 n を 1 にし、断熱変化の場合の n は比熱比になる。

$$p_2 V_2^n = p_3 V_3^n \quad \cdots\cdots\cdots\cdots\cdots\cdots\cdots\cdots\cdots\cdots\cdots\cdots\cdots \quad (8\text{-}2)$$

一般に、

$$p_1 = 0.8 p_3 \quad \cdots\cdots\cdots\cdots\cdots\cdots\cdots\cdots\cdots\cdots\cdots\cdots\cdots\cdots\cdots \quad (8\text{-}3)$$

となる。

アキュムレータから負荷を駆動するために使用された油の体積 ΔV は、次のようになる。

$$\Delta V = V_3 - V_2 = \left(\frac{p_2 V_2^n}{p_3}\right)^{\frac{1}{n}} - V_2 = V_2\left\{\left(\frac{p_2}{p_3}\right)^{\frac{1}{n}} - 1\right\} = V_1\left(\frac{p_1}{p_2}\right)^{\frac{1}{m}}\left\{\left(\frac{p_2}{p_3}\right)^{\frac{1}{n}} - 1\right\}$$
$$\cdots (8\text{-}4)$$

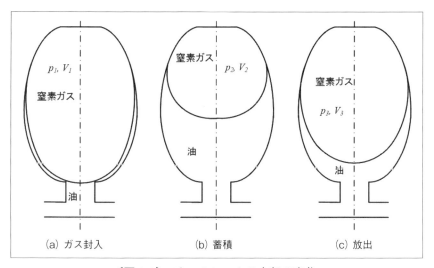

〔図 8-2〕アキュムレータの内部の変化

ひ 8. その他の油圧機器

計算例 19：アキュムレータの容量の計算
設問 19：

　負荷を駆動するために 1.5L の油を供給したい。アキュムレータの容量をどの程度にしたらよいか求めよ。ただし、最初の窒素ガスの封入圧力は 12MPa で、油を蓄積する間の窒素ガスは等温変化し、その後、油が吐出する間は断熱変化をして、アキュムレータの圧力は、20MPa から 15MPa まで減少するとする。

解答 19：

　式 (8-4) において、$p_1 = 12$MPs、$p_2 = 20$MPa、$p_3 = 15$MPa、$m = 1$、$n = 1.4$ および $\Delta V = 1.5$L $= 0.0015$m^3 を与えて、V_1 を求める。従って、式 (8-4) から次式のように V_1 が得られる。

$$V_1 = \Delta V \left(\frac{p_1}{p_2}\right)^{-\frac{1}{m}} \left\{\left(\frac{p_2}{p_3}\right)^{\frac{1}{n}} - 1\right\}^{-1} = 0.0015 \left(\frac{12}{20}\right)^{-1} \left\{\left(\frac{20}{15}\right)^{\frac{1}{1.4}} - 1\right\}^{-1}$$

$$= 0.01096 \text{m}^3 \cong 11.0 \text{L}$$

以上のようにして、アキュムレータの容量を決めることができる。

8－2　フィルタ

　油圧回路においては、ごみなどの固体粒子が混入したり、機器の摩耗などにより固体粒子が発生し、これらの固体粒子により機器の摺動部の円滑な運動に支障をきたすことにより油圧回路や機器の故障につながる場合が良く見受けられる。従って、これらの固体粒子を取り除くためにフィルタを設置する。油圧フィルタはその設置場所により、タンク用フィルタと管路用フィルタに大きく分けられる。タンク用フィルタは、ポンプの吸込み管路で使用され、管路用フィルタは油圧管路の高圧ラインや低圧ラインなどで使用される。

　タンク用フィルタの例を図8-3 (a) に示す。このフィルタはタンク内の油の中に設置されていて、油はろ材から中へ吸い込まれフィルタの出口からポンプの入り口へ流れる。管路用フィルタの例を図8-3 (b) に示

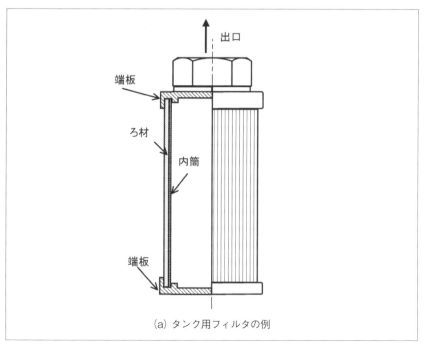

(a) タンク用フィルタの例

〔図8-3〕フィルタの例

8. その他の油圧機器

す。このフィルタは入口と出口を間違いの無いように取り付けることが必要である。フィルタの図記号を図 8-3 (c) に示す。フィルタの性能は、フィルタエレメントの強さ、圧力降下、耐圧性およびろ過粒度などで評価される。ろ過粒度とは、油がフィルタを通過する際に、フィルタエレメントにより除去される粒子の大きさを示す。表示粒度の粒子の 90 数パーセント以上が除去される粒度を公称ろ過粒度としているが、フィルタを通過する粒子の最大径である絶対ろ過粒度との間には差がある。ろ過粒度の小さい複合エポキシ含浸紙の場合、公称ろ過粒度 0.45μm 程度に対して、絶対ろ過粒度は 3μm 程度である。

次に、油圧回路においてのフィルタの取り付け位置について述べる。ポンプの吸込み側の油タンク内に取り付けたフィルタ（サクションスト

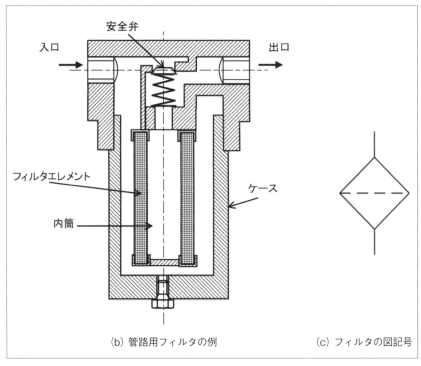

(b) 管路用フィルタの例　　　(c) フィルタの図記号

〔図 8-3〕フィルタの例

レーナ)を図8-4に示す。図8-3(a)に示すタンク用フィルタが取り付けられており、油圧ポンプへの問題になる固体粒子の流入を防ぎ油圧ポンプを保護する目的でこのようなフィルタが一般にポンプの吸込み側の油タンク内の油面の下に取り付けられる。このフィルタはポンプが油を吸い込む際の抵抗になるために、ろ過粒度は約100μm程度であり、これ以上細かくしないで一般に使用する。

　方向制御弁などの制御弁を汚染物質から保護するために図8-5に示すように方向制御弁の上流側にフィルタ（インラインフィルタ）が設置される。方向制御弁やアクチュエータの上流側の油を清浄化し、制御弁やアクチュエータを保護する。ろ過粒度は約10μm程度であるが、サーボ弁の場合には約3μm程度のものを設置する。目づまりなどによるフィルタエレメントの破損を防ぐためにバイパス弁であるばね付チェック弁を設置している。フィルタが目詰まりした時に、フィルタでの流路抵

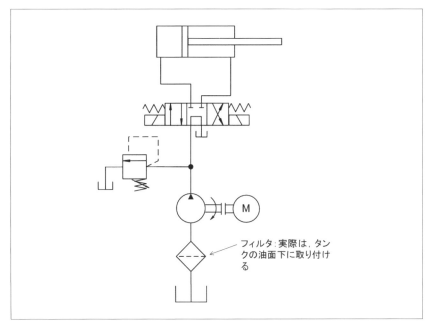

〔図8-4〕ポンプ吸い込み口のフィルタ

8. その他の油圧機器

抗が大きくなってフィルタの破損を防ぐ目的に、バイパスの弁として使用されている。クラッキング圧力は、0.4 から 0.5MPa 程度である。

　油圧シリンダからの汚染物質を除去するためにフィルタを取り付けた油圧回路を図 8-6 に示す。ピストンが右に移動する場合のみにシリンダから流出する油がフィルタを通る。ピストンが左方向へ移動する場合には油はフィルタを通らない。即ち、フィルタを流れる油の方向は図に示すように一方向になるように取り付ける。

　タンクへの戻り管路に設置したフィルタ（リターンラインフィルタ）を図 8-7 に示す。

　アクチュエータや制御弁等からの戻りの回路上に設置し、それらの機

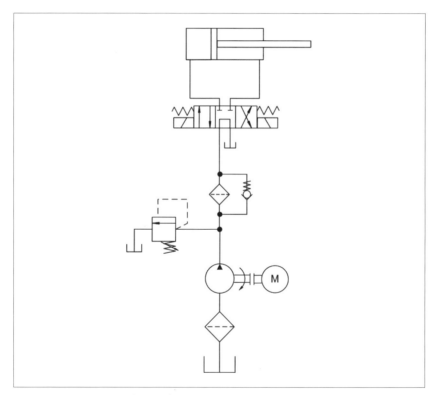

〔図 8-5〕方向制御弁の上流に設置

器の動作後の油を清浄化し、回路内で発生したゴミ等がタンクへ入ることを防ぐ。ろ過粒度は約 10μm から 20μm 程度である。

　主油圧回路とは別にフィルタを取り付けた回路を設けられた例（オフラインフィルタ）を図 8-8 に示す。主回路が作動していないときでも汚染物質の除去が可能である。

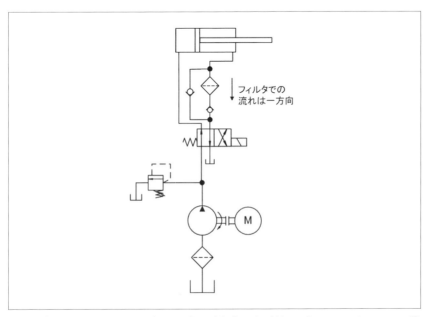

〔図 8-6〕油圧シリンダの流出口に設置（出典、（一社）日本フルードパワー工業会編、実用油圧ポケットブック（2012）、p.281、図 5-31）

8. その他の油圧機器

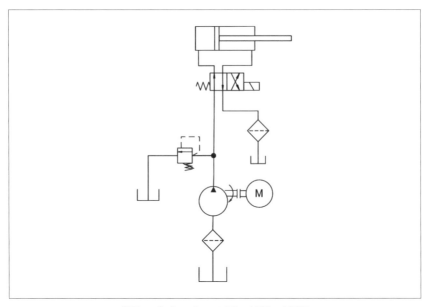

〔図 8-7〕タンクへの戻り管路に設置

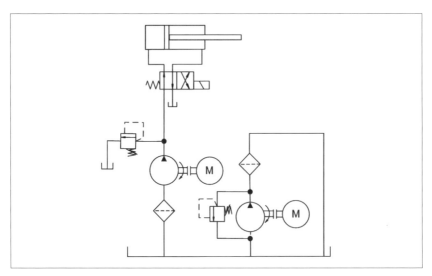

〔図 8-8〕フィルタ専用の回路の設置（出典、（一社）日本フルードパワー工業会編、実用油圧ポケットブック（2012）、p.282、図 5-34）

8-3 クーラー

　油の温度を管理することは、設計時で予定された油圧回路の機能を遂行する上で極めて重要である。油圧回路での損失エネルギーの大部分は熱エネルギーとなって油を加熱し油温を上昇させる。油温が上昇すると油の粘度は低下して、潤滑に支障をきたし油漏れも増える。さらに、キャビテーション気泡も発生しやすくなる。逆に、油温が減少すると、油の粘度が増大し、装置の起動が困難になったり、圧力損失が増大する。

　冷却効果が良いことから使用用途が多い油冷却器（クーラー）の例を図8-9に示す。管内に冷却水を流し、流入してくる油を冷却する。クーラーも含めた熱交換器の図記号を図8-10に示す。

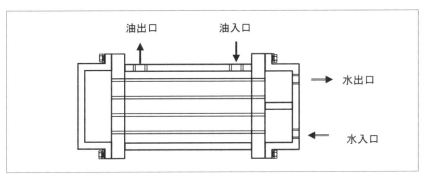

〔図8-9〕多管式油冷却器の例

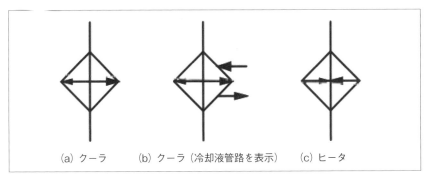

〔図8-10〕熱交換器の図記号

8. その他の油圧機器

8－4　油タンク

　油タンクの役割は、油を蓄えること、摩耗紛などの異物の油からの分離すること、そして油温を管理することである。一般に使用されている大気開放形油タンクを図8-11に示す。油タンクは一般に銅板を溶接して作られ、タンク内の油の量は、ポンプの1分間の平均吐出し量の3～5倍以上としていたが最近では油の量を少なくする傾向にある。油タンクの設計の要点を以下に示す。

1. 図中にある仕切板（バッフルプレート）を設置し、戻り管からの油がポンプの吸入管まで流れる距離をできるだけ長くし、油中の気泡を空気中に放出する。
2. タンク上部に通気口を設けタンク内を大気圧に保ち、タンク内部に塵埃など入らないようにフィルタを装着し注意する。
3. 油量の確認ができるように油面計を設置する。
4. タンク内部の清掃が容易なように排油口の設置する。

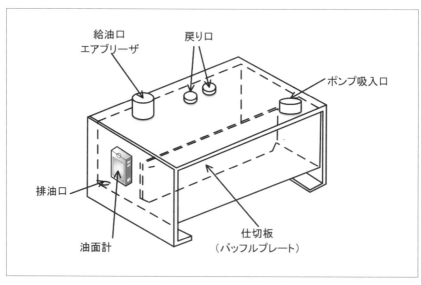

〔図8-11〕大気開放形油タンク

－ 226 －

9.

油圧回路

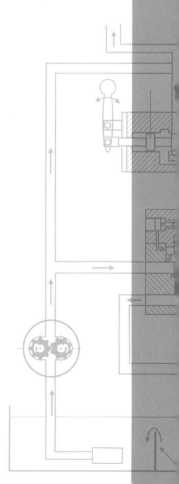

9-1 基本回路

ここでは、基本回路として、圧力制御回路および速度制御回路を取り上げて述べ、その他の回路について説明する。

9-1-1 圧力制御回路

①パイロット作動形リリーフ弁による回路

典型的な圧力制御回路を図9-1に示す。図9-2に示すリリーフ弁によりアクチュエータへの供給圧力を制御する。図4-2のパイロット作動形リリーフ弁もあわせて参照されたい。手動式、機械式や電気式などの方法でばねのたわみを変化させて供給圧力を調節できる。リリーフ弁には、ポンプ出口の回路圧を設定する機能とポンプから出た油が、アクチュエータへの管路も閉じており行き場を失った場合、圧力の上昇やそれに伴う機器の損傷を防ぐために油がリリーフ弁からタンクへ戻る安全機能がある。従って、回路設計を行う場合にはポンプの出口にリリーフ弁を取り付ける。リリーフ弁のリリーフ (relief) とは、安心、救援などの意味である。

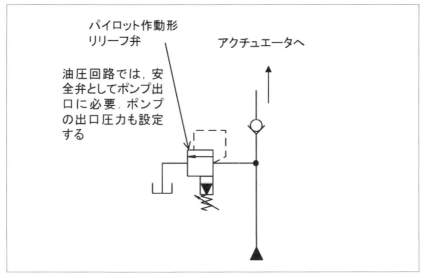

〔図9-1〕圧力制御回路

◯ 9. 油圧回路

　各々の図記号の意味を図9-2に示す。図4-2のベント接続口を外部パイロットとして使用できるが、使用しないときはプラグで閉じる。この場合、外部パイロットは使用していないから、図9-3と書いても同じことである。
　図9-1において、図4-21に示しているチェック弁が使用されているが、ピストン側で発生するサージ圧力やアクチュエータが外部から受ける想定外の力によって生じる圧力が、ポンプ吐出し圧力より高くなった場合、油が逆流してポンプを逆回転する力がかかり、ポンプを破損することが予想される。このチェック弁は、これを防ぐための逆流防止のために設置され、ポンプを保護している。以上のようにアクチュエータへ供給される油の圧力をリリーフ弁により一定に制御する回路である。

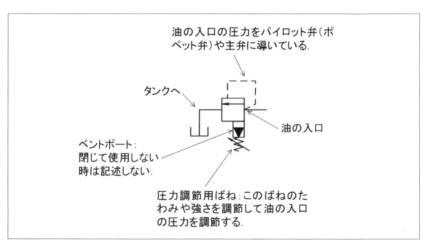

〔図9-2〕パイロット作動形リリーフ弁（ベント接続口付、外部パイロット可能）

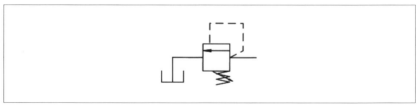

〔図9-3〕パイロット作動形リリーフ弁（ベント接続口なし、外部パイロットなし）

②パイロットリリーフ弁を用いた遠隔制御

　図9-1に示す圧力制御回路において、油圧装置によっては短い間隔でリリーフ弁の設定圧力を変えたい場合が生じる。さらに、遠隔操作が行えると便利である。

　このような場合に便利な油圧回路について説明する。リリーフ弁のパイロット圧をパイロットリリーフ弁で調節し、リモートコントロールを可能にした回路を図9-4に示す。リモートコントロール行う部分である、パイロット作動形リリーフ弁のベント接続口にパイロットリリーフ弁として直動形リリーフ弁に接続した例の図記号を図9-5、構造を図9-6にそれぞれ示す。図4-2のパイロット作動形リリーフ弁のベント接続口での圧力がパイロットリリーフ弁に接続され、ベント接続口でのパイロッ

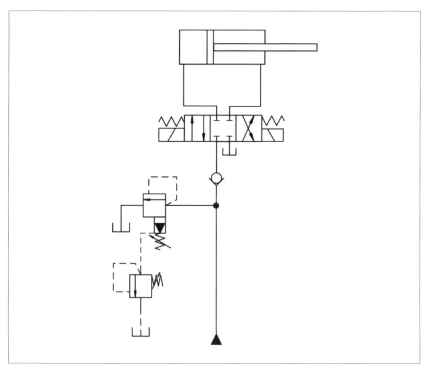

〔図9-4〕パイロットリリーフ弁を使用した回路

ト圧力をパイロットリリーフ弁で制御出来る。
　具体的には、パイロット作動形リリーフ弁の設定圧力を5MPaとすると、パイロット作動形リリーフ弁のパイロット弁と主弁は、5MPaまで

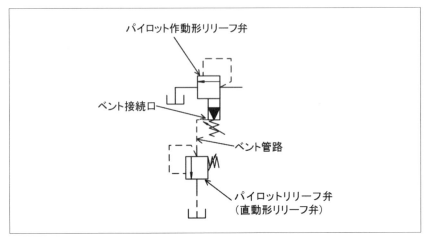

〔図9-5〕パイロットリリーフ弁を用いた遠隔制御の図記号

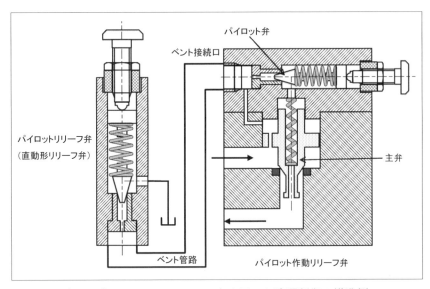

〔図9-6〕パイロットリリーフ弁を用いた遠隔制御の構造例

はほぼ開かないために、パイロットリリーフ弁の設定圧力を 3MPa にしておくと、3MPa でパイロットリリーフ弁が開き、パイロット作動形リリーフ弁のパイロット弁が開いた時と同様な油の流れによって主弁が開き、主弁の絞りから油がタンクへ流れる。もし、パイロット作動形リリーフ弁の設定圧力より、パイロットリリーフ弁の設定圧力を高くした場合には、パイロットリリーフ弁よりもパイロット作動形リリーフ弁のパイロット弁の方が先に開くため、パイロットリリーフ弁で遠隔操作をする意味はない。

　以上のように、パイロットリリーフ弁によって、パイロット作動形リリーフ弁のベント口から圧力をパイロット弁にかけ、パイロット作動形リリーフ弁のパイロット圧（ベント接続口の圧力）を調節して、パイロットリリーフ弁によってシリンダへの供給圧力を制御する。

　表 4-2 に示す電磁力による切換操作力がないと元の位置に戻るスプリングリターンの 4 ポート 3 位置方向制御弁が図 9-4 において使用されており、図 4-18 を参照されたい。

③アンロード圧力制御回路

　省エネルギーや発熱防止の目的で用いられるアンロード圧力制御回路の一例を図 9-7 に示す。方向制御弁がオフの図の状態では、図 4-2 のパ

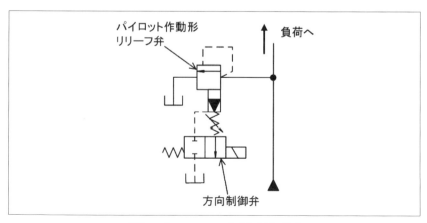

〔図 9-7〕アンロード圧力制御回路

イロット作動形リリーフ弁のベント接続口は閉じており、ポンプ出口圧力はパイロット作動形リリーフ弁の設定圧力である。方向制御弁をソレノイドでONに切換え、油がベント口からタンクへ流れ出すと、ポンプからの油は主弁の絞り、パイロット流路を通りベント接続口から方向制御弁そしてタンクへ流れる。即ち、ポンプからの供給圧力を方向制御弁で制御して、ONの場合には圧力はほぼ零で無負荷状態（アンロード状態）になり、省エネルギー化に貢献できる。

④アキュムレータによる一定圧力供給回路

アキュムレータを用いたほぼ一定に圧力を保つ回路の一例を図9-8に

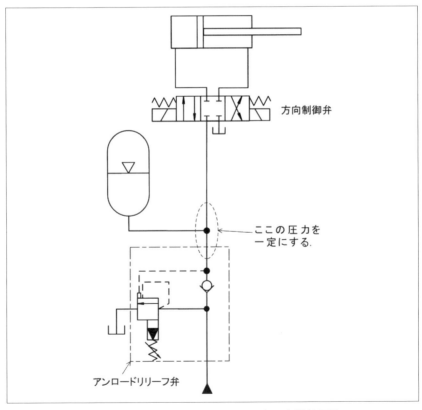

〔図9-8〕アキュムレータによる一定圧力供給回路

示す。この図中のアキュムレータは図8-1 (b) に示す気体式のアキュムレータの一つでダイヤフラム形アキュムレータである。油圧回路におけるアキュムレータは、一般に圧油の蓄積、放出によりポンプの補助的な油の供給源として利用され、またポンプの脈動吸収、管路内で発生するサージ圧力の吸収にも使用される。ここでは、圧油の蓄積と放出を行い、圧力を一定に保つ。

　図中のアンロードリリーフ弁の図記号を図9-9に、作動原理図を図9-10に示す。チェック弁の下流Aの圧力が上昇するとパイロット弁そして主弁が開き、即ちアンロードリリーフ弁が開きポンプからの油がアンロードリリーフ弁からタンクへ流れる。すなわち、無負荷状態になり省エネルギーになる。

　図9-8において、先ず方向制御弁は中立位置で閉じている。ポンプを運転するとチェック弁を通って油が流れアキュムレータに蓄えられる。方向制御弁の上流の圧力がある値に達するとアンロードリリーフ弁が開き、ポンプからの油はアンロードリリーフ弁からタンクへ流れアキュムレータへは行かず無負荷状態になる。この状態で、方向制御弁を切り替えて油圧シリンダにアキュムレータから油を送りピストンを移動させる。ピストンの移動でアキュムレータに蓄積された油が減少すると一定

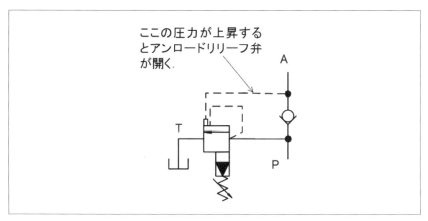

〔図9-9〕アンロードリリーフ弁の図記号

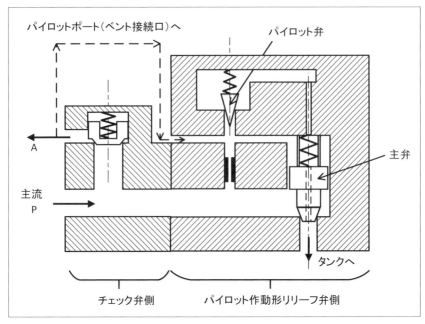

〔図9-10〕アンロードリリーフ弁の作動原理図

にされた圧力が減少しある値を超えて減少するとアンロードリリーフ弁が閉じて油がポンプからチェック弁を通ってアキュムレータに蓄えられる。以上のように一定圧力に保つように制御することができる。

9－1－2　速度制御回路

アクチュエータの一つであるピストンの速度制御を行うためには一般に流量制御弁を使用した速度制御回路が使用される。ここでは、その代表的の3つの回路について説明する。

先ず、流量制御弁として一般に使用されている一方向絞り弁の図記号を図9-11 (a) に、内部構造の一例を図 (b) にそれぞれ示す。ポートAから油が流れる場合には、チェック弁は閉じており、油はチェック弁を通らずに可変絞りを通りポートBへ流れる。絞りの流路面積を変えることにより流量を調節する。逆にポートBから流れる場合にはチェック弁を開き、油は自由にポートAへ流れる。

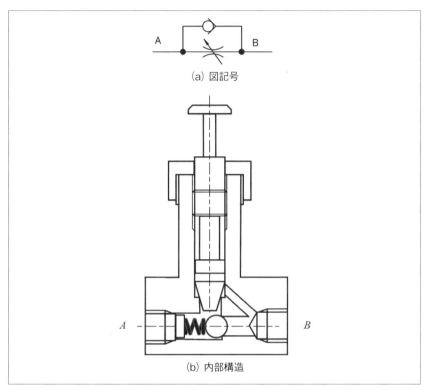

〔図9-11〕一方向絞り弁

　図4-15に示された可変絞り弁の一つであるニードル弁と図4-21に示されたチェック弁を用いて同様の機能を持たせることができる。
①メータイン回路
　メータイン回路を図9-12に示す。メータイン回路において、シリンダの流入側に流量制御弁が設けられており、シリンダへの流入流量は流量制御弁により調節されピストン速度が制御される。ポンプからの過剰な油はリリーフ弁からタンクへ戻り、ポンプの出口圧力はリリーフ弁の設定圧力に保持される。図9-12 (a) において、シリンダのキャップ側に流量制御弁とチェック弁を設けピストンの右方向へのみの速度を制御しており、左方向へ移動する場合には油はチェック弁を通り自由に流れタ

9. 油圧回路

ンクへ戻る。図9-12 (b) はピストンの左右の両方の移動を制御するための回路である。

　図9-12に示すメータイン回路は一般に制御精度が良いと言われているが、次に述べるような注意が必要である。注意を要する使用例を図9-13に示す。図9-13 (a) の場合、負荷Wをキャップ側の圧力による力で持ち上げる場合であるが、流入側の流量制御弁で流量を調節してピストン速度を制御する。負荷は、ピストンの運動方向とは逆向きに働く、いわゆる正の負荷と呼ばれている。シリンダの出口側はタンクにつながれているから、出口側圧力はほぼ大気圧である。このような場合には、問題なくメータイン回路による速度制御が可能である。しかしながら図9-13 (b) のように、流量制御弁からの油をシリンダのロッド側から流入させ負荷が下降する場合には、シリンダが規定以上の速度で自由落下する恐れがあるために使用できない。従って、一般に、シリンダや油圧モータの負荷が一定で、ロッドを押す正の負荷の場合に適用され、工作機

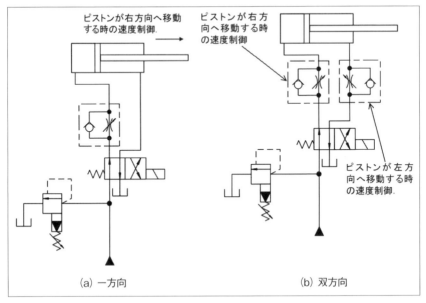

〔図9-12〕メータイン回路

械では研削盤のテーブル送りやフライス盤用油圧モータなどに使用される。図 9-52 の NC 旋盤の回路例を参照されたい。
　図 9-13 (a) において圧力の大きさについて述べると、例えば、リリーフ弁の設定圧力を 14MPa とし、シリンダの負荷圧力を 5MPa とすると、図のようになる。
② メータアウト回路
　メータアウト回路を図 9-14 に示す。メータアウト回路において、シ

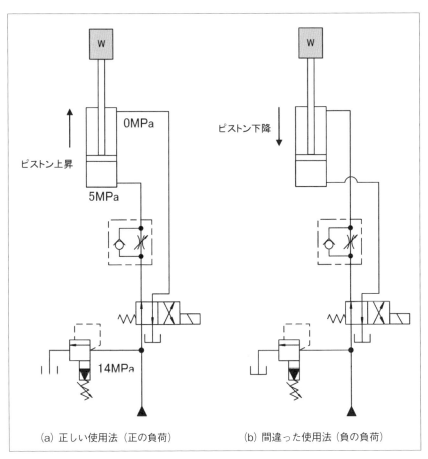

〔図 9-13〕メータイン回路の使用法

9. 油圧回路

リンダの流出側に流量制御弁が設置されていて、シリンダからの流出流量が流量制御弁により調節されピストン速度が制御される。速度制御に必要な油だけシリンダに供給させ、残りはリリーフ弁を介してタンクで戻るため、ポンプの吐出圧力はリリーフ弁の設定圧力に保たれる。図9-14 (a) において、シリンダの出口側であるロッド側に流量制御弁とチェック弁を設けピストンの右方向の移動のみの制御をしており、左方向移動の場合には油はチェック弁を通り自由に流れる。図9-14 (b) はピストンの左右の両方の移動を制御するための回路である。

メータアウト回路の使用例を図9-15 (a)、(b) に示す。このようにピストンが上昇あるいは下降する両方の場合で、流量制御弁をシリンダの流出側に設けるメータアウト回路が使用できる。さらに、微速な速度制御にも適しているが、メータイン回路と同様に余った油はリリーフ弁からタンクへ戻しているために、ポンプから吐出された全部の油はリリー

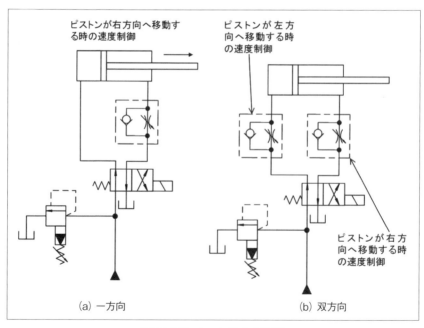

〔図9-14〕メータアウト回路

フ弁の設定圧力まで上昇するので、回路効率はメータイン回路と同様に良くない。

シリンダの流出側に流量制御弁があり絞っているから、シリンダに背圧（シリンダの出口側の圧力）がかかり、負荷変動の激しいところやシリンダが縦形で規定以上の速度で自由落下する恐れのあるところに適しており、ボール盤などの負荷変動の激しい工作機械の送り、プレス機械によく用いられる。図9-31の油圧シリンダに対するブレーキ回路にも使用されているので参照されたい。

図9-15 (a) での圧力について考えてみる。リリーフ弁の設定圧力を

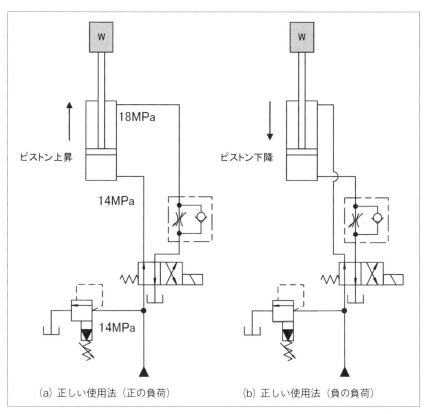

〔図9-15〕メータアウト回路の使用法

14MPaとし、負荷圧力が5MPaで、ピストンの受圧面積の比が2の場合、図のような圧力になる。

③ブリードオフ回路

　ブリードオフ回路を図9-16に示す。ブリードオフ回路においては、流量制御弁がシリンダと方向制御弁との間にあり、ポンプから供給されシリンダへ行く途中のタンクへ戻る油の流量を流量制御弁で調整して、シリンダへの流入流量を制御しピストン速度を調節する。従って、ポンプからの吐出し圧力は負荷に対応する圧力でリリーフ弁の設定圧力より低く、リリーフ弁からタンクへは通常流れない。また、小容量の流量制御弁でよいということも長所である。従って、この回路は効率が良い。しかしながら、ポンプからの吐出圧力や容積効率の変化にピストンの速度が影響を受けやすい点が短所である。従って、負荷変動の比較的少ない大まかな速度制御に使用できる回路である。

　ブリードオフ回路の使用例を図9-17に示す。メータイン回路と同様に図9-17 (b)のような負の負荷には使用できない。この回路は負荷変動の少ない研削盤やホーニングマシンなどの送りに使用される。

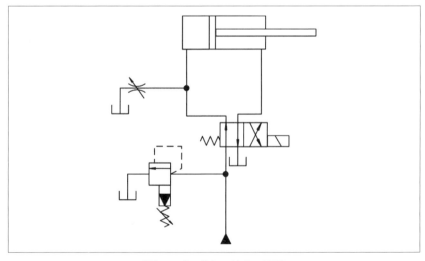

〔図9-16〕ブリードオフ回路

図 9-17 (a) での圧力について、負荷圧力が 5MPa の場合、ポンプから吐出し圧力も負荷と同じ 5MPa になるので、省エネルギー回路である。
④差動回路
　差動回路の特徴は、ポンプの吐出し流量を増加させずに片ロッド複動シリンダを利用してシリンダの増速を行う点である。この回路は、工作機械の早送りや早戻しを行うシリンダ回路に用いられる。9-2 応用事例での①油圧ショベルでも使用されている。
　差動回路の原理を説明するための回路を図 9-18 (a)、(b) に示す。さ

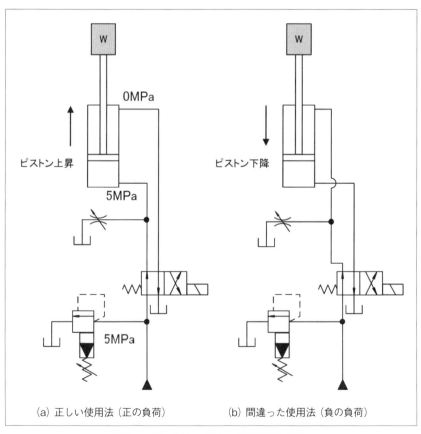

(a) 正しい使用法（正の負荷）　　(b) 間違った使用法（負の負荷）

〔図 9-17〕ブリードオフ回路の使用法

らに、回路の一例を図 9-18 (c) に示す。
　先ず、片ロッドシリンダのピストンが右方向へ移動する場合を図 9-18

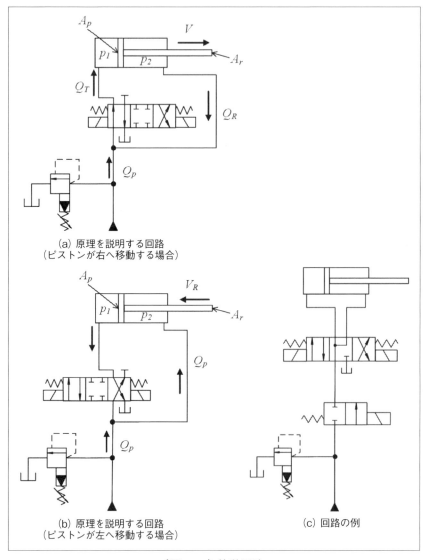

(a) 原理を説明する回路
（ピストンが右へ移動する場合）

(b) 原理を説明する回路
（ピストンが左へ移動する場合）

(c) 回路の例

〔図 9-18〕差動回路

(a) を用いて説明する。ピストンの左の受圧面積（油から圧力を受ける面積）は A_p、右の受圧面積は A_p-A_r となる。ここで、A_r はピストンロッドの面積である。従って、キャップ側の方がロッド側に比べて受圧面積は大きい。差動回路とは、シリンダ出口から流出した油をタンクに戻さず、シリンダの流入側に戻し、シリンダの速度を増加させる回路である。即ち、図に示すようにピストンの前進時（右方向へ移動時）には、ロッド側の油をキャップ側へ戻しポンプからの油と合流させキャップ側へ油は流入する。以下では、リリーフ弁からタンクへの流量が 0 で、ポンプから流出した流量 Q_P が一定の場合を考える。方向制御弁が図の状態になった瞬間、供給圧力とほぼ同じ圧力がピストンの両側にかかるが、シリンダの左室の受圧面積が大きいので、ピストンを右方向に押す力が大きくピストンは右方向に移動する。すると、シリンダのロッド側から流出した流量 Q_R の油は、シリンダのキャップ側へ流量 Q_T より少ないので、ポンプから流出した流量 Q_P の油と合流し、シリンダのキャップ側へ流量 Q_T で流入する。

すなわち、

$$Q_T = Q_R + Q_P \quad\cdots\cdots\cdots\cdots\cdots\cdots\cdots\cdots\cdots\cdots\cdots\cdots \text{(9-1)}$$

となる。

ピストン速度 V は、

$$V = Q_T / A_p \quad\cdots\cdots\cdots\cdots\cdots\cdots\cdots\cdots\cdots\cdots\cdots\cdots\cdots \text{(9-2)}$$

となる。

一方、ピストン速度 V は、ロッド側の流出流量より

$$V - Q_R / (A_p - A_r) \quad\cdots\cdots\cdots\cdots\cdots\cdots\cdots\cdots\cdots\cdots \text{(9-3)}$$

とも表せる。

式 (9-1) から (9-3) から次式が得られる。

$$Q_P = A_p V - V (A_p - A_r) \quad\cdots\cdots\cdots\cdots\cdots\cdots\cdots\cdots\cdots \text{(9-4)}$$

℧ 9. 油圧回路

よって、

$$V = Q_P/A_r \quad \cdots\cdots\cdots\cdots\cdots\cdots\cdots\cdots\cdots\cdots\cdots\cdots\cdots \quad (9\text{-}5)$$

となり、ピストンの速度はポンプからの供給流量をロッドの面積で割った値になる。

　差動回路にしない場合、シリンダのロッド側からの油はタンクへ戻るので、$Q_T = Q_P$ となりピストン速度 V_n は次のようになる。

$$V_n = Q_P/A_p \quad \cdots\cdots\cdots\cdots\cdots\cdots\cdots\cdots\cdots\cdots\cdots\cdots \quad (9\text{-}6)$$

従って、A_p の方が A_r より大きいので、差動回路の方のピストン速度が大きいことが分かる。

　次にピストンの推力 F を考えると、

$$F = p_1 A_p - p_2 (A_p - A_r) \quad \cdots\cdots\cdots\cdots\cdots\cdots\cdots\cdots \quad (9\text{-}7)$$

となり、シリンダのキャップ側とロッド側はつながっているので、ほぼ $p_1 = p_2$ となり、

$$F = p_1 A_r = p_2 A_r \quad \cdots\cdots\cdots\cdots\cdots\cdots\cdots\cdots\cdots\cdots \quad (9\text{-}8)$$

となる。シリンダの推力は、キャップ側の圧力にロッド面積を乗じた値になり、比較的小さい負荷の場合に使用される。
動力 P は、次のようになる。

$$P = FV = p_2 Q_p \quad \cdots\cdots\cdots\cdots\cdots\cdots\cdots\cdots\cdots\cdots\cdots \quad (9\text{-}9)$$

　ピストンが左方向へ移動する場合を図 9-18 (b) に示す。ピストン速度 V_R は次のようになる。

$$V_R = Q_P/(A_P - A_r) \quad \cdots\cdots\cdots\cdots\cdots\cdots\cdots\cdots\cdots \quad (9\text{-}10)$$

　式 (9-5) と (9-10) から次式が得られる。

$$V/V_R = Q_P/A_r \times (A_P - A_r)/Q_P = A_P/A_r - 1 \quad \cdots\cdots\cdots \quad (9\text{-}11)$$

－ 246 －

従って、図 9-18 (a)、(b) での作動回路でピストンの左右方向の速度を同じにするには

$$A_p/A_r = 2 \quad\text{……………………………………………} (9\text{-}12)$$

となり、ピストンの断面積をロッドの面積の2倍にすればいいことが分かる。表 7-1 のチューブ内径およびロッド径の基準寸法において、ロッド径の記号がA列のロッドの面積がチューブ（シリンダ）の断面積のほぼ半分で、式 (9-12) を大体満たす。表 7-1 のロッド径の記号がB、C、D列の順にロッドの断面積が小さくなり、D列の場合、A_P/A_r は、8〜10 程度になり、式 (9-11) から V/V_R は7〜9程度になる。従って、作動回路でピストンを右方向へ移動させ出す場合には、ピストンを左方向へ移動させ引く場合の約8倍程度の増速になる。同様に式 (9-5)、(9-6) からピストンを右方向へ押し出す場合に作動回路を使用した速度は、使用しない時の8倍程度になりかなり増速されることが分かる。

次にピストンの出力 F を考えると、p_1 はタンクにつながっているのでほぼ0として

$$F = p_2\left(A_p - A_r\right) \quad\text{………………………………} (9\text{-}13)$$

となり、動力 P は、次のようになる。

$$P = FV_R = p_2 Q_p \quad\text{………………………………} (9\text{-}14)$$

従って、式 (9-9) と (9-14) から、作動回路でピストンが右へ移動し出る場合と通常の回路で左へ引く場合とでの動力は同じになる。

以上の説明は、リリーフ弁の設定圧力にポンプの出口圧力が達しておらず、負荷が変動しても Q_p が一定の場合において成り立つ。ポンプの出口圧力がリリーフ弁の設定値に達するとリリーフ弁からタンクへ油が流れるために流量 Q_p がは減少してピストンは減速する。

差動回路の一例を図 9-18 (c) に示す。ポンプ出口の2ポート2位置方向制御弁が ON の場合を考える。4ポート3位置方向制御弁の左右のソレノイドがともに OFF の時に弁は図に示す中立位置になり差動回路を

— 247 —

構成し、ピストンの速度は増加し右方向へ移動する。左のソレノイドがONの場合（右のソレノイドはOFF）、ピストンは右方向へ通常移動し、右のソレノイドがONの場合（左のソレノイドはOFF）、ピストンは左方向へ移動する。ポンプの始動時など4ポート3位置方向制御弁が中立位置の状態で急に圧力が差動回路にかかる時には、2ポート2位置方向制御弁をOFFにしてピストンの急な飛び出しを防止する。

⑤減速回路

図4-24に示されたデセラレーション弁を使用した減速回路を図9-19

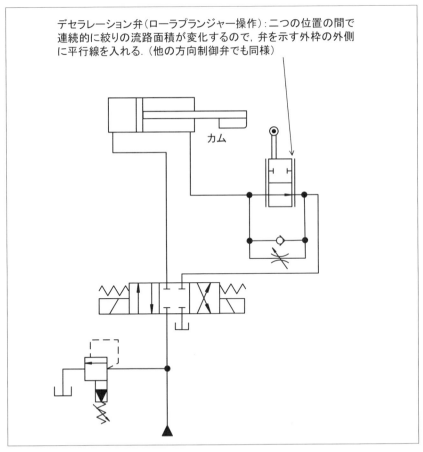

〔図9-19〕減速回路

に示す。図に示すように高速で前進するピストンを減速させるための回路である。図の状態から、左のソレノイドを ON にすると、ピストンは右方向へ移動して、ピストンに付いているカム装置でデセラレーション弁のスプールを動かし、ピストンの速度をスムーズに減速させる回路である。デセラレーション弁に取り付けられた流量制御弁を用いてピストンの速度の微調整を行う。

9−1−3　その他
①アンロード回路

ポンプに負荷をかけない回路を無負荷回路すなわちアンロード回路と呼んでおり、いくつかの方法があるが、ここでは代表的な方法について説明する。

図 4-11 で示したアンロード弁を用いた回路や図 9-7 で示したアンロード圧力制御回路はアンロード回路である。

方向制御弁による簡単なアンロード回路を図 9-20 に示す。図 9-20 (a) の PT 接続（タンデムセンタ）回路では、方向制御弁が中立位置の状態の時は、シリンダと方向制御弁の間のポートは閉じた状態のなり、ポンプからの油は全てタンクへ戻りアンロード運転になる。ピストンはロック状態になる。図 9-20 (b) のオールポートオープン（オープンセンタ）

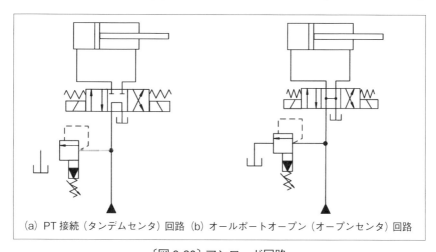

(a) PT 接続（タンデムセンタ）回路　(b) オールポートオープン（オープンセンタ）回路

〔図 9-20〕アンロード回路

回路では、方向制御弁が中立位置の状態の時は、ピストンがフローティング状態すなわち移動可能状態になり、ポンプからの油はタンクへ戻りアンロード運転になる。

いずれにせよアンロード回路とは、ポンプからアクチュエータに油を送らずにタンクへ直接戻す回路のことで省エネルギー化に貢献する。

②シーケンス回路

シーケンス回路とは、シリンダなどの複数のアクチュエータを順番に動作させるような制御回路である。シーケンス弁は、電気を使用せずに制御する弁である。すでに述べた図4-14に示すシーケンス弁の使用例もシーケンス回路の一つである。

2つのシリンダを用いた典型的なシーケンス回路の一例を図9-21に示す。この回路では、図4-13に示すシーケンス弁の種類の中の図 (f) チェック弁付きシーケンスが使用されている。図の方向制御弁の位置では、アンロード状態である。この回路の動作順序について説明する。先ず、右側のシーケンス弁の設定圧力はAシリンダの作動圧力より大きく設定することが必要で、同時に左側のシーケンス弁の設定圧力をシリンダBの作動圧力より大きく設定することが必要である。

方向制御弁の左側のソレノイドをONにすると、供給圧力はシリンダAの右側のロッド側と右側のシーケンス弁にかかるが、右側のシーケンス弁の設定圧力はシリンダAの作動圧力より大きく設定されているため、シーケンス弁は開かず、油はシリンダAのロッド側から流入、反対側の油は左のシーケンス弁のチェック弁を通り方向制御弁からタンクへ戻る。図中の①のようにピストンが左方向へ移動し、左端に行き着くと圧力が上昇し、右側のシーケンス弁の設定圧力より上昇しシーケンス弁が開き、油がシリンダBのロッド側からシリンダへ流入し、②のようにピストンが左方向に移動し左端に行き着く。シリンダBの左側室の油は方向制御弁からタンクへ戻る。これまでの動作で、シリンダAそしてBの順番にピストンが左方向へ移動する。

次に、方向制御弁の左のソレノイドをOFFにして右のソレノイドをONにして方向制御弁の図記号の右の状態にする。供給圧力は、左のシ

－ 250 －

ーケンス弁とシリンダBの左室のキャップ側にかかるが、左側のシーケンス弁の設定圧力はシリンダBの作動圧力より大きく設定されているため、シーケンス弁は開かず、油はシリンダBの左側から流入する。その結果、ピストンは右へ移動し油は、右側のシーケンス弁のチェック弁を通り方向制御弁からタンクへ戻る。ピストンが右端に来ると、方向制御弁の下流の圧力が上昇し左側のシーケンス弁の設定圧力より上昇しシーケンス弁が開き、油がシリンダAの左側からシリンダへ流入しピストンが右方向へ移動する。シリンダの右室の油は方向制御弁を通りタンクへ戻る。即ち、③のようにピストンが右方向へ移動し、右端に行き

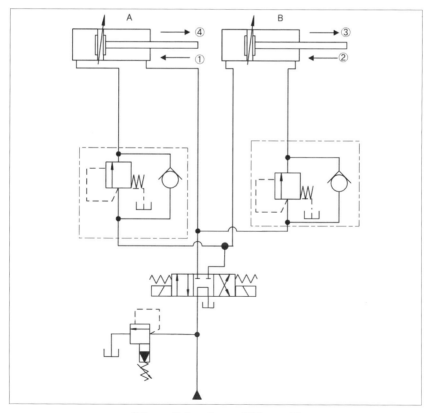

〔図9-21〕シーケンス回路の一例

- 251 -

9. 油圧回路

着くと圧力が上昇し、左側のシーケンス弁の設定圧力より上昇しシーケンス弁が開き、油がシリンダAのキャップ側からシリンダへ流入し、④のようにピストンが右方向に移動し右端に行き着く。

以上で一つの工程が終了する。アクチュエータが油圧モータの場合もアクチュエータの運動が違うだけで、このシーケンス回路の動作原理を適用することができる。

③増圧回路

増圧回路の一つを図9-22に示す。図中の①と⑦は図4-13（f）に示す

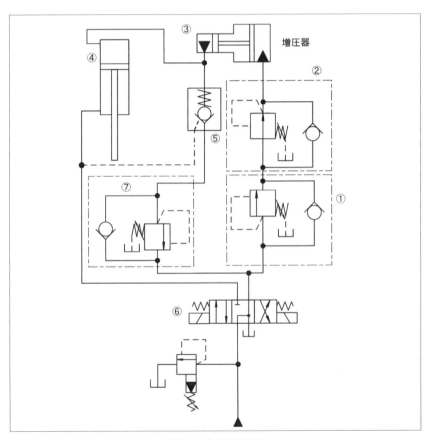

〔図9-22〕増圧回路

チェック弁付きシーケンス弁、②は図4-7に示すパイロット作動形減圧弁にチェック弁をつけた弁、③は増圧器、④はシリンダ、⑤は図4-22に示すパイロット操作チェック弁、⑥は4ポート3位置方向制御弁である。

　先ず、シーケンス弁①の設定圧力をパイロット操作チェック弁⑤のクラッキング圧力より大きく設定し、増圧器③のピストンはシリンダの右端にあるとする。方向制御弁⑥が図の状態では、ポンプからの油は方向制御弁⑥からタンクへ戻っておりアンロード状態である。右側のソレノイドをONにして、ポンプからシーケンス弁①とシーケンス弁⑦そしてパイロット操作チェック弁⑤に油が流れるようになると、シーケンス弁①の設定圧力の方がパイロット操作チェック弁のクラッキング圧力より大きいので、油はパイロット操作チェック弁⑤を通りシリンダ④の上部へ流れ込む。するとピストンは下降して終端で止まる。その後、回路圧が上昇し、シーケンス弁①の設定圧力より以上になると、シーケンス弁が開き減圧弁②を通り、増圧機③の右室に油が流れ込み、増圧機のピストンが左に移動する。増圧機の右側の大きなピストン面積を左側の小さいピストン面積で割った値の倍率に圧力が増圧されシリンダ④の上室に伝わり、その圧力にシリンダ④のピストン面積を乗じた力を出すことができる。減圧弁②は増圧器③の右室の圧力を調節し増圧の調整のために用いられる。

　スプールが中立位置の状態から左側のソレノイドをONにすると、油はシリンダ④のロッド側に流れピストンの戻り行程になる。ピストンは上昇し、シリンダ④の上室のキャップ側の油は増圧器③へ流入する。その際、シリンダ④の流入側（ロッド側）の圧力がパイロット操作チェック弁⑤のクラッキング圧力より大きくなるとパイロット操作チェック弁⑤が開き、シーケンス弁⑦で増圧器のピストンが右方向へ戻れるまで圧力上昇させピストンが戻りきってから、シーケンス弁⑦は開く。そして、シリンダ④のキャップ側出口からの油はパイロット操作チェック弁⑤、シーケンス弁⑦を通り方向制御弁⑥を流れタンクへ戻る。増圧器のシリンダの右室のキャップ側の油はパイロット作動形減圧弁②のチェック弁、シーケンス弁①のチェック弁、方向制御弁⑥を通りタンクへ戻る。

9. 油圧回路

以上のようにこの回路では増圧器を使用して増圧回路を構成している。
④減圧回路
　減圧回路とは、一つの油圧源において特定のアクチュエータを油圧源の圧力より低い圧力で使用する時に用いられる回路で図4-7に示した減圧弁が用いられる。
　減圧回路の例を図9-23に示す。先ず、減圧弁の設定圧力はリリーフ弁の設定圧力より低くしておきシリンダBの負荷を動かせる圧力に設定し、さらにリリーフ弁の設定圧力はシリンダAの負荷を動かす負荷圧力より大きくしておく。方向制御弁の左側のソレノイドをONにした場合、方向制御弁のスプールは右に動き油は減圧弁とシリンダAの

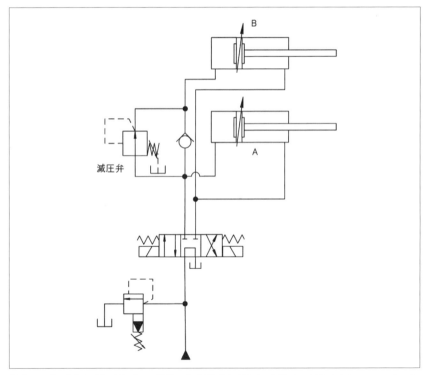

〔図9-23〕減圧回路（出典、（社）日本油空圧学会（現（一社）日本フルードパワーシステム学会）編、新版　油空圧便覧（1989）、p.405）

キャップ側に流れる。減圧弁への油は減圧弁の設定圧力でシリンダ B
のキャップ側に供給されピストンは右方向に動く。シリンダ A のピス
トンは、リリーフ弁の設定圧力以下で動き、シリンダ A の供給回路の
圧力はリリーフ弁の設定圧力以上にはならない。両方のピストンが右端
に行き着くと、シリンダ A のピストンはリリーフ弁の設定圧力で押し
付けられ、シリンダ B のピストンは減圧弁の設定圧力で押し付けられる。
ピストン B の圧力が減圧弁の設定圧力以上に上昇しようとする場合に
は、減圧弁の主弁が閉じて上昇を止め設定値を保つ。従って、ピストン
A はリリーフ弁の設定圧で押し付けられ、ピストン B はそれより低い
減圧弁の設定圧力で押しつけられる。

　方向制御弁の左のソレノイドを OFF にしてスプールを中立位置にし、
さらに右のソレノイドを ON にした場合、方向制御弁のスプールは左側
へ移動し、油はシリンダ A、B のロッド側に流れる。シリンダ B のキャ
ップ側から油はチェック弁を通り方向制御弁からタンクへ戻り、シリン
ダ A のキャップ側からの油も方向制御弁を通りタンクへ戻る。このよ
うにして両ピストンは左方向へ移動する。

　以上のように、この回路では、シリンダ A への圧力はリリーフ弁の
設定圧力で、シリンダ B への圧力はそれより低く減圧弁で設定された
異なる圧力でそれぞれのピストンによって押しつけ力を得たいときに用
いられる。

　一つの油圧源で複数のアクチュエータを油圧源の供給圧力より低い異
なった圧力で作動させる場合にも減圧回路が用いられる。その回路図の
一例を図 9-24 に示す。2 つのシリンダを 10MPa と 5MPa で動かすため
に減圧弁をそれぞれのシリンダの上流に設けている。図 4-7 に示すパイ
ロット作動形減圧弁のベント接続口にパイロット弁を接続しパイロット
弁を操作することにより減圧弁の設定圧力を操作できる。

⑤圧力保持回路

　圧力保持回路とは、アクチュエータの入口あるいは出口の圧力を一定
に保持する回路である。アキュムレータによる圧力保持回路の一例を
図 9-25 に示す。図 9-8 に示す非対象シリンダを移動させる目的であるア

9. 油圧回路

キュムレータによる一定圧力供給回路も同様の回路であるから参照されたい。図9-25にはポンプ出口に図9-9、10に示すアンロードリリーフ弁が設けてあり、図4-11のアンロード弁を用いた回路例と同様にパイロット圧力を取っている。アキュムレータに一定の圧力が蓄えられている図の状態から方向制御弁を切り替えて、ポンプからチェック弁を通り、方向制御弁を通るようにすると油が油圧モータへ流れ油圧モータが回転する。モータの回転でアキュムレータに蓄積された油が減少すると一定にされた圧力が減少しある圧力を超えて減少するとアンロードリリーフ弁が閉じて油がポンプからチェック弁を通って油圧モータへ流れさらにアキュムレータに蓄えられる。回路圧力が一定の圧力まで上昇するとアンロード弁が開きポンプはアンロード運転になり、回路圧力は保持される。
⑥ カウンタバランス弁の使用法

　重力方向に設置されたシリンダに重い荷重がかかる回路を図9-26に

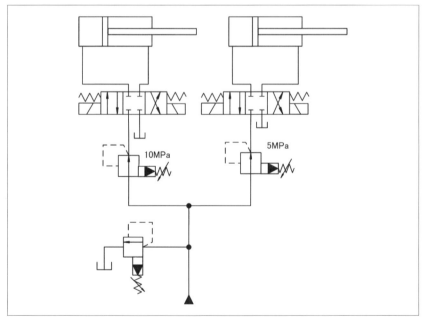

〔図9-24〕複数の減圧回路

― 256 ―

示す。この回路は誤っているのでその理由を説明する。方向制御弁の左側のソレノイドをONに切り替えてポンプからシリンダのキャップ側へ流れるようにした場合、ピストンは下降しロッド側から油が流れ方向制御弁からタンクへ戻る。負荷が重い場合には、負荷の自重によって予想しない速度で落下する場合がある。ポンプの吐出流量ではシリンダへ供給できないほどの速度でピストンが落下するといわゆる暴走状態になり危険である。さらに、キャップ側のシリンダ内圧は負圧になる。このような危険を回避するために、ロッド側のシリンダ内に負荷を支える圧力を発生させる必要がある。この圧力は一般に背圧と言う。その対策の一つに、カウンタバランス弁を用いて背圧を与え、キャップ側からとロッド側からピストンにかかる力をバランスさせ、ピストンと負荷の自重落下を防止する方法がある。

　外部パイロット方式によるカウンタバランス弁を用いた回路を図9-27

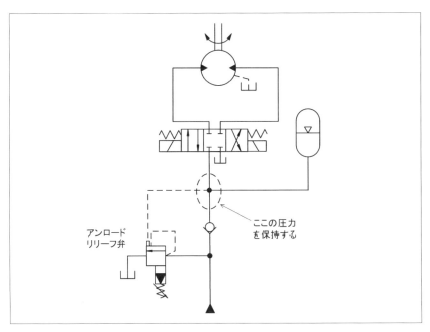

〔図9-25〕アキュムレータによる圧力保持回路

9. 油圧回路

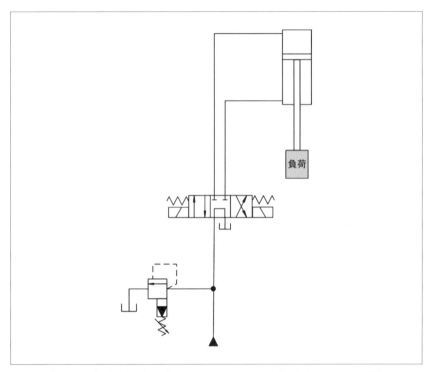

〔図9-26〕重力方向に設置されたシリンダを作動する誤った回路

に示す。図の状態では、油は全て方向制御弁からタンクへ戻るアンロード状態である。方向制御弁の左側のソレノイドをONにしてポンプからシリンダのキャップ側に油が流れるように切り替えるとカウンタバランス弁が閉じているためにピストンはすぐに下降しない。キャップ側の圧力はカウンタバランス弁のパイロット圧口（外部パイロット口）に接続されており、この圧力が設定値以上になるとカウンタバランス弁が開き、油がロッド側から流れるためピストンは下降する。このパイロット圧力の設定値はポンプ圧力と同じにするために一定であるが、シリンダの背圧は負荷が大きくなると上昇する。パイロット口の圧力がポンプ圧力である設定値になるとカウンタバランス弁が開きピストンと負荷が下降する。以上のように、この回路ではシリンダのキャップ側の圧力はリリー

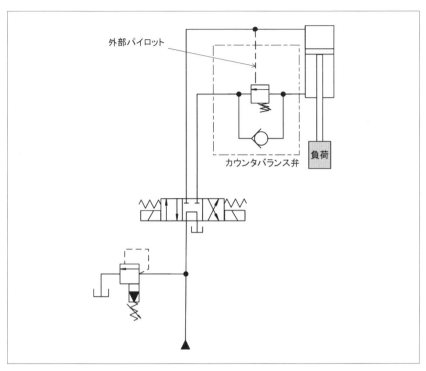

〔図 9-27〕外部パイロット方式によるカウンタバランス弁を用いた回路

フ弁によりポンプ圧に一定に保たれる。方向制御弁を切り替えて油がカウンタバランス弁に流れる場合、油はチェック弁を流れロッド側からシリンダに流入しピストンと負荷を上昇させ油はキャップ側から方向制御弁を通りタンクへ戻る。この時、カウンタバランス弁のパイロット圧はほぼ大気圧であるからカウンタバランス弁は閉じている。この回路で、方向制御弁のスプールを中立位置にして方向制御弁のシリンダへのポートを閉じた場合、カウンタバランス弁の内部漏れなどの影響でピストンの確実な一保持が困難なため、後述の図 9-28 の場合のようにシリンダとカウンタバランス弁の間にパイロット操作チェック弁を設けることが必要である。

次に、図 9-28 に示す内部パイロット方式によるカウンタバランス弁

◎ 9. 油圧回路

を用いた回路について説明する。図の方向制御弁は図 4-18 (b) に示すオールポートオープンの状態で、ポンプからの油はタンクへ全て戻るアンロード状態である。パイロット操作チェック弁のパイロット圧はタンクにつながって大気圧でパイロット圧がかかってないためパイロット操作チェック弁は閉じており、ピストンも下降できずに静止している。方向

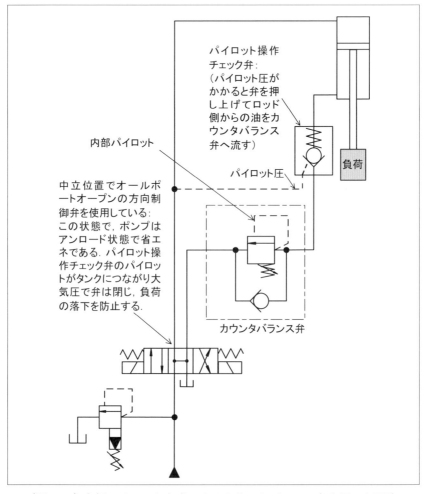

〔図 9-28〕内部パイロット方式によるカウンタバランス弁を用いた回路

制御弁の左側のソレノイドを ON にして、油がポンプからシリンダのキャップ側へ流れるように切り替えるとポンプ圧力がキャップ側にかかり、パイロット操作チェック弁のパイロット圧が上昇し設定値を超えるとパイロット操作チェック弁が開き、ロッド側からカウンタバランス弁に圧力がかかる。この圧力がカウンタバランス弁の内部パイロットにかかり設定値を超えるとカウンタバランス弁が開きロッド側の油が切換弁を通りタンクへ戻る。この時、ピストンと負荷も下降する。パイロット操作チェック弁は開いた状態でロッド側の圧力がカウンタバランス弁の設定値より減少すると弁開度が減少しロッド側の圧力が上昇し、この圧力が上昇すると、弁開度が増加し、これらのことを繰り返しロッド側の圧力はカウンタバランス弁の設定値に保持される。カウンタバランス弁の設定値が一定で負荷が小さくなるとピストンの上下方向の力を釣り合わせるために負荷による下方向の力の減少分ポンプ圧を増加させる必要はある。この場合もカウンタバランス弁のためロッド側の圧力は一定である。方向制御弁の左側のソレノイドを OFF にしてスプールを中立状態にするとパイロット操作チェック弁のパイロット圧はタンクにつながるため大気圧になりパイロット操作チェック弁は閉じピストンも静止する。次に、右側のソレノイドを ON にして方向制御弁でピストンを上昇させるように切り替えると、油はカウンタバランス弁のチェック弁そしてパイロット操作チェック弁を流れシリンダのロッド側から流入する。ピストンは上昇しキャップ側の油は方向制御弁を通りタンクへ戻る。この時、パイロット操作チェック弁のパイロット圧はタンクにつながっているためほぼ大気圧である。ピストン上昇時に右のソレノイドを OFF にして中立位置にするとパイロット操作チェック弁のパイロット圧はタンクにつながったままで依然と大気圧であるからパイロット操作チェック弁は閉じたままでピストンも静止する。

このようにこの回路ではカウンタバランス弁でシリンダのロッド側に背圧を与え圧力を保持し、キャップ側からとロッド側からピストンにかかる力をバランスさせ、ピストンと負荷の自重落下を防止する。

内部パイロット方式については、図 4-9 のカウンタバランス弁の使用

例も参照されたい。

⑦ロッキング回路（位置保持回路）

　図9-20に示すアンロード回路の(a) PT接続（タンデムセンタ）回路は、スプールの中立位置でシリンダへの2つのポートがブロックされる方向制御弁を用いて、ピストンの位置を保持するもっとも簡単な回路である。しかしながら大きな負荷の場合に、シリンダ内の圧力も高くなるので方向制御弁の内部漏れが生じて厳密な一保持が出来なくなるので、この回路の位置保持としての使用は制限される。

　確実な位置保持ができるロッキング回路（位置保持回路）を図9-29に示す。図の状態から方向制御弁の左側のソレノイドをONにした場合、油は左のパイロット操作チェック弁へ流れ、シリンダのキャップ側へ流

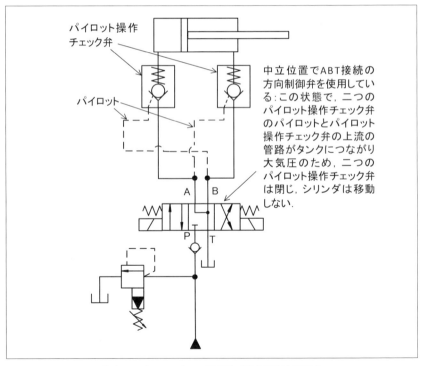

〔図9-29〕ロッキング回路（位置保持回路）

れる。さらに、パイロット圧力により右のパイロット操作チェック弁が
開き、シリンダ室のロッド側の油はタンクへ戻る。同時に、ピストンは
右へ移動する。移動途中で左側のソレノイドを OFF にして、スプール
を中立状態にすると油の供給は止まり左のパイロット操作チェック弁の
パイロット圧は大気圧になるので弁は閉じる。さらに、右のパイロット
操作チェック弁のパイロット圧も大気圧であるから、ピストンはキャッ
プ側とロッド側の両方の流れがチェック弁で止められピストンの位置は
保持される。この状態から右のソレノイドを ON にしてピストンを左方
向に移動させた場合も同様である。このように、スプールが中立位置に
おいて2つのチェック弁のパイロット圧力とチェック弁の上流の圧力が
ともにほぼ0で、2つのチェック弁が閉じた状態でピストンを保持する
ような機能を有する4ポート3位置方向制御弁が使用されている。スラ
イド弁である方向制御弁に比べてシート弁のチェック弁の漏れは一般に
少ない。

⑧ブレーキ回路

　ブレーキ回路とは、アクチュエータが急停止した場合に生じる急な圧
力上昇や急な圧力の減少などの現象を防ぐための回路である。

　油圧モータに用いられるブレーキ回路を図 9-30 に示す。油圧モータ
は2方向回転形の外部ドレンである。図の状態で方向制御弁の左側のソ
レノイドを ON にして油をモータの左側から供給する場合、モータは回
転し油はモータの右側から流れ方向制御弁を通りタンクへ戻る。通常の
状態ではチェック弁には流れない。その後、左側のソレノイドを OFF
にしてスプールが中立位置へ戻り図のようになった直後を考える。油圧
モータは慣性のために短い時間回り続け、このためモータの流入側は負
圧になるので左下のチェック弁①を通して油を補給する。一方、流出側
は高圧になるため右上のチェック弁③を介して真ん中の適切に設定され
た設定圧力を持つリリーフ弁によりブレーキ効果を与える。油圧モータ
の急停止時直後の油の流れは、油圧モータの出口から右上のチェック弁、
真ん中のリリーフ弁、左下のチェック弁そしてモータの入口となる。方
向制御弁を逆に切り替えて油圧モータを逆回転にした時も同様である。

- 263 -

9. 油圧回路

　油圧シリンダに対するブレーキ回路を図 9-31 に示す。シリンダの両ポート付近にチェック弁と流量制御弁（図 4-15 ニードル弁）が使用されているが、基本的に図 9-14 に示されているメータアウト回路が使用されている。方向制御弁の左側のソレノイドを ON にしてスプールを右方向へ移動しポンプから左方向へ油が流れる場合、シリンダの上流のチェック弁⑤を通りシリンダのキャップ側へ流入する。すると、ピストンは右方向へ移動しロッド側の油は流量制御弁⑥を通り方向制御弁からタンクへ戻る。メータアウト回路であるから、この流量制御弁でピストンの速度を制御する。ピストンが移動している状態から左側のソレノイドを

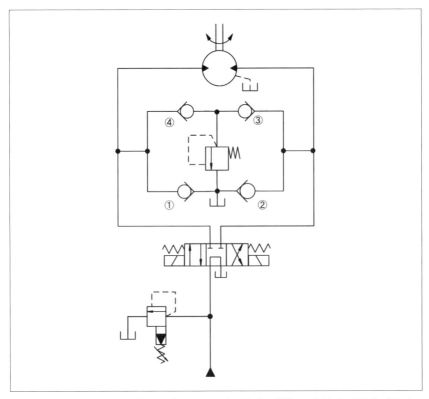

〔図 9-30〕油圧モータに対するブレーキ回路（出典、(社) 日本油空圧学会（現 (一社) 日本フルードパワーシステム学会）編、新版　油空圧便覧（1989）、p.407）

OFFにしてスプールが中立位置になった図に示す場合を考える。負荷の慣性が大きい場合、シリンダのキャップ側の回路の圧力は負圧になり、ロッド側の回路の圧力は高圧になる。そこで、ロッド側の油はあらかじめ設定された設定圧力のリリーフ弁によりブレーキ作用を受け急な圧力上昇を抑えられる。油は、右のリリーフ弁②から左のリリーフ弁の下のチェック弁④を通り、さらに上のチェック弁⑤を通りキャップ側のシリンダ内に流入して負圧を防ぐ。方向制御弁によってピストン移動方向を

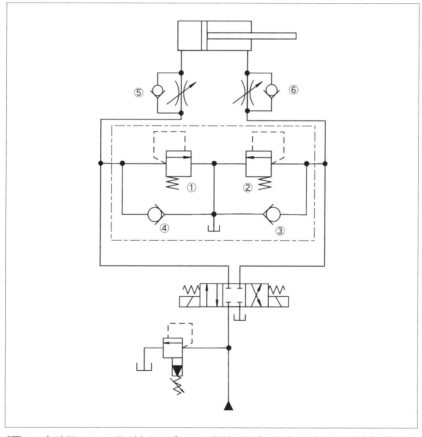

〔図9-31〕油圧シリンダに対するブレーキ回路（出典、(社) 日本油空圧学会（現 (一社) 日本フルードパワーシステム学会）編、新版 油空圧便覧 (1989)、p.407）

逆にした場合も同様である。ピストンの右方向と左方向の速度を2つの流量制御弁により調節する。片ロッドシリンダのため、ピストンの左右の受圧面積が違うので注意が必要である。非対象シリンダであるためにピストンの左右の動きに対するブレーキ効果を別々に調節できるようにリリーフ弁が2つ設けられている。

⑨ショック防止回路

アクチュエータの発進時や停止時に起こるサージ圧と呼ばれる圧力の急上昇などのショックを防止するショック防止回路を紹介する。

先ず、方向制御弁のスプールの切換時間を長めに取り圧力の急上昇を抑える方法を説明する。電磁パイロット操作形の方向制御弁を用いた回路を図9-32に示す。下側の方向制御弁がパイロット弁として使用され、ここではパイロット弁という。図の状態では、油は方向制御弁およびパイロット弁には流れず、ピストンは静止している。パイロット弁の左側のソレノイドをONにすると油は可変絞り弁1を通りパイロット弁から可変絞り弁2の左のチェック弁を流れ方向制御弁の左側からスプールを押し油はポートAからシリンダのキャップ側へ流入する。その結果、ピストンは右方向へ動き油はロッド側から流出しポートBからタンクへ戻る。このようにソレノイドをONにしてパイロット弁のスプールが動き、油が流れ、そしてその油がシリンダの下の方向制御弁のスプールを押して油がシリンダ内に流れるような2段階に油が流れシリンダに流入するために、油がシリンダ内に流れるまでの時間が一つの方向制御弁の場合に比べて長く、従って回路内の急な圧力上昇を抑えられショックを防止できる。以上に過程において、ショックを防止する程度を絞り弁1の絞りで調節する。

次に、パイロット弁の左側のソレノイドをOFFにして、スプールを中立位置にした図の状態の場合、パイロット弁への流れは止まり、方向制御弁のスプールの両端の油はタンクにつながるため大気圧になり等しくなるため方向制御弁のスプールも中立位置に戻り、2つのシリンダポートは閉じられる。このように、方向制御弁のスプールが左方向に動き中立位置に戻る際、スプールの左側の油は押され流れ、絞り弁2を通り

タンクへ戻る。この可変絞りを調節してピストン停止時のショックを和らげる。

　次に、図8-1に示すようなアキュムレータを用いてショックを防止するための回路を図9-33に示す。油圧回路を高圧で使用する場合、方向制御弁を図の中立位置から左側のソレノイドをONにして油をシリンダのキャップ側に送った状態でピストンが右方向に移動中に方向制御弁を中立位置に戻してピストンを急停止した場合、方向制御弁とチェック弁との間の回路で圧力の急上昇であるサージ圧力が生じる。このサージ圧

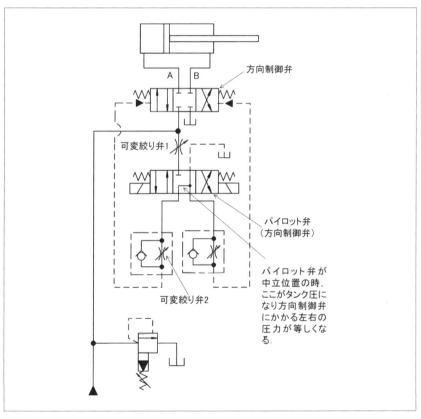

〔図9-32〕ショック防止回路（出典、（社）日本油空圧学会（現（一社）日本フルードパワーシステム学会）編、新版　油空圧便覧（1989）、p.408）

9. 油圧回路

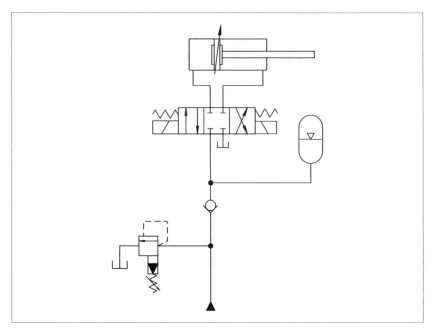

〔図9-33〕サージ圧力吸収用のアキュムレータ回路例

力は、オイルハンマー（油撃）現象により生じ、詳しくは2-7節の油圧管路でのオイルハンマーで説明している。このサージ圧力を吸収しショックを防止するためにアキュムレータが備えられている。

次に圧抜き回路を図9-34に示す。圧抜き回路とは、高圧が維持されている回路で、方向制御弁で急に圧力を低下させると衝撃が発生するので徐々に圧力を低下させる圧抜きを行い、この衝撃すなわちショックを防止する回路である。図において、4ポート方向制御弁の左側のソレノイドをONにして油を方向制御弁からシリンダのキャップ側へ流入させる。この時、2ポート方向制御弁は閉じているために可変絞り弁へは流れない。シリンダのロッド側の油はカウンタバランス弁（図4-8参照）を通り4ポート方向制御弁からタンクへ戻り、ピストンが下方へ移動する行程が終了する。次に、ピストンを上方向へ移動させるために、4ポート方向制御弁の左側のソレノイドをOFFにして、右側のソレノイド

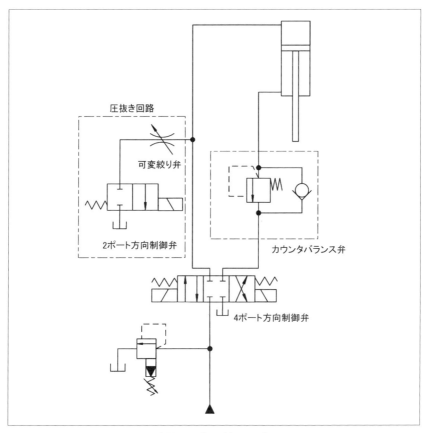

〔図 9-34〕圧抜き回路

をONにする場合、油は4ポート方向制御弁からカウンタバランス弁のチェック弁を通ってシリンダのロッド側へ流れるがキャップ側の圧力がタンクの圧力になるまでにある時間を要し4ポート方向制御弁の切換後、直ちにピストンは上方向へ移動しにくい。この現象を次に説明する圧抜き回路を機能させ避ける。ピストンが下へ移動する行程が終了すると、4ポート方向制御弁は中立位置になり4つのポートは閉じる。この時に、2ポート方向制御弁のソレノイドがONになるように設定しておく。すると、シリンダのキャップ側の高圧の油は可変絞りを通り徐々に

9. 油圧回路

圧力を下げながらタンクへ流れ圧力が抜ける。これが圧抜きである。キャップ側圧力がある設定値まで減少した後に、4ポート方向制御弁の右側のソレノイドをONにして油をシリンダのロッド側へ流しピストンを上方向へ移動させる。その時2ポート方向制御弁のソレノイドはOFFである。シリンダのキャップ側の圧力は既に圧抜きでほぼ大気圧に低下しているから圧力の急変なしに油をタンクに戻しながらピストンを左方向へ移動させることができる。

⑩同期回路

同期回路とは、複数のアクチュエータの動作位置を同期させる回路である。機械的結合による回路を図9-35に示す。シリンダのロッドを機械的に結合させて同期動作を行う回路で、図9-55に示す油圧プレスのラムシリンダと補助シリンダの結合も同様である。方向制御弁を切り替

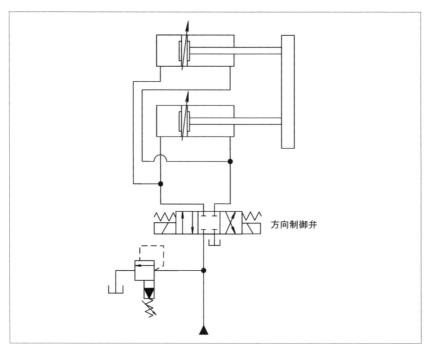

〔図9-35〕機械的結合

えることにより、二つのシリンダの左右の運動を同期させることができる。ここで使用しているシリンダは、図7-6のクッション機構を持つ油圧シリンダの図記号の (e) 片ロッドシリンダ、両側クッション、両側可変調節クッション付きである。

　各シリンダへ流入する油の流量を流量制御弁で制御する回路を図9-36に示す。一般的に、精度が良い流量制御弁を使用する。

　容積方式と呼ばれている回路を図9-37に示す。図9-37 (a) において、二つの油圧モータの軸を接続して同じ回転数で回転させ等しい流量をシリンダへ流入させピストンの動きを同期させている。図9-37 (b) の場合、同じ形状の両ロッドシリンダを油圧回路で直列の接続し、一方のシリン

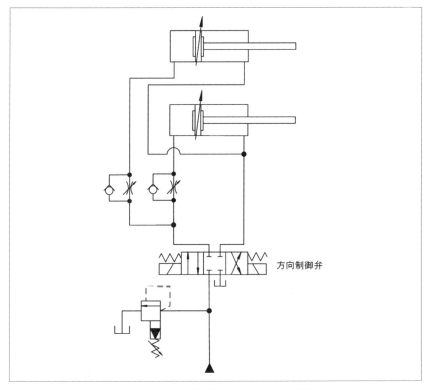

〔図9-36〕流量制御弁を使用した回路

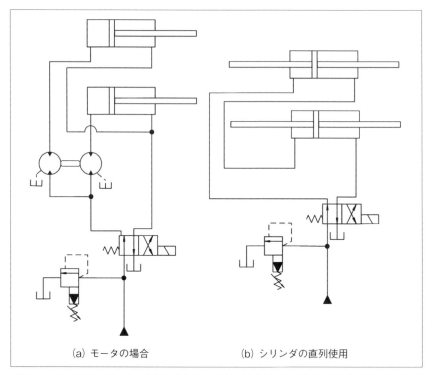

〔図 9-37〕容積方式による回路（出典、(社) 日本油空圧学会（現 (一社) 日本フルードパワーシステム学会）編、新版　油空圧便覧 (1989)、p.402）

ダから吐出される油をもう一方のシリンダへ流入させ同期をさせている。
⑪パラレル回路、タンデム回路、シリーズ回路

　パラレル回路の一例を図 9-38 に示す。アクチュエータである油圧モータが並列に配置され、それぞれの油圧モータを方向制御弁で独立に制御できる回路である。この回路は二つの油圧モータの負荷が等しい場合に有効である。一般に良く使用される回路であるが、負荷に違いがある場合には、各方向制御弁の上流側に流量制御弁を設置し、方向制御弁と流量制御弁とで各々の負荷に適した調節を行うことが必要である。

　タンデム回路を図 9-39 に示す。方向制御弁の使用法は、図 9-20 (a) に示すアンロード回路の PT 接続（タンデムセンタ）回路と同様である

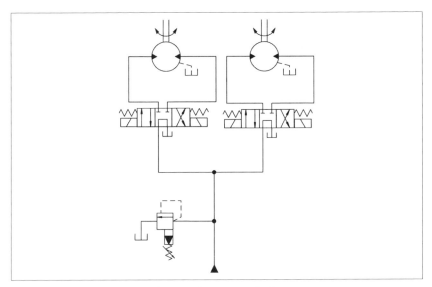

〔図 9-38〕パラレル回路

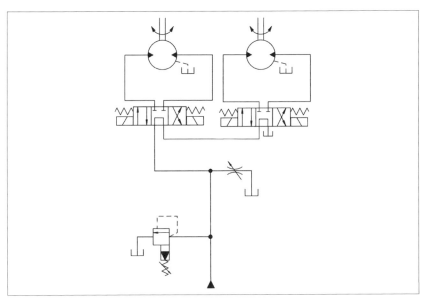

〔図 9-39〕タンデム回路（出典、(社) 日本油空圧学会 (現 (一社) 日本フルード
パワーシステム学会) 編、新版　油空圧便覧 (1989)、p.410）

が、二つの方向制御弁が直列に接続されている。各々の方向制御弁に油圧モータがつながっており、単独あるいは同時に運転できる回路である。同時運転の場合には、直列回路になるので、各々の油圧モータの必要流量や必要圧力に注意を要する。

シリーズ回路を図 9-40 に示す。図の状態はアンロード状態であるが、方向制御弁を ON にすると、油は直列に接続された油圧モータを流れモータは回転する。モータが直列に接続されているため、吐出流量をパラレル回路より節約できる。しかしながら、それぞれの油圧モータの圧力の合計が吐出圧力になるためにパラレル回路より高圧である。

⑫動力一定回路

負荷が一定の動力の下に駆動される動力一定回路について説明する。先ず、定容量形油圧ポンプと可変容量油圧モータを用いた回路を図 9-41

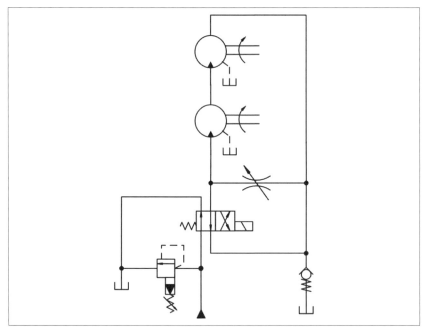

〔図 9-40〕シリーズ回路（出典、（一社）日本フルードパワー工業会編、実用油圧ポケットブック （2012）、p.291、図 5-39）

に示す。定容量ポンプから一定流量の油を油圧モータに供給し、供給圧力はリリーフ弁により一定に保たれ、油圧モータは一定の出力を出す。油圧モータの出口から油はタンクへ戻るためモータ前後の圧力差は一定である。方向制御弁を ON にしてアンロード状態にできる。油圧モータの場合には、摺動部での油漏れがあるので、内部漏れを吸収する負圧部分がある油圧ポンプと異なり、油は外部ドレンからタンクへ流す。

可変容量形油圧ポンプと定容量油圧モータを用いた回路を図 9-42 に示す。図の状態は、アンロード状態であるが、方向制御弁を切り替えてポンプから油圧モータに油を流すと、モータ前後の圧力はリリーフ弁により設定され、モータへの流量は可変容量形油圧ポンプの流量を調節して設定され、流量およびモータ前後の差圧が等しい即ち動力が一定の回路である。式 (5-2) から、理論平均動力 P_t は理論平均吐出し量 Q_t およ

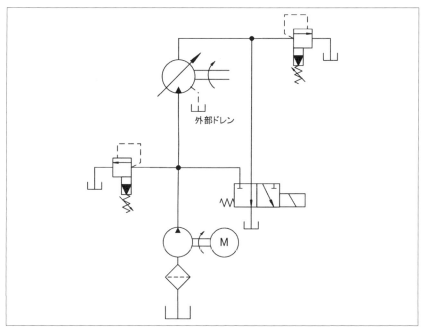

〔図 9-41〕動力一定回路（可変容量モータ）（出典、(社) 日本油空圧学会（現（一社）日本フルードパワーシステム学会）編、新版　油空圧便覧 (1989)、p.411)

び出口と入口の圧力差 p から次のようになることからも動力が一定であることは明らかである

$$P_t = Q_t p \quad \cdots\cdots\cdots\cdots\cdots\cdots\cdots\cdots\cdots\cdots\cdots\cdots\cdots\cdots\cdots\cdots\cdots\cdots (5\text{-}2)\ 再掲$$

　可変容量形油圧ポンプの流量を調節する例として、図 5-1 に示す回転シリンダ形斜板式アキシアルピストンポンプの斜板の傾斜角を調整して流量を制御できる。
⑬アキュムレータ回路
　ポンプの代用回路として利用されているアキュムレータ回路の一例を図 9-43 に示す。ポンプ出口の近くのチェック弁の下流の圧力をパイロット圧としたアンロード弁が設置されている。図 4-13 (d) のアンロード弁（外部パイロット、内部ドレン）や図 9-10 のアンロードリリーフ弁の

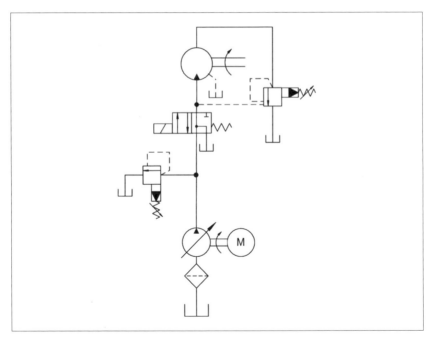

〔図 9-42〕動力一定回路（可変容量ポンプ）（出典、(社) 日本油空圧学会（現（一社）日本フルードパワーシステム学会）編、新版　油空圧便覧 (1989)、p.411）

作動原理図を参照されたい。外部パイロット圧が上昇するとポンプ出口の油がタンクへ戻る。図の状態でアキュムレータ①と②には油が充填されている。この状態から、方向制御弁Aの左側のソレノイドをONにすると、大容量のアキュムレータ①から油が吐出しシリンダのキャップ側へ流れピストンは右方向に移動し端まで来る。そこでリミットスイッチが作動し、方向制御弁BをONにしてアキュムレータ②からの油がシリンダに送られピストンの力が保持される。油がシリンダへ流れ込んだためにアキュムレータ①の回路圧が下がりこれをパイロット圧としてア

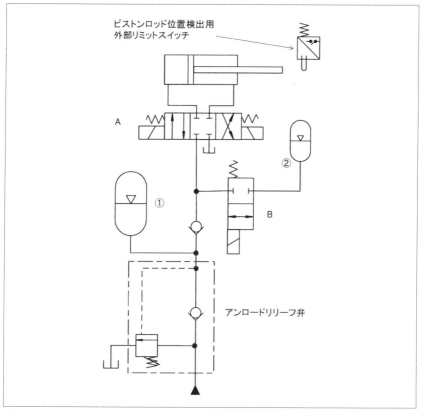

〔図9-43〕アキュムレータ回路（出典、(社) 日本油空圧学会（現（一社）日本フルードパワーシステム学会）編、新版　油空圧便覧 (1989)、p.411）

ンロードリリーフ弁が感知して弁開度が減少しポンプからの油は回路に
流れアキュムレータ①と②に流入して圧力を上昇させる。設定値まで上
昇するとパイロット圧が上がりアンロードリリーフ弁が開きアンロード
状態になる。方向制御弁 B を OFF にし、シリンダの方向制御弁を中立
位置に戻せば図の状態になる。ピストンを逆方向に動かす場合も方向制
御弁 A の右側のソレノイドを ON にし、アキュムレータ①の油を使用
するが、方向制御弁 B は OFF の状態でアキュムレータ②は蓄圧された
ままである。

⑭負荷感応回路（ロードセンシング回路）

　負荷感応回路はロードセンシング回路とも言い、負荷が必要とするポ
ンプからの流量を供給し、負荷圧力より多少大きめの吐出圧力となるよ
うにポンプの押しのけ容積を制御する動力効率が高い回路で省エネルギ
ー回路である。この回路には、ポンプを制御する方法と制御弁を制御す
る方法とがあるが、ここでは、ポンプを制御する方法について説明する。

　アキシアルピストンポンプの斜板の傾斜角を制御し流量を調節するた
めの構造例を図 9-44 に示す。アキシアルピストンポンプの駆動軸が回
転し同時にシリンダブロックが回転して斜板が固定しているためピスト
ンが往復運動して油が吸込み口から吐出し口へ流れる。あらかじめロー
ドセンシング弁の圧力調節ねじによって設定されている設定圧力にポン
プの吐出圧力 P_A が近づくと、吐出し口の圧力でロードセンシング弁の
スプールを図の下方向に押し、吐出し口からの油がコントロールシリン
ダ（ヨークシリンダ）内に流れ斜板の傾斜角を小さくしポンプの吐出量
を減少させ吐出圧力が設定値以上のなるのを抑える。このように、回転
数一定のアキシアルピストンポンプの場合、斜板の傾斜角を制御するこ
とにより、吐出流量を制御し吐出圧力を設定値に制御できる。

　このポンプの機能を利用した負荷感応回路の一例を図 9-45 (a)、(b)
に示す。図 9-45 (a) は、ロードセンシング弁とコントロールシリンダを
記入した簡略図であり、図 9-45 (b) は、それらを一体化した回路図である。
一点鎖線で囲まれた部分が図 9-44 に示すロードセンシング弁を含む可変
容量形ポンプである。これは、可変容量形ポンプの吐出し量および吐出

し圧力 P_A を負荷に応じて制御する回路である。可変絞り弁によって負荷への流量を設定するが、可変絞り弁の上流と下流の圧力差（$P_A - P_B$）に応じてポンプの吐出し量が制御される。ポンプ圧力は、負荷圧力 P_B に可変絞り弁の圧力降下（通常 1MPa 以下程度）を加えた値になるようにポンプ吐出し量を制御する。この吐出し量は、例えば図 9-44 に示すポンプの斜板の傾斜角を変えることにより制御される。従って、負荷圧力 P_B の変動にポンプ圧力 P_A が追従できる。ロードセンシング弁は、流量を制御するために連続可変絞りの機能を有している。図 9-45 (a) のロードセンシング弁の図記号の上と下に通常の図記号の他に横線が入っているのは連続可変を表すためである。

　ここで、可変絞り弁の開度を増加させ流量を増加し負荷流量が増加した場合を考える。負荷流量が増加すれば一時的にポンプの吐出量が追いつかずポンプの出口圧力 P_A は低下する。つまり圧力 P_A が低下し、ロードセンシング弁の左右の圧力のバランスから、図 9-45 (a) のロードセンシング

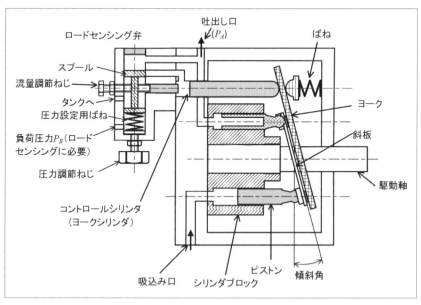

〔図 9-44〕アキシアルピストンポンプの圧力補償制御の例

9. 油圧回路

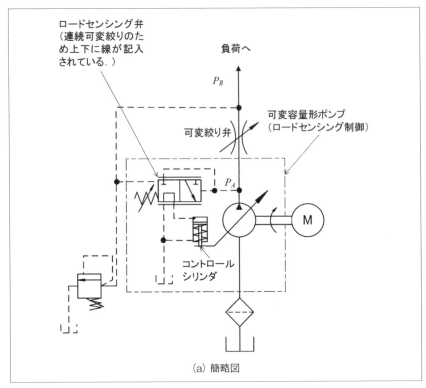

〔図 9-45〕可変容量型ポンプを用いたロードセンシング制御

弁の図記号の左の箱の流れの方向になり、コントロールシリンダのキャップ側はタンクにつながり圧力はほぼ大気圧の状態になり、斜板角が増え流量が増加してポンプ出口圧力が上昇し、可変絞り弁前後の差圧を元戻し一定値に保つ。また、負荷圧力 P_B が減少した場合、ロードセンシング弁の図記号の右の箱の流れの方向になり、ポンプからの油がコントロールシリンダのキャップ側にに流れ、斜板角が減少し流量が減少してポンプ出口圧力が下がり、可変絞り弁前後の差圧を元戻し一定値に保つ。以上のように、可変絞り弁の前後の差圧を一定にするように制御を行う。従って、ポンプから負荷までの間の圧力エネルギーの損失を設定された比較的小さく一定に押さえることができ省エネルギーな制御である。

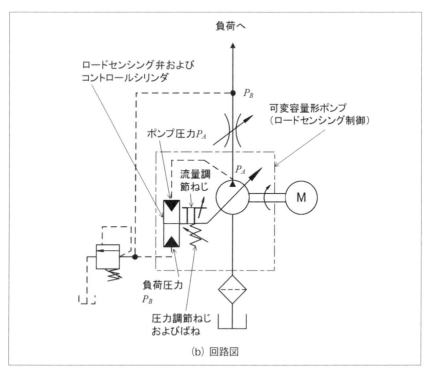

(b) 回路図

〔図9-45〕可変容量型ポンプを用いたロードセンシング制御

9-2 応用事例

①油圧ショベル

　油圧ショベルはバケットで土を掘ったり、地面を均す作業を行う代表的な建設機械である。油圧ショベルの外観を図9-46に示す。油圧ポンプはエンジンで駆動され、方向制御弁により、左右の走行用モータ、旋回モータの3つの油圧モータと、ブームシリンダ、アームシリンダ、バケットシリンダの3つの油圧シリンダの計6つアクチュエータが操作される。ここで説明する油圧ショベルの回路で特徴的なことは、センタバイパス通路のパラレル回路を使用している点である。ここでは、先ず、関連する基本的な回路を比較するために、タンデム回路、パラレル回路およびシリーズ回路について説明する。

　タンデム回路の例を図9-47に示す。複合制御弁と言われている6ポート3位置方向制御弁が用いられている。図の状態では、ポンプから吐出された油は3つの方向制御弁A、B、Cを通りタンクへ戻る。例として、方向制御弁Bが作動した場合を想定すると、それから上流側の方向制

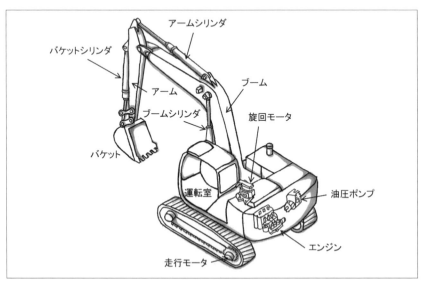

〔図9-46〕油圧ショベルの外観

御弁AとピストンAは、方向制御弁の上流のチェック弁からの油の流入により問題なく作動するが、方向制御弁Bから下流側の方向制御弁Cへのセンタバイパス通路からの油は断たれ方向制御弁Cは機能しないため、ピストンCは作動できない。以上のように、タンデム回路では、ある方向制御弁が作動している時は、それより下流の方向制御弁は操作できない。

次に、センタバイパス通路のタンデム回路をパラレル回路に変更した

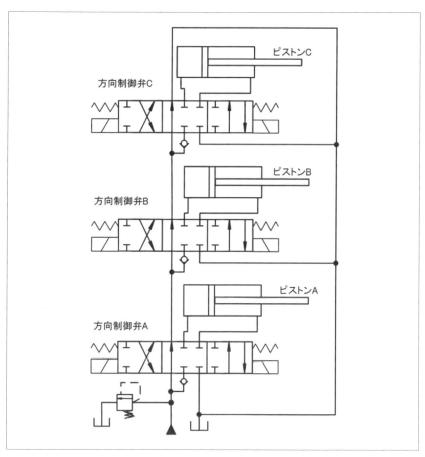

〔図9-47〕タンデム回路の例

9. 油圧回路

パラレル回路の例を図 9-48 に示す。同様に 6 ポート 3 位置方向制御弁が用いられている。図の状態では、ポンプから吐出された油は 3 つの方向制御弁 A、B、C を通りタンクへ戻る。一方、ポンプからの油はチェック弁を通り 3 つの方向制御弁に供給されている。例として、方向制御弁 B が作動した場合を想定すると、それから上流側の方向制御弁 A とピストン A は、方向制御弁 A の上流のチェック弁からの油の流入により問題なく作動し、方向制御弁 B から下流側の方向制御弁 C へのセン

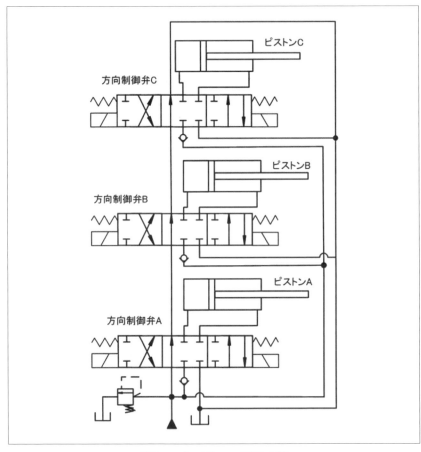

〔図 9-48〕パラレル回路の例

タバイパス通路からの油は断たれるが、方向制御弁Cの上流側のチェック弁から油が供給されピストンCは可動できる。以上のように、この回路では、それぞれのアクチュエータを独立して操作できる。

さらに、シリーズ回路を図9-49に示す。上流側の方向制御弁とアクチュエータを優先して油が供給され、上流の戻りの油が下流側の方向制御弁とアクチュエータに供給される。負荷によらず同時に操作可能でありポンプの圧力は方向制御弁の圧力降下の合計になる。例として、方向

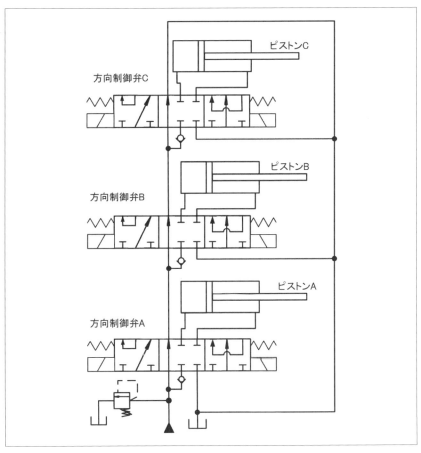

〔図9-49〕シリーズ回路の例

9. 油圧回路

制御弁Bが作動した場合を想定すると、それから上流側の方向制御弁AとピストンAは問題なく作動し、方向制御弁Bから下流側の方向制御弁Cへのセンタバイパス通路からの油は断たれるが、ピストンBから流出した油が方向制御弁Cへ流れ、ピストンCは可動できる。以上のように、このシリーズ回路では、それぞれのアクチュエータはそれより上流のアクチュエータから流出された油により操作できる。

従って、アクチュエータが数個つながっている場合に、途中のあるアクチュエータのみを作動させた場合、パラレル回路ではその上流も下流も独立に差動でき、タンデム回路では、その上流は作動できるが下流は作動できず、シリーズ回路ではその上流も下流も作動可能である。

油圧ショベルの油圧回路例を図9-50に示す。この油圧回路図は油圧ショベルの油圧回路の概要を説明するための例として作成されている。6ポート3位置方向制御弁A～Fの油圧パイロット操作の回路と差動回路切換用弁である方向制御弁の油圧パイロット操作の回路は省略している。基本的に、図9-48に示すパラレル回路を使用した回路例である。

使用圧力は通常35MPaで、油圧ポンプは2連の可変容量形ピストンポンプが一般的である。油圧ポンプはエンジンで駆動され、アクチュエータは左右の走行用モータ、旋回モータ、ブーム、アーム、バケットの3つの油圧シリンダの計6つである。方向制御弁は弁A～Fまでの6つである。ポンプAは回路の右側、Bは左側に油を供給する。

油圧パイロット操作により方向制御弁Aのスプールの両端の圧力を調節し、右走行用モータを回転あるいは逆回転させる。同様に方向制御弁Bによって旋回モータ、方向制御弁Dで左走行用モータを回転させる。

一方、方向制御弁C,EおよびFでアームシリンダ、ブームシリンダおよびバケットシリンダを作動させる。3つのシリンダには、カウンタバランス弁が使用されている。図4-9のカウンタバランス弁の使用例も参照されたい。図9-46における各シリンダの使用状況にもとづいて、ブームシリンダの場合にはキャップ側に、アームシリンダの場合にはロッド側に、バケットシリンダの場合にはキャップ側にカウンタバランス弁が設置されており、それぞれのカウンタバランス弁は取り付け位置とは反対側の

シリンダと配管された場所の圧力を外部パイロット圧力に導いている。
　さらに、アームシリンダの流入流出側にはそれぞれリリーフ弁C、Dが、ブームシリンダの流入流出側にはそれぞれリリーフ弁E、Fが、バケッ

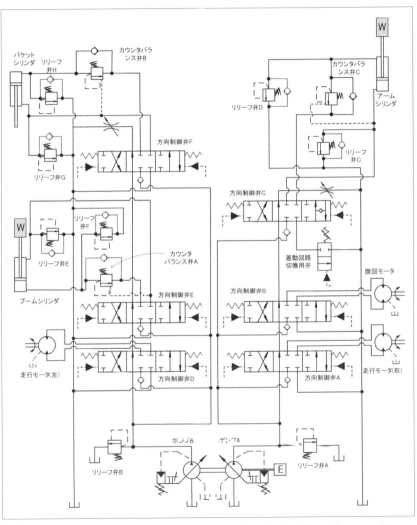

〔図 9-50〕油圧ショベルの回路の概要の一例（出典、（一社）日本フルードパワー工業会編、実用油圧ポケットブック（2012）、p.356、図 7-11）

トシリンダの流入流出側にはそれぞれリリーフ弁 G、H が設置され、過負荷を防止する。さらに、リリーフ弁にチェック弁を付けタンクへの管路内の油をチェック弁から吸い上げる機能にすることによりシリンダ内が負圧になった場合のキャビテーションを防止する。このように、建設機械の場合、負荷の状況の予測が困難なために、油圧シリンダ内の圧力が異常な高圧になることがあるために、3つのシリンダの両ポートに（オーバーロード）リリーフ弁が設けられていて外力によって異常な高圧とキャビテーションが発生することを防止している。

　図の状態では、すべての方向制御弁は中立位置であり、アクチュエータは静止の状態で、ポンプ A からの油は方向制御弁 A、B、C を流れ、可変絞りを通ってタンクへ戻りアンロードする。ポンプ B についても同様で無負荷状態である。ポンプ A、B の出口圧力の設定圧力以上の上昇はリリーフ弁 A、B で防いでいる。

　方向制御弁 C の油圧パイロットの右側の圧力を上げスプールを左に移動させ油が方向制御弁 C からアームシリンダのキャップ側へ流入する場合を考える。ロッド側から流出した油はカウンタバランス弁を通り方向制御弁 C へ戻る。その先の、作動回路切換用の方向制御弁が閉じている場合、油は再びアームシリンダのキャップ側へ流入する。不足流量はポンプから方向制御弁 C の上流のチェック弁を通り供給される。即ち、図 9-18 の差動回路で説明した差動回路が構成される。

　以上のように、油圧ショベルの場合もこれまでに説明してきた油圧回路の基本回路の組み合わせによって設計されていることが分かる。

②操舵機

　船の舵取り行う操舵機の油圧回路の一例を図 9-51 に示す。図の状態では4ポート3位置方向制御弁のスプールは中立位置の状態で、オールポートオープンの弁が使用されているため、油圧ポンプはアンロード状態である。カウンタバランス弁の外部パイロットがタンクにつながり大気圧でカウンタバランス弁は閉じ、チェック弁の上流もタンクにつながっているため、チェック弁も閉じ、舵は動かない。ただし、その位置に保持された舵に外乱が加わった場合、カウンタバランス弁で油を逃がす

ために、内部パイロットが設置されている。方向制御弁の右のソレノイドを ON にすると面舵になり油は方向制御弁から右側のカウンタバランス弁のチェック弁を通り左側のシリンダのロッド側と右側のシリンダのキャップ側に流入し面舵の方向に舵柄は回る。それにともなって、左のシリンダのキャップ側と右側のシリンダのロッド側から油が流出し左側

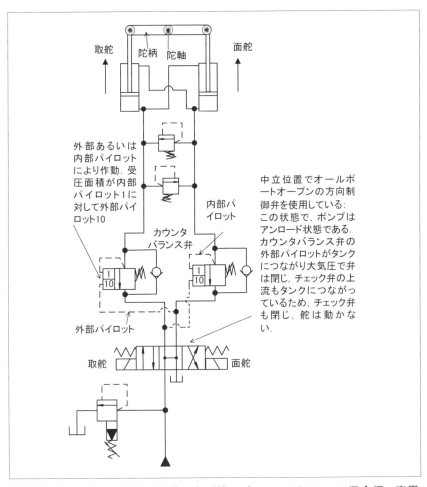

〔図 9-51〕操舵機の回路例（出典、（一社）日本フルードパワー工業会編、実用油圧ポケットブック (2012)、p.358、図 7-12）

のカウンタバランス弁を流れ、方向制御弁からタンクへ戻る。この時、左側のカウンタバランス弁の外部パイロットに圧力がかかり、弁は開いている。ポンプの出口のリリーフ弁とシリンダの入口付近のリリーフ弁によって高圧側に異常な圧力が発生した場合には、低圧側に油が逃げて圧力上昇を抑える。取舵の場合も同様である。図4-8の直動形カウンタバランス弁のパイロット圧接続口が内部パイロットとして、補助パイロットが外部パイロットとして接続され、外部パイロットと内部パイロットの受圧面積は、10：1である。ここでは、外部パイロット方式と内部パイロット方式を用いたカウンタバランス弁が使用されている。

③ NC 旋盤

　NC 旋盤の油圧回路の一例を図 9-52 に示す。ポンプとして圧力補償形可変容量ポンプを使用している。このポンプの図記号を図 9-53 に示す。概略図を図 9-44 に示しているので、参照されたい。図中の斜板とは、図 5-1 の回転シリンダ形斜板式アキシアルピストンポンプや図 9-44 のアキシアルピストンポンプの圧力補償制御の例の図中の斜板である。可変容量ポンプでは、吐出圧力が上昇するとパイロットで接続されているコントロールシリンダなどで吐出量を減少するようにポンプの斜板角を調整し圧力の上昇を抑える。コントロールシリンダからの油は外部ドレンからタンクへ戻る。流量調節ねじ（図 9-44 参照）でポンプの吐出し流量を調整する。可変容量形ポンプでは、回路圧力の設定はポンプが行うのでリリーフ弁は不要になる。このポンプは、省エネポンプとして工作機械ではよく利用されている。図 9-23 の減圧回路で説明した減圧弁を使用した回路がチャック回路と心押台回路に用いられている。

　先ず、チャック回路についてであるが、油は減圧弁、チェック弁を通り方向制御弁に流れる。方向制御弁のソレノイドが OFF の図の状態では、チャックシリンダのキャップ側へ油は流れピストンは右方向へ動きロッド側からの油はタンクへ戻る。方向制御弁を逆に切り替えると油の流れは逆になりピストンは左方向へ動く。次に刃物台回路であるが、チャック回路と同様にポンプから油が供給され可変絞り弁を通りシリンダへ流入する。図 9-12 のメータイン回路を参照されたい。ピストンの

運動方向は方向制御弁で調節する。最後に心押台回路であるが、チャック回路と同様に減圧弁が使用されて、方向制御弁は3位置タイプであるためにピストンは前進、後退、停止を行う。実際の加工中では、ピストンは停止しているため、ポンプからの流量はほとんどいらないためにポンプからの吐出し流量は自動的に減少しエネルギーを節約している。このようにこの圧力補償形可変容量ポンプはリリーフ弁の機能を備えているために便利であるが、固定容量ポンプに比べて価格は一般に高い。

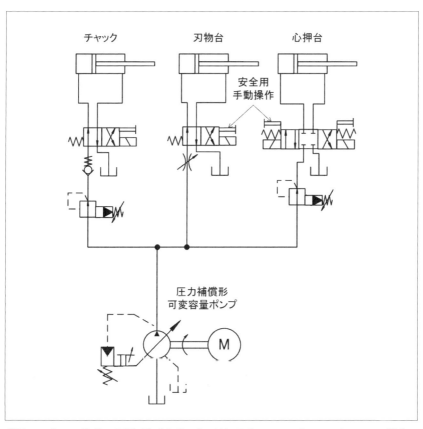

〔図9-52〕NC旋盤の回路例（出典、（一社）日本フルードパワーシステム学会、油圧駆動の世界―油圧ならこうする―、日本フルードパワーシステム学会創立30周年出版、(2003)、p.39）

9. 油圧回路

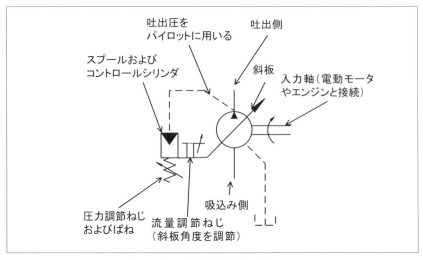

〔図9-53〕圧力補償形可変容量ポンプ

④ダムゲート

ダムゲートの標準的な操作用油圧回路の一例を図9-54に示す。実際の回路では緊急時のゲートの操作を確実にするために2系列の回路を有しているがここでは1系列を示している。図の方向制御弁のスプールが中立位置の状態では油はチェック弁を通りアキュムレータに圧力を蓄積する。方向制御弁①の左側のソレノイドをONにするとパイロット圧が右側のチェック弁⑤にかかり、油は左のチェック弁④から流量制御弁②を通りチェック弁③を流れシリンダのロッド側に流入し、ピストンは上昇しダムゲートは開く。この場合、図9-12のメータイン回路を使用している。キャップ側から流出した油はパイロット圧で開いているチェック弁⑤を通り方向制御弁からタンクへ戻る。方向制御弁の左側のソレノイドをOFFにして中立に戻し右側のソレノイドをONにすると油は方向制御弁から右側のチェック弁⑤に流れる。この時、方向制御弁出口のパイロット圧が左側のチェック弁④にかかる。油は、シリンダのキャップ側から流入しピストンは下降してダムゲートは閉じる。ロッド側からの油は流量制御弁③を通り、次にチェック弁②を通りパイロット圧によ

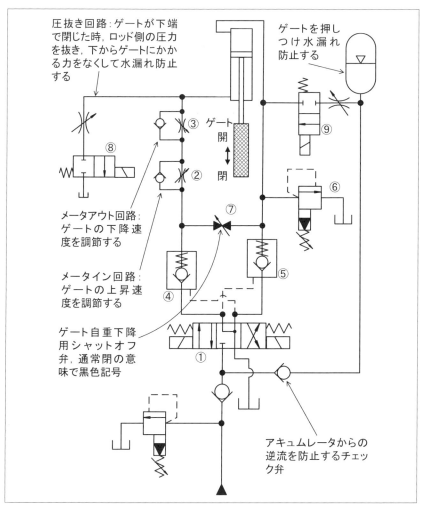

〔図9-54〕ダムゲートの回路例（出典、(一社) 日本フルードパワーシステム学会、油圧駆動の世界―油圧ならこうする―、日本フルードパワーシステム学会創立30周年出版、(2003)、p.138）

り開いている左側のチェック弁④を流れ方向制御弁からタンクへ戻る。この場合の回路は、図9-14に示したメータアウト回路である。ダムゲートが閉じると方向制御弁を中立位置に戻す。

- 293 -

全閉時の漏れ防止のため、必要に応じて方向制御弁⑨を操作してアキュムレータの圧力をシリンダのキャップ側に補給する。その時、ゲートが下端での水漏れ防止すなわち水密保持のためにロッド側の圧力を2ポート2位置方向制御弁⑧をONにして圧抜き回路を構成し抜く。アキュムレータの圧力をシリンダのキャップ側に補給しない場合にも圧抜き作業は必要である。この回路については、図9-34の圧抜き回路も参照されたい。停電でポンプが停止した緊急時の場合にゲートを降下させる時、手動により自重降下させるために、流量制御弁⑦が設置されている。弁を開くと、差動回路（図9-18の差動回路参照）となり、ロッド側からの油は、可変絞り弁③、チェック弁②、流量制御弁⑦を通ってキャップ側に還流し、ゲートの自重によって手動でデートを閉じることができる。ゲートの落下防止およびゲートの中間位置の保持のためにパイロットチェック弁④と⑤が設置されている、同様の機能を図9-29のロッキング回路（位置保持回路）で説明した。ゲートの押しつけ力の上限を設定するためにリリーフ弁⑥が取り付けられている。

⑤油圧プレス

油圧プレスの代表的な回路例として、補助シリンダおよびプレフィル弁を用いた回路を図9-55に示す。図に示すように、2本のラムシリンダと2本の補助シリンダは押え板で連結されている。作業工程は、大きく分けて、下降、加圧・保圧、圧抜きおよび上昇工程である。

ここでは、各動作においての油圧機器の動きや油圧回路内の油の流れについて述べる。

4ポート3位置方向制御弁の右側のソレノイドをONにして、油を補助シリンダのキャップ側へ送る。補助シリンダの二つのピストンは下降し、補助シリンダのピストンとラムシリンダのラムは押え板で結合されているので、ラムシリンダのラムも下降する。ラムが下降するとラムシリンダ内が負圧になるので、その負圧のために、容量が大きいパイロット操作チェック弁であるプレフィル弁が開き上部タンクから油がラムシリンダに流入する。補助シリンダのロッド側から流出した油は、カウンタバランス弁を通り、さらにパイロットチェック弁を通りタンクへ戻る。

パイロットチェック弁は、ポンプ圧からのパイロット圧力によって開いている。カウンタバランス弁については、図 4-9 に示すカウンタバランス弁の使用例や図 9-28 で述べた内部パイロット方式によるカウンタバランス弁を用いた回路を参考にされたい。

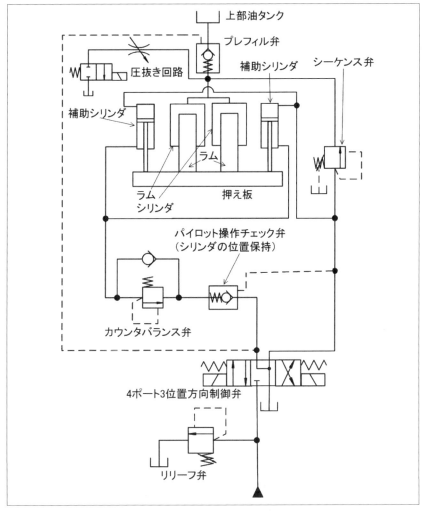

〔図 9-55〕油圧プレスの回路例

9. 油圧回路

代表的なプレフィル弁としてインライン形プレフィル弁を図9-56に示す。構造を図9-56 (a) に、図記号を図9-56 (b) に示しており、シリンダ側、タンク側およびパイロットポートは図のそれぞれの位置に対応している。

押え板が下降し、加工物にあたりポンプからの油の圧力が上昇し、シーケンス弁の設定値を超えるとシーケンス弁が開き、油がシーケンス弁からラムシリンダに流入し加工物を加圧する。その時、プレフィル弁はその外部パイロットもタンクに接続されているので閉じており、リリー

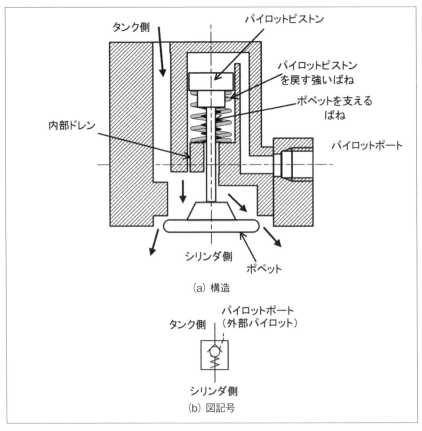

〔図 9-56〕インライン形プレフィル弁

フ弁の設定圧力で加圧する。

　加圧後、ラムシリンダ内や回路が高圧のままで、ラムを上昇させると高圧が急に開放されるので大きな衝撃が発生する。それを防止するために、圧抜き回路の方向制御弁を ON にして油をタンクへ流して圧力を低下させる。これについては、図 9-34 の圧抜き回路で説明されている。回路圧がある設定圧まで低下して、次の上昇工程に入る。

　4 ポート 3 位置方向制御弁の右側のソレノイドを OFF にして、左側のソレノイドを ON にする。油は、方向制御弁からパイロット操作チェック弁を流れ、カウンタバランス弁のチェック弁を通って補助シリンダのロッド側へ流入する。カウンタバランス弁については、内部パイロット方式を採用しており、図 9-28 の内部パイロット方式によるカウンタバランス弁を用いた回路を参照されたい。補助シリンダのピストンとラムシリンダのラムは上昇し、補助シリンダのキャップ側の油は方向制御弁からタンクへ戻る。ラムシリンダはばねがない単動形シリンダ（図 7-2 単動形シリンダを参照）であるから自身で引き戻しが出来ない。従って、補助シリンダにより引き戻しを行う。ポンプの出口圧力がプレフィル弁のパイロットにかかっているため、プレフィル弁は開いており、ラムシリンダからの油はプレフィル弁から上部タンクへ流れる。

　以上のように、ラムシリンダへの油の出入りは、上部の油タンクから行われる。油圧ポンプからの油は、補助シリンダの移動と加圧時のラムシリンダへの油の供給に使用される。ラムシリンダの受圧面積は比較的大きいので、大流量の油の流入や流出を必要とする。ラムの上昇や下降において本来の仕事であるプレスという仕事をしないために、これらの工程の油を油圧源から供給すると多くのエネルギーを要し効率が悪くなる。従って、プレフィル弁と上部油タンクを設け、ラムの上昇下降時にはラムシリンダからタンクへ油を流出させ、そしてラムシリンダへタンクから油を直接供給する構造になっている。このプレフィル弁と上部油タンクを設ける油圧回路は油圧プレスの特徴の一つである。

⑥負荷が下降する場合の速度制御回路

　ここでは、デセラレーション弁とカウンタバランス弁などを用いた負

9. 油圧回路

荷が垂直に下降する場合の図 9-57 に示す速度制御回路の一例について説明する。方向制御弁①の右側のソレノイドを ON にすると、シリンダ⑥のピストンは下降する。同時に、パイロット操作チェック弁③がポンプからの圧力により開き、油はシリンダ⑥のロッド側からデセラレーシ

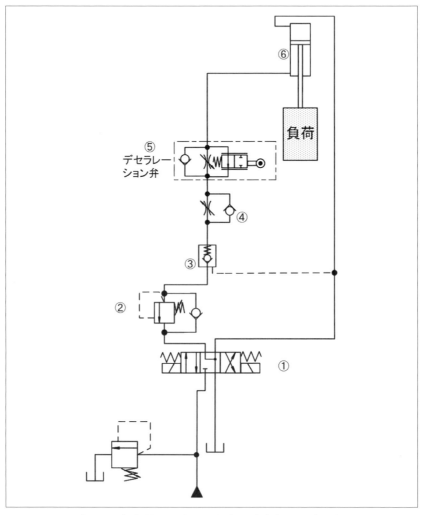

〔図 9-57〕負荷が下降する場合の速度制御回路の例

ョン弁⑤、チェック弁④、パイロット操作チェック弁③、カウンタバランス弁②そして方向制御弁①からタンクへ流れる。シリンダのロッド側から油は、最初はデセラレーション弁が全開の状態で流れるので早く流れ、ピストンの速度は速く、ピストンが下降していくとデセラレーション弁の流路面積が減少して流路抵抗が増え、ピストンの速度は減少する。パイロット操作チェック弁③は、ピストンの位置保持のために設置されており、カウンタバランス弁②は、下降時の自重落下防止のために設置されている。パイロット操作チェック弁③については、図4-22のパイロット操作チェック弁を、デセラレーション弁⑤については、図4-24のデセラレーション弁を、カウンタバランス弁②については、図4-9のカウンタバランス弁の使用例や図9-28の内部パイロット方式によるカウンタバランス弁を用いた回路をそれぞれ参照されたい.

　ピストンを上昇させる場合には、方向制御弁①の右側のソレノイドがOFF、左側のソレノイドがONにし、油は方向制御弁①、カウンタバランス弁のチェック弁②、パイロット操作チェック弁③、絞り弁④、デセラレーション弁のチェック弁⑤を流れシリンダのロッド側へ流れ、キャップ側の油はタンクへ戻りピストンは上昇する。ピストンの上昇速度は絞り弁④で調節するためメータイン回路である。メータイン回路については、図9-12のメータイン回路を参照されたい。ピストンが上限に到達すると、方向制御弁①を中立位置にする。パイロット操作チェック弁③のパイロットポートはタンクにつながっているため、パイロット操作チェック弁は閉じており、負荷は下降できず停止する。

- 299 -

10.
油圧回路の設計法

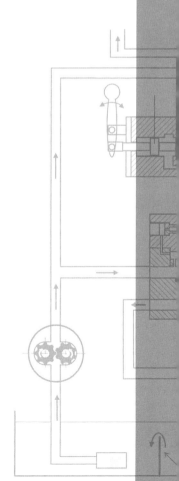

10－1　油圧回路の設計手順

　油圧回路を設計するにあたり、その手順と検討項目について説明する。設計するにあたり本書でこれまでに述べてきた油の流れの基礎事項、油圧制御弁、油圧ポンプや油圧アクチュエータなどの油圧機器および基本的な油圧回路の機能を基盤として、目的にあった回路を設計することが望まれる。

　油圧回路の一般的な設計の手順を以下に述べる。

1. 油圧装置の機能の確認
2. 油圧回路の仕様の確認（作動油、回路圧力、流量など）
3. 油圧回路の設計（アクチュエータの選定、制御方式の選択など）
4. 回路全体の動作サイクルの確認
5. 必要な流量や圧力の確認
6. 制御弁や配管のサイズの決定
7. 圧力損失の算出
8. ポンプを選定する。
9. 電動機、タンク、クーラーおよびフィルタなどの選定。

ॐ 10. 油圧回路の設計法

10－2　高圧液体噴射系の設計

　油圧装置の利点の一つは、大きな力を応答性良く出せる点である。ここではその利点を生かした高圧で液体を噴射する装置の設計概要を述べる。9-1-3 項の③増圧回路で述べた増圧器をここでも用いる。図 9-22 の増圧回路図も参照されたい。高圧液体噴射系の回路例を図 10-1 に示す。2 ポート方向制御弁 A を ON にした場合の油の流れやピストンの動きを矢印で表している。増圧器の右側室の圧力を p_L、左側室の圧力を p_c、増圧器への流量を Q で表し、増圧器のピストンの右側の受圧面積を a_p、左側の受圧面積を a_c とする。ピストンを戻す場合、2 ポート方向制御弁 A を OFF にして、2 ポート方向制御弁 B を ON にして、増圧器内のばね力でピストンを戻す。

　液体噴射過程でピストンがほぼ一定速度で左方向へ移動する場合、ピストンが左右の受圧面積にかかる圧力から受ける力は同じである。従って、受圧面に及ぼす力は、圧力×受圧面積であるために、ピストンの受圧面積が大きい方が圧力は小さく、受圧面積が小さい方が圧力は大きくなり、圧力は受圧面積に反比例する。原理的には、得られる圧力を加える圧力の 10 倍にしたければ、圧力を加える受圧面積の 10 分の 1 に出口側の受圧面積をすればいい。

　先ず圧力について概要を検討する。ここでの高圧液体噴射系の設計においては、液体噴射装置への圧力を 160MPa と想定する。従って、図中の p_c=160MPa となる。使用するポンプの使用圧力を 21MPa として、ポンプから増圧器までの圧力損失を約 1MPa とし、ポンプからの供給される増圧器内の圧力 p_L を 20MPa とすると、p_c/p_L=8 となり 8 倍に増圧するために、受圧面積 a_p を a_c の 8 倍にする必要がある。従って、半径比（直径比）で 2.83 倍になり、受圧面積 a_c の半径を 3.89mm にした場合、受圧面積 a_p の半径は 11mm 程度になる。

　次に、流量について検討する。先ず、噴射液体について、1 回で 0.4cc(4×10^{-7}m³) の量の液体を噴射するとする。1 秒間に 100 回噴射するとして、流量は 40cc/s(4×10^{-5}m³/s) となる。その液体の流量を液体噴射装置へ送るためには、受圧面積比から 8 倍の油の流量が必要になり、油

－ 304 －

の流量は、320cc/s(3.2×10^{-4}m³/s) となり、つまり 19.2L/min となる。
　次に圧力損失を予測する。2ポート方向制御弁Aでの圧力損失を求める。計算例6でのスプール弁の圧力と流量の関係を参考に、流量が、320cc/s(3.2×10^{-4}m³/s) で、スプール径 d が12mm、弁の開度 x が2.5mm

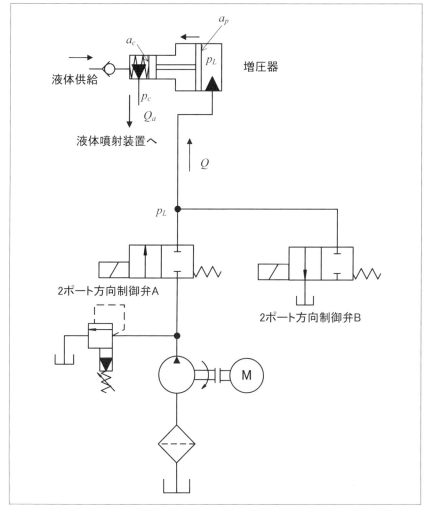

〔図10-1〕高圧液体噴射系の回路例

10. 油圧回路の設計法

の時の圧力降下を求めてみる。ただし、油の密度 ρ を 860kg/m^3、流量
係数 c_d を 0.7 とする。弁の開度は円周方向に一周に渡って開いており、
そこを油は流れるので、流路面積 a は、円周に弁開度を乗じて、$(\pi d) \times x$
であるから式 (2-41) から次式のようになる。

$$\Delta p = \frac{\rho Q^2}{2a^2 c_d^2} = \frac{\rho Q^2}{2\pi^2 d^2 x^2 c_d^2}$$
$$= \frac{860\text{kg/m}^3 \times (3.2 \times 10^{-4}\text{m}^3\text{/s})^2}{2\pi^2 \times (0.012\text{m})^2 \times (0.0025\text{m})^2 \times 0.7^2}$$
$$= 0.01\text{MPa}$$

計算例 7 での管路内の流れの圧力損失 1 を参考に、管路流れの損失を見
積もる。油の流量が、320cc/s（3.2×10^{-4}m^3/s）、つまり 19.2L/min の場合、
管内を動粘度 ν が 2×10^{-5}m^2/s、密度 ρ が 860kg/m^3 の油が流れる場合
を考える。表 2-4 から呼び径 3/8B の内径 d が 12.7mm の鋼管を使用し、
長さは 1m とする。市販の鋼管の管内壁の粗さと同程度の管内壁の粗さ
ε とし、$\varepsilon = 0.045$mm とする。
平均速度 U は、

$$U = \frac{Q}{\left(\dfrac{d}{2}\right)^2 \pi} = \frac{\dfrac{19.2 \times 10^{-3}}{60}\text{m}^3\text{/s}}{\left(\dfrac{12.7 \times 10^{-3}\text{m}}{2}\right)^2 \pi} = 2.53\text{m/s} \quad \cdots\cdots\cdots\cdots (10\text{-}1)$$

となり、2-9 節の管路内の流れと損失で述べた圧力配管での推奨値であ
る 5m/s 以下を満たしている。
レイノルズ数 Re は、式 (2-4) より代表長さ L を d として

$$Re = \frac{Ud}{\nu} = \frac{2.53\text{m/s} \times 12.7 \times 10^{-3}\text{m}}{2 \times 10^{-5}\text{m}^2\text{/s}} = 1607 \quad \cdots\cdots\cdots\cdots (10\text{-}2)$$

となる。レイノルズ数が 2300 以下であるから、流れは層流でムーディ
線図の左側の範囲に入り、図中の層流の式から

— 306 —

$$\lambda = \frac{64}{Re} = \frac{64}{1607} = 0.04 \quad \cdots\cdots\cdots\cdots\cdots\cdots\cdots\cdots \text{(10-3)}$$

となる。すなわち、管内壁の粗さは管摩擦係数には影響を与えず、管摩擦係数はレイノルズ数のみで決まる。次に、ダルシー・ワイズバッハの式 (2-43) から

$$p_1 - p_2 = \lambda \frac{L}{d} \frac{\rho U^2}{2}$$
$$= 0.04 \frac{1\text{m}}{12.7 \times 10^{-3}\,\text{m}} \frac{860\text{kg/m}^3 \times (2.53\text{m/s})^2}{2} \quad \cdots\cdots\cdots\cdots \text{(10-4)}$$
$$= 8668.9\text{Pa} = 0.009\text{MPa}$$

となり、2 ポート方向制御弁 A や管路における損失は小さいことが分かる。

　従って、前述で仮定したようにポンプから増圧器までの圧力損失は約 1MPa 以下として、使用するポンプの使用圧力を 21MPa として、増圧器内の圧力 p_L を 20MPa とする。

　まとめると、使用圧力を 21MPa とし、流量を 19.2L/min とするにあたってのポンプの選定において、最高使用圧力 21MPa、最高回転数 1800rev/min、最大押しのけ容積 16cm^3/rev のピストンポンプを選定する。回転数 1500min^{-1}、押しのけ容積 13.3cm^3/rev で、約 20L/min の流量が出せる。

　次に、電動機の選定である。最高使用圧力 21MPa、最高回転数 1800rev/min、最大押しのけ容積 16cm^3/rev とすると最大流量は、28.8L/min になる。
最大圧力と最大流量でのポンプ動力は，次のようになる。

$$21 \times 10^6\text{Pa} \times 28.8/(60 \times 10^3) = 10080\text{Pa} \cdot \text{m}^3/\text{s} = 10080\text{Nm/s} = 10.08\text{kW}$$

従って、3 相 200 V 電動機 定格一覧表（ここでは割愛する）から 11kW の電動機にするか、余裕を見て 15kW の電動機を選定する。

　油タンク内の油の量は、ポンプの 1 分間の最大吐出し量の 3 倍程度と

℧ 10. 油圧回路の設計法

する。

　8.4節の油タンクの図 8-11 を参考にして、ここでの最大流量は、28.8L/min であるから、90L として縦 50cm、横 50cm、油の液面高さ 36cm とすると、90L になる。従って、タンクの容量としては、縦 50cm、横 50cm、高さ 50cm 程度である。さらに、ここでは省略するが強度面からの管の厚さの確認も必要である。

10-3 複動形片ロッドシリンダを持つ回路の設計

複動形片ロッドシリンダを持つ回路は、9-2節の応用事例で説明した①油圧ショベル、②操舵機、③NC旋盤、④ダムゲートおよび⑤油圧プレスの回路中で使用されている基本的な回路であり、他の油圧回路においても随所に使用されている。従って、ここでは図10-2に示す複動形

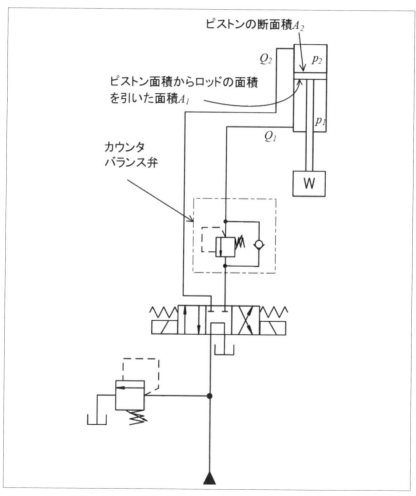

〔図10-2〕複動形片ロッドシリンダの上昇下降の回路例

- 309 -

⟲ 10. 油圧回路の設計法

片ロッドシリンダのピストンを上昇下降させる油圧回路を取り上げ、設計を行う。先ず、これまでに述べてきたピストン下降時の安全性を確保するためにカウンタバランス弁を設置している。

　さらに、次の設計仕様を与える。

可動部分（ピストンとそれに取り付けられた付属装置）の自重 W：500N

ピストン下降時の最大発生力 F：8000N

ピストンのストローク：500mm

上昇下降時の最大速度：10m/min

ポンプ吐出圧力：7MPa 以下

ポンプ吐出量：25L/min 以下

　先ず、方向制御弁の左側のソレノイドを ON にしてピストンが下降する場合を考える。

　ピストンの自重のみでピストンが下降しないように、カウンタバランス弁の設定圧力を、ピストンを含んだ可動部分の自重をロッド側の受圧面積 A_1 で割った値（W/A_1）の約2倍程度とする。従って、油が流れ始め、ロッド側の圧力 p_1 が上昇し設定圧力になってピストンが下降始める。重力方向のピストンにかかる力の釣合から次式が得られる。

$$A_2 p_2 + W - A_1 p_1 = F \qquad \cdots\cdots\cdots\cdots\cdots\cdots\cdots\cdots\cdots\cdots \text{(10-5)}$$

カウンタバランス弁の設定圧力より、

$$p_1 = 2\frac{W}{A_1} \qquad \cdots\cdots\cdots\cdots\cdots\cdots\cdots\cdots\cdots\cdots\cdots\cdots \text{(10-6)}$$

式（10-5）と（10-6）から次式が得られる。

$$A_2 = \frac{F + W}{p_2} \qquad \cdots\cdots\cdots\cdots\cdots\cdots\cdots\cdots\cdots\cdots\cdots \text{(10-7)}$$

ポンプ吐出圧力が 7MPa 以下であるから、キャップ側の圧力 p_2 を 5MPa として、可動部分の自重 W=500N、ピストン下降時の最大発生力 F=8000N を上式に代入すると次式が得られる。

$$A_2 = \frac{8000\text{N} + 500\text{N}}{5 \times 10^6 \text{Pa}} = 0.0017\text{m}^2 = 17\text{cm}^2 \quad \cdots\cdots\cdots\cdots\cdots \quad (10\text{-}8)$$

これより、シリンダの内径が 46.5mm 程度であり、表 7-1 のチューブ内径およびロッド径の基準寸法から安全を見越して内径を 50mm とし、ロッド径は B 列の 28mm とする。

従って、ロッド側の受圧面積 A_1 とキャップ側の受圧面積 A_2 は次のようになる。

$$A_1 = \frac{\pi}{4}\left\{(5\text{cm})^2 - (2.8\text{cm})^2\right\} = 13.5\text{cm}^2 \quad \cdots\cdots\cdots\cdots\cdots \quad (10\text{-}9)$$

$$A_2 = \frac{\pi}{4}(5\text{cm})^2 = 19.6\text{cm}^2 \quad \cdots\cdots\cdots\cdots\cdots\cdots\cdots \quad (10\text{-}10)$$

式 (10-7) より、ピストン下降時の最大発生力 F を再計算すると

$$F = A_2 p_2 - W = 0.00196\text{m}^2 \times 5 \times 10^6 \text{Pa} - 500\text{N} = 9300\text{N}$$

となり、ピストン下降時の最大発生力 8000N を超えており、設計条件を満たしている。

ピストン下降時の最大速度は 10m/min で約 17cm/s であるから、シリンダへの供給流量は次のようになる。

$$Q_2 = A_2 \times 17\text{cm/s} = 19.6\text{cm}^2 \times 17\text{cm/s} = 333.2\text{cm}^3/\text{s} = 20.0\text{L/min}$$
$$\cdots (10\text{-}11)$$

次に、方向制御弁の右側のソレノイドを ON にしてピストンが上降する場合を考える。

重力方向のピストンにかかる力の釣合から次式が得られる。

$$A_2 p_2 + W - A_1 p_1 = 0 \quad \cdots\cdots\cdots\cdots\cdots\cdots\cdots\cdots \quad (10\text{-}12)$$

タンクへ接続されているキャップ側のシリンダ内の圧力 p_2 を 0 とすると、上式は次のように、

— 311 —

↻ 10. 油圧回路の設計法

$$p_1 = \frac{W}{A_1} = \frac{500\text{N}}{0.00135\text{m}^2} = 0.37\text{MPa} \quad \cdots\cdots\cdots\cdots\cdots\cdots \quad (10\text{-}13)$$

となり、低い圧力でピストンは上昇する。

ピストン上昇時の最大速度は 10m/min で約 17cm/s であるから、シリンダへの供給流量は次のようになる。

$$Q_1 = A_1 \times 17\text{cm/s} = 13.5\text{cm}^2 \times 17\text{cm/s} = 229.5\text{cm}^3/\text{s} = 13.77\text{L/min}$$
$$\cdots (10\text{-}14)$$

従って、ピストン下降時の流量は 20L/min、上昇時は 13.77L/min であるから、設計条件であるポンプ吐出量が 25L/min 以下を満たす。

　次に圧力損失を予測する。4 ポート方向制御弁での圧力損失を求める。計算例 6 でのスプール弁の圧力と流量の関係を参考に、最大流量はピストンが下降時であるから、その時の流量は、式（10-11）から、333.2cc/s($3.33 \times 10^{-4}\text{m}^3/\text{s}$）で、スプール径 d が 12mm、弁の開度 x が 2.5mm の時の圧力降下を求める。ただし、油の密度 ρ を 860kg/m^3、流量係数 c_d を 0.7 とする。弁の開度は円周方向に一周に渡って開いており、そこを油は流れるので、流路面積 a は、円周に弁開度を乗じて、$(\pi d) \times x$ であるから式（2-41）から

　次式のようになる。

$$\Delta p = \frac{\rho Q^2}{2a^2 c_d{}^2} = \frac{\rho Q^2}{2\pi^2 d^2 x^2 c_d{}^2}$$
$$= \frac{860\text{kg/m}^3 \times (3.33 \times 10^{-4}\text{m}^3/\text{s})^2}{2\pi^2 \times (0.012\text{m})^2 \times (0.0025\text{m})^2 \times 0.7^2} \quad \cdots\cdots\cdots\cdots\cdots \quad (10\text{-}15)$$
$$= 0.011\text{MPa}$$

　次に、計算例 7 の管路内の流れの圧力損失 1 を参考に、ピストン下降時の供給側の管路流れの損失を見積もる。油の流量が、333.2cc/s($3.33 \times 10^{-4}\text{m}^3/\text{s}$)、つまり 20L/min の場合、動粘度 ν が $2 \times 10^{-5}\text{m}^2/\text{s}$、密度 ρ が 860kg/m^3 の油が流れる場合を考える。表 2-4 から呼び径 3/8B の内径 d

－ 312 －

が 12.7mm の鋼管を使用し、長さは 3m とする。市販の鋼管の管内壁の粗さと同程度の管内壁の粗さ ε とし、$\varepsilon = 0.045\text{mm}$ とする。

平均速度 U は、

$$U = \frac{Q}{\left(\dfrac{d}{2}\right)^2 \pi} = \frac{\dfrac{20 \times 10^{-3}}{60}\,\text{m}^3/\text{s}}{\left(\dfrac{12.7 \times 10^{-3}\text{m}}{2}\right)^2 \pi} = 2.63\text{m/s} \quad \cdots\cdots\cdots\cdots \quad (10\text{-}16)$$

となり、レイノルズ数 Re は、式 (2-4) より代表長さ L を d として

$$Re = \frac{Ud}{\nu} = \frac{2.63\text{m/s} \times 12.7 \times 10^{-3}\text{m}}{2 \times 10^{-5}\text{m}^2/\text{s}} = 1670 \quad \cdots\cdots\cdots\cdots \quad (10\text{-}17)$$

となる。レイノルズ数が 2300 以下であるから、流れは層流でムーディ線図の左側の範囲に入り、図中の層流の式から

$$\lambda = \frac{64}{Re} = \frac{64}{1670} = 0.038 \quad \cdots\cdots\cdots\cdots\cdots\cdots\cdots\cdots \quad (10\text{-}18)$$

となる。すなわち、管内壁の粗さは管摩擦係数には影響を与えず、管摩擦係数はレイノルズ数のみで決まる。次に、ダルシー・ワイズバッハの式 (2-43) から

$$\begin{aligned}
p_1 - p_2 &= \lambda \frac{L}{d} \frac{\rho U^2}{2} \\
&= 0.038 \frac{3\text{m}}{12.7 \times 10^{-3}\text{m}} \frac{860\text{kg/m}^3 \times (2.63\text{m/s})^2}{2} \quad \cdots\cdots\cdots\cdots \quad (10\text{-}19)\\
&= 26698\text{Pa} - 0.02\text{MPa}
\end{aligned}$$

となり、管路における損失は小さいことが分かる。

　従って、ポンプからシリンダまでの圧力損失は最大で 1MPa 以下として、使用するポンプの使用圧力を 7MPa とする。

　まとめると、使用圧力を 7MPa とし、流量 20L/min とするにあたってのポンプの選定において、余裕をもって最高使用圧力 7MPa、最高回転

数 1500min^{-1}、最大流量 25.8L/min のベーンポンプを選定する。

次に、電動機の選定である。最高使用圧力 7MPa、最高回転数 1500rev/min、最大流量 25.8L/min とすると、最高使用圧力と最大流量でのポンプ動力は、次のようになる。

$$7 \times 10^6 \mathrm{Pa} \times 25.8/(60 \times 10^3) = 3010\mathrm{Pa} \cdot \mathrm{m^3/s} = 3010\mathrm{Nm/s} = 3.01\mathrm{kW}$$

従って、3 相 200 V 電動機 定格一覧表（ここでは割愛する）から余裕をもって 3.7kW の電動機を選定する。

油タンク内の油の量は、ポンプの 1 分間の最大吐出し量の 3 倍程度とする。

8-4 節の油タンクの図 8-11 を参考にして、ここでの最大流量は、25.8L/min であるから、80L/min としてタンクの縦 45cm、横 45cm、油の液面高さ 40cm とすると、80L になる。従って、タンクの容量として、縦 45cm、横 45cm、高さ 50cm 程度とする。なお、ここでは省略するが強度面での管の厚さの確認も必要である。

参考文献

　本書を執筆するにあたり多くの図書、カタログ、論文等を参考にさせて頂いた。主な参考文献を以下に示す。

書籍など

1. http://www.jfps.jp/vir/、JFPS フルードパワーバーチャルミュージアム、（一社）日本フルードパワーシステム学会

2. 築地徹浩　他著、流体力学、実教出版 (2009)

3. 妹尾泰利著、内部流れと流体機械、養賢堂、(1997)

4. 竹中利夫監訳、V.L. ストリータ、E.B. ワイリー著、流体過渡現象、日本工業新聞社、(1973)

5. 築地徹浩、山根隆一郎、白濱芳朗共著、基礎からの流体工学、日新出版, (2002)

6. 山口惇、田中裕久著、油空圧工学、コロナ者、(1986)

7. 新版　油空圧便覧、(社) 日本油空圧学会 (現 (一社) 日本フルードパワーシステム学会編)、(1989)

8. 市川常雄、日比昭著、油圧工学、朝倉書店 (1981)

9. 実用油圧ポケットブック (2012 年度版)、(一社) 日本フルードパワー工業会

10. 西海孝夫著、油圧　基礎のきそ、日刊工業新聞社、(2012)

11. 高橋浩爾、築地徹浩著、流体の力学、日刊工業新聞社、(1995)

12. 油圧の基礎と応用、高橋徹著、東京電機大学出版局、(2010)

13. （一社）日本フルードパワーシステム学会、油圧駆動の世界－油圧ならこうする－、日本フルードパワーシステム学会創立 30 周年出版、(2003)

14. 油圧の実用技術、油圧技術研究フォーラム編、オーム社、(2001)

15. 油圧基幹技術、日本フルードパワーシステム学会編、日本工業出版、(2014)

16. はじめての油圧システム、熊谷英樹・正木克典著、技術評論社、(2014)

17. 油圧の技術、林義輝著、日本理工出版会、(2002)

18. 見方・書き方　油圧・空気圧回路図、坂本俊雄、三木一伯著、オー

ム社、(2003)

19. 良く分かる最新油圧・空気圧の基本と仕組み、坂本俊雄、長岐忠則著、秀和システム、(2016)

20. 機械工学便覧　基礎編　α4　流体工学、日本機械学会、(2006)

解説書や論文等

1. 阿武芳朗、秋山伸幸著、スプール形油圧方向切換え弁の流量係数について、日本機械学会論文集、36-286、(1970)、p.974

2. 市川常雄、清水孝著、ポペット弁の流量係数について、日本機械学会論文集、31-222、(1965)、p.317

3. 築地徹浩、松本学、佐倉青蔵、永田精一、吉田太志著、可視化技術を用いた油圧用ボール弁の改良、日本フルードパワーシステム学会論文集、第35巻、第6号、(2004年)、pp.7-12. 本文4-2-1項で引用

4. 築地徹浩、鈴木芳和著、渦法による油圧用軸対称ポペット弁内流の数値シミュレーション、日本機械学会論文集(B編)63巻606号(1997年2月) pp.552-559. 本文4-2-2項で引用

5. 築地徹浩、永井宏治、住田隆著、ポペット弁のつば近傍でのキャビテーションの抑制に関する研究、日本油空圧学会論文集、第32巻第1号(2001年1月) pp.7-12. 本文4-2-3項で引用

6. 築地徹浩、澄川寛和、住田隆、佐藤毅彦著、急落下防止弁内の流れの可視化と騒音測定、日本油空圧学会論文集、第29巻第3号(1998年5月) pp.16-20. 本文4-2-4項で引用

7. 築地徹浩、高瀬拓也、野口恵伸著、アキシアルピストンポンプ内のノッチからのキャビテーション噴流の可視化解析、日本フルードパワーシステム学会論文集、第42巻、第1号(2011年1月) pp.7-12. 本文5-2-4項で引用

8. 築地徹浩著、管路損失の低減法、日本フルードパワーシステム学会誌、日本フルードパワーシステム学会、第43巻、第4号(2012年7月) pp.218-220. 本文6-1節で引用

9. 阿部修、渡辺謙一、築地徹浩、渡邉摩理子、安永和敏著、マニホー

ルドブロック内管路の曲り部での流れ解析、平成 24 年度春季フルードパワーシステム講演会講演論文集、pp.31-33．本文 6-2 節で引用

10．金澤恵里、五十嵐大貴、阿部修、築地徹浩、安永和敏著、マニホールドブロック内の圧力損失、平成 25 年度春季フルードパワーシステム講演会講演論文集、pp.52-54．本文 6-3 節で引用

索引

あ行

アームシリンダ・・・・・・・・・・・・・・・ 282, 286
アキシアルピストンポンプ ・・・・・80, 162, 278, 290
アキュムレータ・・・・・・・・・・・・・・・・・・
36, 37, 39, 42, 149, 215, 216, 217, 218, 234, 255,
256, 267, 268, 276, 277, 278, 292, 294
アキュムレータ回路・・・・・・・・・・・・・・・・276
アクチュエータ・・・・・・・・・・・・・・・・・・
7, 8, 11, 95, 116, 121, 129, 135, 136, 139, 140, 142,
199, 221, 229, 230, 236, 250, 252, 254, 255, 263,
266, 272, 282, 285, 286, 288, 303
圧縮性・・・・・・・・・・・・・・・・・・・・・・
7, 17, 23, 24, 26, 30, 31, 32, 33, 34, 35, 40, 60, 92
圧縮率・・・・・・・・・・・・・・・・・・・ 30, 31
圧抜き回路・・・・・・・・・・ 268, 269, 293, 294, 297
圧力・・・・・・・・・・・・・・・・・・・・・・・43
圧力エネルギー・・・8, 25, 26, 27, 161, 215, 280
圧力オーバーライド特性・・・・・・・・・・・・・・
102, 106, 107, 108, 109, 112, 113, 114
圧力降下・・・・・・・・・・・・・・・・・・・・・
46, 74, 82, 83, 86, 187, 188, 189, 192, 196, 220, 279,
285, 306, 312
圧力勾配・・・・・・・・・・・・・・・・・ 82, 86
圧力制御回路・・・・・・・・・・・・・・・ 229, 231
圧力制御弁・・・・・・・・・・・・99, 122, 138, 143
圧力損失・・・・・・・・・・・・・・・・・・・・・
46, 49, 50, 55, 57, 58, 95, 179, 181, 186, 193, 194,
225, 303, 304, 307, 312, 313
圧力波・・・・・・・・・・・・・・・・・・ 37, 40, 42
圧力保持回路・・・・・・・・・・・・・・・・ 255, 257
圧力補償形可変容量ポンプ・・・・・・・ 290, 291, 292
圧力脈動・・・・・・・・・・・・・・・・・・・・215
油タンク ・・・ 11, 215, 220, 221, 226, 297, 308, 314
アングル形・・・・・・・・・・・・・・・・ 136, 137
アンダーラップ ・・・・・・・・・・・・・・・・・131
アンロード圧力制御回路 ・・・・・・・・・・・・ 233, 249
アンロード回路・・・・・・・・・・・・249, 250, 262, 272
アンロード状態・・・・・・・・・・・・・・・・・・
234, 250, 253, 258, 260, 274, 275, 278, 288, 289
アンロード弁・・・・・・・・・・・・・・・・・・・
99, 119, 120, 121, 123, 124, 249, 256
アンロードリリーフ弁 ・・・・・・・235, 236, 256, 278

位置エネルギー・・・・・・・・・・・・・ 7, 24, 26, 27, 28
一次元流れ・・・・・・・・・・・・・・・・・・・19
一方向絞り弁 ・・・・・・・・・・・・・126, 236, 237
位置保持回路・・・・・・・・・・・・・・ 139, 262, 292
インライン形・・・・・・・・・・・・136, 137, 145, 296
インラインフィルタ・・・・・・・・・・・・・・・221
運動エネルギー・・・・・・・・・ 25, 26, 27, 37, 161
A 特性音圧レベル・・・・・・・・・・・・・ 152, 154
SI 基本単位・・・・・・・・・・・・・・・・・・15
SI 組立単位・・・・・・・・・・・・・・・・ 15, 16
SI 単位・・・・・・・・・・・・・・・・・・・15
SI 単位系・・・・・・・・・・・・・・・・・・21
NC 旋盤・・・・・・・・・・・・・・・ 239, 290, 309
エネルギー・・・・・・・・・・・・・・・・・・・
7, 8, 16, 25, 26, 28, 43, 46, 143, 179, 189, 216, 233,
234, 235, 243, 250, 278, 280, 291, 297
エルボ・・・・・・・・・・・・・・・・・ 54, 57, 58
遠隔操作・・・・・・・・・・・・・ 102, 122, 231, 233
円筒絞り・・・・・・・・・78, 110, 112, 113, 126, 127
オイルハンマー・・・・・・・・34, 36, 37, 38, 42, 268
往復ポンプ・・・・・・・・・・・・・・・・・・161
大型油圧ショベル・・・・・・・・・・・・・・・・3
オーバーライド圧力 ・・・・・・・・・・・ 107, 108, 114
オーバーラップ・・・・・・・・・・・・・・・・・130
オーバライド・・・・・・・・・・・・・・・・・106
オープンセンタ・・・・・・・・・・・・・・ 132, 249
オールポートオープン・・ 131, 132, 249, 260, 288, 289
オールポートブロック・・ 131, 132, 133, 135, 136
押しのけ容積 ・・・・・・・・・・ 149, 161, 278, 307
オフラインフィルタ ・・・・・・・・・・・・・・ 222
オリフィス絞り ・・・・・・・・・・・77, 78, 126, 150

か行

回転斜板式アキシアルピストンポンプ ・・・・ 163, 164
回転シリンダ形斜板式アキシアルピストンポンプ ・・・
162, 165, 276, 290
回転シリンダ形ラジアルピストンポンプ・・・・・・170
開度・・・・・・・・・・・・・・・・・・・・・・
8, 69, 74, 75, 113, 116, 129, 166, 279, 305, 306,
312
外部ドレン ・・・・122, 123, 125, 139, 263, 275, 290
外部パイロット・・・・・・・・・・・・・・・・・
116, 117, 120, 122, 123, 124, 125, 230, 257, 258,
259, 276, 277, 287, 288, 289, 290, 296
カウンタバランス弁 ・・・・・・・・・・・・・・・
116, 117, 118, 119, 124, 125, 179, 180, 256, 257,

258, 259, 260, 261, 268, 269, 286, 288, 289, 290, 294, 295, 297, 299, 310

下死点 ・・・・・・・・・・・・・・・・・・ 162, 163, 165
荷重圧力係数 ・・・・・・・・・・・・・・・・・・・・ 203
片ロッドシリンダ ・・・・ 200, 208, 244, 266, 271, 310
可動鉄心 ・・・・・・・・・・・・・・ 134, 135, 143, 144
可変容量形油圧ポンプ ・・・・・・・・・・・ 275, 276
カムリング ・・・・・・・・・・・・・・・・・ 172, 210
慣性力 ・・・・・・・・・・・・・・・・・・ 65, 66, 67, 68
完全真空状態 ・・・・・・・・・・・・・・・・・・・・ 17
管内径 ・・・・・・・・ 21, 46, 47, 57, 191, 192, 193, 196
管内壁の粗さ ・・・・・・・・・・・・ 47, 48, 49, 306, 307
管内壁の相対粗さ ・・・・・・・・・・・・・・・・・・ 46
管摩擦 ・・・・・・・・・・・・・・・・・・・・・ 46, 50
管摩擦係数 ・・・・・・ 45, 46, 47, 49, 54, 193, 307, 313
管摩擦損失 ・・・・・・・・・・・・・・・ 36, 46, 194
管路 ・・・・・・・・・・・・・・・・・・・・・・・・・・6
管路網 ・・・・・・・・・・ 180, 191, 192, 193, 195, 196
管路用フィルタ ・・・・・・・・・・・・・・・ 219, 220
機械操作 ・・・・・・・・・・・・・・・・・・・ 133, 134
気泡含有率 ・・・・・・・・・・・ 168, 169, 173, 174
逆止め弁 ・・・・・・・・・・・・・・・・・・・ 124, 136
キャップ側 ・・・・・・・・・・・・・・・・・・・・・・・
9, 32, 117, 203, 205, 237, 245, 246, 251, 252, 255, 257, 261, 264, 267, 277, 280, 286, 289, 292, 294, 299, 310
キャビテーション ・・・・・・・・・・・・・・・・・・・・
77, 78, 79, 92, 126, 145, 149, 150, 151, 152, 169, 173, 190, 288
キャビテーション音 ・・・・・・・・・・・・・・・・・146
キャビテーション気泡 ・・・・・・・・・・・・・・・・・・
145, 146, 147, 149, 150, 151, 152, 153, 154, 166, 167, 168, 169, 173, 188, 190, 225
キャビテーション係数 ・・・ 77, 78, 150, 151, 152, 154
キャビテーション現象 ・・・・・・・・・・・・・・・・・・
78, 99, 145, 146, 147, 150, 152, 153, 154, 172, 180
キャビテーション噴流 ・・・・・・・・・・・・ 166, 167
ギヤポンプ ・・9, 10, 11, 80, 148, 149, 161, 175, 210
ギヤモータ ・・・・・・・・・・・・・・・・・ 199, 210
急拡大 ・・・・・・・・・・・・ 27, 50, 51, 55, 56, 57
急縮小 ・・・・・・・・・・・・・・・ 27, 50, 51, 52
キリ穴形マニホールドブロック ・・・・・・・・ 180, 181
切換弁 ・・99, 129, 130, 133, 136, 140, 141, 143, 261
空気分離圧 ・・・・・・・・・・・・・・・・・・・・・79
クーラー ・・・・・・・・・・・・・・・・ 8, 215, 225, 303
クエット流れ ・・・・・・・・・・・・・・・・・・・・82

クッション機構 ・・・・・・・・・・・ 206, 208, 209, 271
クッションプランジャ ・・・・・・・・・・・・・・・・ 206
クッション弁 ・・・・・・・・・・・・・・・・・・・・ 206
クラッキング圧力 ・・ 104, 107, 108, 114, 138, 222, 253
ゲージ圧 ・・・・・・・・・・・・・・・・・・・・・・17
ケーシング ・・・・・・・・・ 9, 80, 161, 170, 175, 210
減圧回路 ・・・・・・・・・・・ 116, 254, 255, 256, 290
減圧弁 ・・・・ 99, 114, 116, 253, 254, 255, 290, 291
検査体 ・・・・・・・・・・・ 60, 61, 64, 71, 72, 102
検査面 ・・・・・・・・・・・・・・・・・ 64, 69, 73
減速回路 ・・・・・・・・・・・・・・・・・・・・・ 248
コイル ・・・・・・・・・・・・・・・・・・・ 142, 144
高圧液体噴射系 ・・・・・・・・・・・・・・・ 304, 305
鋼管 ・・・・・・・・・・・・・・・ 47, 48, 200, 306, 313
工作機械 ・・・・・ 6, 92, 121, 139, 209, 241, 243, 290
合流 ・・・・・・ 50, 54, 55, 191, 192, 194, 195, 245
固定シリンダ形ラジアルピストンポンプ ・・・・ 170, 171
固定容量ポンプ ・・・・・・・・・・・・・・・・・・291
固有振動数 ・・・・・・・・・・・・・・・・・・・・・149
コントロールシリンダ ・・・・・・・ 278, 280, 290, 292
コンピューターシミュレーション ・・ 167, 172, 173, 191

さ行

サージ圧力 ・・・・・・ 36, 42, 215, 230, 235, 267, 268
サーボ弁 ・・・・・・・・・・・・・・・・・ 140, 221
細孔 ・・・・・・・・・・・・・・・・・・・・・・・115
サクションストレーナ ・・・・・・・・・・・・・・ 220
差動回路 ・・・・・・・・・・・・・・・・・・・・・・・
243, 244, 245, 246, 247, 248, 286, 288, 294
作動油 ・・・・・・・・・・・・ 8, 79, 91, 92, 93, 303
CFD ・・・ 75, 145, 147, 148, 167, 168, 169, 193, 195, 196
シーケンス回路 ・・・・・・・・・・・・・・ 250, 251, 252
シーケンス弁 ・・・・・・・・・・・・・・・・・・・・・
99, 119, 121, 122, 123, 124, 125, 250, 251, 252, 253, 296
シート弁 ・・・・・・・・・・・・・・・ 99, 136, 263
仕切板 ・・・・・・・・・・・・・・・・・・・・・ 226
実質微分 ・・・・・・・・・・・・・・・・・・・・・59
質点系の力学 ・・・・・・・・・・・・・・・・ 25, 26
質量保存の法則 ・・・・・・・・・・・・・・・・・・22
質量流量 ・・・・・・・・・・・・・・・・・ 20, 26
質量力 ・・・・・・・・・・・・・・・・・・・・61, 69
絞り ・・・・・・・・・・・・・・・・・・・・・・・・・
8, 9, 10, 42, 43, 44, 58, 66, 74, 77, 78, 99, 100, 101, 102, 110, 116, 126, 128, 129, 139, 140, 145, 150, 155, 156, 233, 234, 236, 248, 266

ち 索引

絞り弁 ・・・・・・・・・・・・・・・・・・・・・・・・・・・・・・
99, 126, 127, 128, 237, 266, 268, 279, 280, 290, 294, 299
斜軸式 ・・・・・・・・・・・・・・・・・・・・・・・ 162, 163
斜軸式アキシアルピストンポンプ ・・・・・・・・・・ 164
シャトル弁 ・・・・・・・・・・・・・・・・ 99, 129, 139, 140
斜板 ・・・・・ 162, 163, 164, 276, 278, 279, 290, 292
斜板角 ・・・・・・・・・・・・・・・・・・・・・ 280, 290, 292
斜板式 ・・・・・・・・・・・・・・・・・・・・・・・・・ 162, 165
斜板式アキシアルピストンポンプ ・・・・・・・・・・・・・・・
162, 163, 164, 165, 276, 290
受圧面積 ・・・・・・・・・・・・・・・・・・・・・・・・・・・・
102, 116, 117, 139, 192, 202, 203, 205, 242, 245, 266, 289, 290, 297, 304, 310, 311
主弁 ・・・・・・・・・・・・・・・・・・・・・・・・・・・・・・・・
9, 10, 101, 102, 108, 109, 110, 112, 113, 114, 115, 116, 136, 149, 150, 152, 232, 233, 234, 235, 236, 255
蒸気圧 ・・・・・・・・・・・・・・・・・・・・・・・ 78, 150
上死点 ・・・・・・・・・・・・・・・・・・・・・・・ 162, 165
初期たわみ ・・・・・・・・・・・・・ 100, 108, 112, 117
ショック防止回路 ・・・・・・・・・・・・・・・・・ 266, 267
シリーズ回路 ・・・・・・・・ 272, 274, 282, 285, 286
シリンダチューブ ・・・・・・・・・・・・・・・・・・・・・ 200
シリンダブロック ・・・・ 80, 162, 163, 164, 170, 278
シリンダポート ・・・・・・・・・・・ 162, 165, 167, 266
心押台回路 ・・・・・・・・・・・・・・・・・・・・・ 290, 291
人力操作 ・・・・・・・・・・・・・・・・・・・・・・・ 133, 134
吸込み ・・・・・・・・・・・・・・・・・・・・・・・・・・・・・・
11, 162, 165, 167, 172, 199, 219, 220, 221, 278, 292
吸込み行程 ・・・・・・・・・・・・・・・・・・・・・ 165, 166
推力 ・・・・・・・・・・・・・・ 203, 204, 205, 206
推力効率 ・・・・・・・・・・・・・・・ 203, 204, 206
すき間 ・・・・・・・・・・・・・・・・・・・・・・・・・ 65, 80
スティックスリップ ・・・・・・・・・・・・・・・・・・・・ 209
ストークス近似 ・・・・・・・・・・・・・・・・・・・・・・・ 84
スプール ・・・・・・・・・・・・・・・・・・・・・・・・・・・ 44
スプール弁 ・・・・・・・・・・・・・・・・・・・・・・・・・・・
45, 58, 62, 63, 64, 65, 67, 74, 75, 80, 99, 117, 119, 129, 139, 140, 141, 142, 143, 155, 156, 157, 305
スプリングセンタ方式 ・・・・・・・・・・・・・・・・・ 133
スプリングリターン ・・・・・・・・・・・・・・ 133, 233
スライド弁 ・・・・・・・・・・・・・・・・・・・・・ 99, 263
スリーブ ・・・・・・・ 45, 62, 63, 65, 80, 155, 156, 157
積層形マニホールドブロック ・・・ 181, 182, 183, 188
石油系作動油 ・・・・・・・・・・・・・・ 9, 31, 77, 92, 94

絶対圧 ・・・・・・・・・・・・・・・・・・・・・・・ 17, 216
絶対圧力 ・・・・・・・・・・・・・・・・・ 77, 78, 79, 150
設定圧力 ・・・・・・・・・・・・・・・・・・・・・・・・・・・・
100, 101, 104, 108, 114, 119, 122, 144, 231, 233, 237, 241, 247, 250, 255, 263, 265, 278, 288, 297, 310
接頭語 ・・・・・・・・・・・・・・・・・・・・・ 15, 16, 17
せばまり流れ ・・・・・・・・・・ 73, 109, 149, 152
旋回モータ ・・・・・・・・・・・・・・・・・・・ 281, 286
センタバイパス通路 ・・・・・・・・・・ 282, 283, 286
せん断応力 ・・・・・・・・ 17, 80, 81, 83, 85, 95
せん断流れ ・・・・・・・・・・・・・・・・・・・・・・・・・ 82
増圧回路 ・・・・・・・・・・・・・・・・ 252, 253, 304
増圧器 ・・・・・・・・・・ 253, 254, 304, 305, 307
増圧装置 ・・・・・・・・・・・・・・・・・・・・・・・・・・ 42
双腕作業機 ・・・・・・・・・・・・・・・・・・・・・・・・・ 4
騒音 ・・・・・・・・・・・ 99, 145, 146, 147, 152, 153
騒音測定 ・・・・・・・・・・・・・・・・・・・・・・・・・ 152
走行用モータ ・・・・・・・・・・・・・・・・・ 282, 286
相対粗さ ・・・・・・・・・・・・・・・・・・・・・・・・ 47, 50
操舵機 ・・・・・・・・・・ 117, 121, 288, 289, 309
層流 ・・・・・・・・ 20, 21, 46, 49, 50, 193, 306, 313
速度 ・・・・・・・・・・・・・・・・・・・・・・・・・・・・・・ 20
速度エネルギー ・・・・・・・・・・・・・・・・・・・・・・・ 8
速度係数 ・・・・・・・・・・・・・・・ 104, 110, 112
速度勾配 ・・・・・・・・・・・・・・・・・・ 81, 85, 95
速度制御回路 ・・・・・・・・・ 229, 236, 297, 298
速度分布 ・・・・・・・・・・ 20, 82, 95, 157
ソレノイド ・・・・・・・・・・・・・・・・・・・・・・・・・・・
117, 131, 136, 143, 234, 247, 250, 253, 255, 257, 261, 262, 267, 277, 289, 292, 297, 299, 310
損失係数 ・・・・・・・・・・・・・・・・・・・・・・・・・・・・
51, 52, 54, 56, 57, 185, 186, 187, 191, 192, 193, 194, 195, 196
損失ヘッド ・・・・・・・・・・・・ 50, 51, 193, 194

た行

大気圧 ・・・・・・・・・・・・・・・・・・・・・・・・・・・・・・
17, 31, 43, 77, 79, 103, 226, 238, 259, 260, 261, 262, 263, 266, 270, 280, 288, 289
体積弾性係数 ・・・・・・・・・・ 31, 32, 40, 41, 42
体積流量 ・・・・・・・・・・ 20, 24, 31, 74, 100
代表速度 ・・・・・・・・・・・・・・・・・・・・ 21, 150
代表長さ ・・・・・・・・・・・・・・ 21, 49, 306, 313
ダイヤフラム形アキュムレータ ・・・ 215, 216, 235
ダムゲート ・・・・・・・・・・・ 139, 292, 293, 309

ダルシー・ワイズバッハの式‥46, 49, 50, 307, 313
単位‥‥‥‥‥‥‥‥‥‥‥‥‥‥‥
7, 15, 16, 17, 19, 26, 27, 31, 44, 62, 74, 82, 83, 94,
95, 100, 156, 308
タンク‥‥‥‥‥‥‥‥‥‥‥‥‥‥‥
9, 43, 100, 108, 115, 119, 122, 129, 132, 136, 139,
142, 219, 222, 229, 233, 237, 240, 246, 247, 249,
251, 255, 258, 259, 264, 268, 275, 280, 282, 287,
288, 290, 296, 299, 308, 314
タンク用フィルタ‥‥‥‥‥‥‥219, 221
タンデム回路‥‥‥‥‥272, 273, 282, 283, 286
単動形シリンダ‥‥‥‥‥‥‥‥200, 297
断熱変化‥‥‥‥‥‥‥‥‥216, 217, 218
チェック弁‥‥‥‥‥‥‥‥‥‥‥
99, 116, 119, 121, 129, 136, 139, 145, 145, 163,
190, 209, 230, 235, 236, 250, 253, 255, 259, 263,
267, 276, 283, 288, 292, 297, 299
チェック弁付きシーケンス弁‥‥‥125, 126, 253
チャック回路‥‥‥‥‥‥‥‥‥290, 291
チューブ内径‥‥‥‥200, 201, 202, 204, 311
中立位置‥‥‥‥‥‥‥‥‥‥‥‥134
直動形リリーフ弁‥‥‥‥‥‥‥‥‥
100, 106, 107, 109, 113, 147, 231, 232
つば‥‥‥‥‥‥‥‥‥‥‥‥149, 150
つば付きポペット‥‥‥‥‥149, 150, 151
定常流れ‥‥‥‥44, 61, 72, 81, 103, 104, 114
定常流体力‥‥‥‥64, 65, 68, 73, 109, 149
デセラレーション弁‥‥‥‥‥‥‥‥‥
99, 126, 139, 140, 141, 248, 249, 297, 299
デテント付き‥‥‥‥‥‥‥‥133, 134
電気油圧サーボ弁‥‥‥‥‥‥‥‥140
電気油圧制御弁‥‥‥‥‥‥‥‥‥140
電磁切換弁‥‥‥‥‥‥‥133, 134, 136
電磁操作‥‥‥‥‥‥‥‥‥133, 134
電磁パイロット切換弁‥‥‥‥‥135, 136
伝播速度‥‥‥‥‥‥‥‥35, 40, 42
等温変化‥‥‥‥‥‥‥‥216, 217, 218
透過撮影‥‥‥‥‥‥‥‥‥‥‥146
同期回路‥‥‥‥‥‥‥‥‥‥‥270
動粘度‥‥16, 21, 27, 83, 86, 87, 95, 150, 306, 312
動力‥‥‥‥‥‥‥‥‥‥‥‥‥‥
4, 7, 16, 91, 124, 205, 206, 246, 247, 274, 275, 276,
278, 307, 314
動力一定回路‥‥‥‥‥‥274, 275, 276
特性曲線法‥‥‥‥‥‥‥‥‥‥‥42
閉じ込み‥‥‥‥‥‥‥‥‥‥‥165

閉込み現象‥‥‥‥‥‥‥‥‥‥165
トリチェリの定理‥‥‥‥‥‥‥43, 44
トルクモータ‥‥‥‥‥‥‥‥142, 199
トルクモータ部‥‥‥‥‥‥‥141, 143
ドレン口‥‥‥‥‥‥‥‥‥122, 125

な行

内部ドレン‥119, 120, 122, 123, 124, 125, 139, 276
内部パイロット‥‥‥‥‥‥‥‥‥‥
116, 117, 119, 122, 123, 125, 259, 260, 261, 289,
290, 295, 297, 299
内部漏れ‥‥‥‥‥‥‥136, 259, 262, 275
難燃性作動油‥‥‥‥‥‥‥‥‥92, 93
ニードル弁‥‥‥‥‥‥127, 147, 237, 264
二重管内の流れ‥‥‥‥‥‥‥‥87, 88
2段形サーボ弁‥‥‥‥‥‥141, 142, 143
ニュートンの運動の第2法則‥‥‥‥‥‥59
ねじポンプ‥‥‥‥‥‥‥‥‥‥161
粘性‥‥‥‥‥‥81, 84, 92, 94, 95, 148
粘度‥‥‥‥‥‥‥‥‥‥‥‥‥
7, 16, 21, 27, 81, 82, 85, 86, 91, 92, 93, 95, 96, 112,
225
粘度グレード‥‥‥‥‥‥‥‥‥‥95
ノーマル位置‥‥‥‥‥‥‥‥‥133
ノーマルオープンタイプ‥‥‥‥‥‥140
ノズルフラッパ機構‥‥‥‥‥‥‥141
ノズルフラッパ弁‥‥‥‥‥‥‥‥99
ノッチ‥‥‥‥‥‥‥‥165, 166, 167
ノルズフラッパ機構部‥‥‥‥‥‥141

は行

ハーゲン・ポアズイユの式‥‥‥‥‥‥110
背圧‥‥‥‥142, 204, 241, 257, 258, 261
パイロット口‥‥‥‥‥‥‥120, 122, 258
パイロット作動形減圧弁‥114, 115, 147, 253, 255
パイロット作動形リリーフ弁‥‥‥‥‥‥
9, 10, 11, 101, 102, 108, 112, 113, 114, 147, 150,
152, 229, 230, 231, 232, 233, 234, 236
パイロット操作‥‥‥‥‥133, 134, 266, 286
パイロット操作チェック弁‥‥‥‥‥‥
119, 129, 138, 147, 253, 259, 260, 261, 262, 263,
294, 297, 298, 299
パイロット弁‥‥‥‥‥‥‥‥‥‥
9, 10, 101, 102, 110, 111, 112, 113, 114, 115, 135,
136, 144, 232, 233, 235, 236, 255, 266
パイロットポート‥‥‥116, 117, 139, 236, 296, 299

– 321 –

↺ 索引

パイロット流路 ・・・・・・・・・・・・・・ 9, 10, 102, 234
パイロットリリーフ弁・・・・・・・・・・・・ 231, 232, 233
吐出し行程 ・・・・・・・・・・・・・・・ 163, 165, 166
バケット ・・・・・・・・・・・・・・・・・・ 3, 282, 286
バケットシリンダ・・・・・・・・・・・・・・・・・ 282, 286
パスカル ・・・・・・・・・・・・・・・・・・ 15, 16, 17
パスカルの原理・・・・・・・・・・・・・・・・・・ 17, 18
バックホウショベル・・・・・・・・・・・・・・・・・・3
バッフルプレート ・・・・・・・・・・・・ 10, 11, 226
波動方程式・・・・・・・・・・・・・・・・・・・・・42
刃物台回路 ・・・・・・・・・・・・・・・・・・・ 290
パラレル回路・・・272, 273, 274, 282, 283, 284, 286
バランスピストン ・・・・・・・・・・・・・・・・・101
バランスピストン形リリーフ弁 ・・・・・・・・・・・101
非圧縮性流れ・・・・・・・・・・・・・ 17, 23, 24, 60
ピーク圧力 ・・・・・・・・・・・・・・・・ 165, 166
比重・・・・・・・・・・・・・・・・・・・・ 81, 93, 94
ピストン ・・・・・・・・・・・・・・・・・・・・ 200
ピストンシュウ・・・・・・・・・・・・・・・・・・162
ピストンの推力 ・・・・・・・・・・・・・・・ 206, 246
ピストンポンプ ・・・・・・80, 143, 149, 210, 286, 307
ピストンモータ ・・・・・・・・・・・・ 199, 210, 211
ピストンロッド・・・・・・・・・・・・200, 201, 203, 245
非定常流れ・・・・・・・・・・・・・・・・・・・・44
非定常流体力・・・・・・・・・・・・・・・・・・・68
非平衡形ベーンポンプ ・・・・・・・・・・・・・・・172
表面力・・・・・・・・・・・・・・・・・・・・・・71
比例制御弁・・・・・・・・・・・・・・・・・・・ 143
比例ソレノイド・・・・・・・・・・・・・・・・・・143
比例電磁式リリーフ弁 ・・・・・・・・・・ 143, 144, 147
比例電磁弁・・・・・・・・・・・・・・・・・・・ 143
広がり流れ ・・・・・・・・69, 72, 102, 104, 106, 148
フィードバックスプリング ・・・・・・・・・・・・・・142
フィルタ ・・・・・・・・・・・・・・・・・・・・・・
8, 9, 10, 11, 119, 215, 219, 220, 221, 222, 223, 224,
226, 303
ブームシリンダ ・・・・・・・・・・・・ 282, 286, 287
負荷感応回路 ・・・・・・・・・・・・・・・・・・ 278
複動形片ロッドシリンダ ・・・・・・・・・・・・・ 309
複動形シリンダ ・・・・・・・・・・・・・・・・・ 200
ブラダ形アキュムレータ ・・・・・・・・・・・ 215, 216
フラッパ ・・・・・・・・・・・・・・・・・・・・ 142
ブリードオフ回路 ・・・・・・・・・・・・・・ 242, 243
ブレーキ回路 ・・・・・・・・・・・241, 263, 264, 265
プレート弁 ・・・・・・・・・・・・・・・・・・・・99
プレス機械 ・・・・・・・・・・・・・・・・ 121, 241

プレフィル弁 ・・・・・・・・・・・・・99, 294, 296, 297
分岐・・・・・・・・・・・ 50, 54, 55, 191, 192, 194, 195
噴流角・・・・・・・・・・・・・・・・・・・・ 68, 155
分流弁 ・・・・・・・・・・・・・・・・・・・ 99, 126
閉回路 ・・・・・・・・・・191, 192, 193, 194, 195, 196
平均速度・・20, 21, 46, 48, 49, 51, 150, 186, 306, 313
平均吐出し量 ・・・・・・・・・・・・・ 163, 165, 226
平衡形ベーンポンプ ・・・・・・・・・・・・172, 173, 174
平行二平板間流路 ・・・・・・・・・・・・・・・・・80
ベーン ・・・・・・・・・・・・・・・・ 149, 172, 210
ベーン室 ・・・・・・・・・・・・・・・・・・・・ 173
ベーン先端 ・・・・・・・・・・・・・・・・・・・・80
ベーンポンプ ・・・・・・・・・・・・・・・・・・・
80, 92, 148, 149, 161, 172, 173, 210, 314
ベーンモータ ・・・・・・・・・・・・・・・・ 199, 210
ベルヌーイの定理 ・・・・・・・25, 26, 27, 28, 43, 77
弁板・・・・・・・・・・・・・・・・・・・ 80, 162, 165
弁開度・・・・・・・・・・・・・・・・・・・・・・
44, 45, 58, 65, 72, 100, 101, 105, 106, 108, 113,
114, 150, 151, 153, 261, 278, 306
弁座 ・・・・・・・・・・・・・・・・・・・・ 145, 150
弁室 ・・・・・・・・・・ 63, 64, 66, 67, 68, 155, 156
偏心 ・・・・・・・・・・・・・・・・・・ 88, 170, 172
ベント ・・・・・・・・・・・・・・・・・・・・・・ 54
ベント口 ・・・・・・・・・・・・・・・・・ 233, 234
ベント接続口・・102, 230, 231, 232, 233, 234, 236, 255
弁の振動 ・・・・・・・・・・・・・・・・・ 145, 147
方向制御弁・・・・・・・・・・・・・・・・・・・・
9, 36, 99, 117, 118, 124, 129, 130, 136, 140, 191,
194, 221, 233, 242, 245, 247, 249, 253, 255, 258,
261, 263, 267, 272, 282, 282, 288, 292, 297, 298,
305, 307, 310, 312
放射状流れ・・・・・・・・・・・・・・・・・ 83, 84
飽和蒸気圧・・・・・・・・・・・・・・・・・・77, 79
ボールサポート ・・・・・・・・・・・・・ 145, 146, 147
ボール弁 ・・・・・・・・・99, 136, 137, 145, 146, 147
補助シリンダ ・・・・・・・・・・・・・・ 270, 294, 297
補助単位・・・・・・・・・・・・・・・・・・・・・15
補助パイロット ・・・・・・・・・・・・ 116, 117, 290
ポペット ・・・・・・・・・・・・・・・・・・・・・
69, 71, 72, 73, 100, 102, 104, 109, 136, 137, 139,
144, 147, 148, 149, 150
ポペット弁 ・・・・・・・・・・・・・・・・・・・・
69, 73, 74, 75, 76, 99, 102, 105, 119, 136, 137, 147,
148, 149
ポリトロープ指数 ・・・・・・・・・・・・・・ 216, 217

- 322 -

ポンプ ···
7, 8, 9, 11, 20, 46, 47, 107, 108, 114, 116, 117, 118,
119, 120, 121, 124, 131, 132, 147, 148, 149, 161,
172, 173, 200, 210, 219, 220, 221, 226, 229, 230,
234, 235, 236, 237, 240, 242, 243, 245, 246, 247,
248, 249, 250, 253, 256, 257, 258, 259, 260, 261,
264, 275, 276, 277, 278, 279, 280, 282, 284, 285,
286, 288, 289, 290, 291, 294, 295, 296, 297, 298,
303, 304, 307, 310, 313, 314

ま行

摩擦特性 ······························ 209
マニホールドブロック ···························
49, 179, 180, 181, 185, 190, 191, 192, 195, 196
マニホールド方式 ···················· 179, 180
密度 ···
4, 17, 20, 21, 23, 27, 28, 35, 40, 41, 42, 43, 45, 46,
48, 55, 56, 57, 59, 65, 74, 81, 83, 86, 87, 94, 95,
100, 103, 112, 306, 312
脈動周波数 ····················· 148, 149
脈動流量 ······················ 66, 148, 149
ムーディ線図 ·········· 47, 48, 49, 50, 193, 306, 313
無負荷回路 ······························ 249
無負荷状態 ·········· 120, 124, 234, 235, 288
メータアウト回路 ······· 239, 240, 241, 264, 293
メータイン回路 ·····························
237, 238, 239, 240, 241, 242, 290, 292, 293, 299
モータ ·······································
10, 119, 199, 210, 256, 264, 272, 273, 275, 282,
286
漏れ流量 ·················· 83, 86, 87, 88, 210

や行

油圧アクチュエータ ·········· 11, 129, 199, 303
油圧回路 ································91
油圧機器 ········ 9, 11, 17, 80, 95, 179, 294, 303
油圧技術 ························· 3, 7, 91
油圧源 ························ 119, 254, 255, 297
油圧ショベル ·· 3, 4, 243, 282, 286, 287, 288, 309
油圧シリンダ ·································
7, 9, 10, 11, 32, 116, 125, 130, 199, 200, 201, 203,
208, 209, 222, 223, 235, 241, 264, 265, 271, 282,
286, 288
油圧制御弁 ········ 11, 43, 58, 74, 99, 145, 303
油圧ダンパー ·································5
油圧プレス ····· 6, 139, 270, 294, 295, 297, 309

油圧ポンプ ··································
11, 95, 161, 221, 274, 275, 276, 282, 286, 288,
297, 303
油圧モータ ··································
5, 7, 116, 199, 210, 238, 239, 252, 256, 263, 264,
271, 272, 274, 275, 282
有効数字 ························· 15, 16
油撃 ····························· 34, 268
油中分離 ······························42
揺動形アクチュエータ ·················· 199
油面計 ······························ 226
ヨークシリンダ ························ 278
横振動 ······················· 146, 147

ら行

ラジアルピストンポンプ ··············· 161, 170
ラジアルピストンモータ ·················· 199
ラムシリンダ ············· 270, 294, 296, 297
乱流 ················ 20, 21, 46, 50, 145, 156, 193
力学的なエネルギー保存則 ···················25
リモートコントロール ··················· 231
流管 ····················· 22, 59, 60, 61
流速 ············ 20, 21, 27, 36, 43, 47, 84, 195
流体力 ······································
58, 62, 63, 64, 65, 66, 67, 68, 69, 72, 73, 102, 104,
142, 155
流量 ····················· 7, 20, 43
流量係数 ····································
44, 45, 74, 75, 76, 100, 103, 112, 196, 306, 312
流量制御弁 ··································
99, 126, 128, 236, 237, 238, 240, 241, 242, 249,
264, 266, 271, 272, 292, 294
流量調整弁 ············· 99, 126, 128
流量脈動 ······························ 149
流路面積 ····································
26, 44, 45, 51, 53, 66, 71, 72, 74, 99, 100, 101,
103, 105, 116, 126, 127, 128, 140, 185, 186, 188,
190, 236, 248, 299, 306, 312
リリーフ弁 ··································
99, 100, 102, 104, 108, 116, 122, 123, 145, 229,
230, 231, 237, 239, 240, 241, 242, 245, 247, 254,
255, 263, 265, 266, 275, 287, 288, 290, 291, 294
理論吐出し量 ····················· 162, 163
理論平均動力 ····················· 161, 275
理論平均トルク ························ 161
理論平均吐出し量 ·················· 161, 275

- 323 -

ↄ 索引

レイノルズ数 ·································
21, 27, 46, 47, 48, 49, 50, 74, 150, 151, 152, 154,
193, 194, 306, 307, 313
連続の式 ·······················22, 23, 24, 27
ロータ ·····················5, 161, 172, 210
ロータリ弁·······························99
ローディングショベル ·······················3
ロードセンシング回路 ····················278
ロードセンシング弁 ·············278, 279, 280
ロッキング回路 ·················139, 262, 294
ロッド側······························
9, 11, 32, 117, 118, 119, 203, 204, 205, 238, 240,
245, 246, 250, 253, 255, 257, 258, 259, 260, 261,
263, 264, 265, 266, 268, 269, 270, 286, 288, 289,
290, 292, 293, 294, 297, 298, 299, 310, 311

■ 著者紹介 ■

築地 徹浩（つきじ てつひろ）

福岡県立修猷館高等学校を経て、1978 年 上智大学理工学部機械工学科卒業
1983 年 上智大学大学院理工学研究科機械工学専攻、博士後期課程修了（工学博士）
同年同大学助手
1985 年 University of Wisconsin-Madison,U.S.A., Honorary fellow
1999 年 上智大学理工学部機械工学科（現在機能創造理工学科）教授
2005 年 中国蘭州理工大学客員教授
2014 年　上智大学理工学部長、大学院理工学研究科委員長
2014 年　（一社）日本フルードパワーシステム学会　会長
専門は流体工学，油圧工学

主な著書
基礎からの流体工学　日新出版　共著、2002 年
流体力学　実教出版　共著、2009 年

●ISBN 978-4-904774-64-9　　　立命館大学　木股 雅章 著

設計技術シリーズ
赤外線センサ原理と技術

本体 4,600 円 + 税

第1章　はじめに

第2章　赤外線検出器の分類と
　　　　非冷却IRFPA開発の推移
　2－1　赤外線検出器の分類
　2－2　非冷却IRFPA開発の推移

第3章　非冷却IRFPAの基礎
　3－1　熱型赤外線検出器の動作
　3－2　非冷却IRFPAの構成と動作
　3－3　赤外線イメージング
　3－4　IRFPAの性能指標
　3－5　非冷却IRFPAの設計
　　3－5－1　感度決定要因
　　3－5－2　温度センサ
　　3－5－3　熱設計
　　3－5－4　赤外線吸収
　3－6　理論限界
　　3－6－1　画素ピッチ
　　3－6－2　NETD

第4章　強誘電体IRFPA
　4－1　強誘電体赤外線検出器の動作
　4－2　ハイブリッド強誘電体IRFPA
　4－3　薄膜強誘電体モノリシックIRFPA

第5章　抵抗ボロメータIRFPA
　5－1　抵抗ボロメータ赤外線検出器の動作
　5－2　VOxマイクロボロメータIRFPA
　5－3　その他の材料を用いた
　　　　抵抗ボロメータIRFPA
　5－4　抵抗ボロメータIRFPAの
　　　　画素ピッチ縮小と高解像度化
　5－5　中赤外線領域に感度を持った
　　　　非冷却IRFPA

第6章　熱電IRFPA
　6－1　熱電赤外線検出器の動作
　6－2　サーモパイルIRFPA

第7章　ダイオードIRFPA
　7－1　ダイオード赤外線検出器の動作
　7－2　SiダイオードIRFPA

第8章　バイマテリアルと
　　　　サーモオプティカルIRFPA

第9章　非冷却IRFPAの
　　　　真空パッケージング技術
　9－1　真空パッケージングの必要性
　9－2　初期の真空パッケージング技術
　9－3　低コスト化への取り組み
　　9－3－1　ウエハレベル真空パッケージング
　　9－3－2　チップレベル真空パッケージング
　　9－3－3　バッチ処理真空パッケージング
　　9－3－4　ピクセルレベル真空パッケージング
　9－4　マイクロ真空計

第10章　非冷却赤外線カメラと応用
　10－1　非冷却赤外線カメラの構成と特徴
　　10－1－1　全体構成
　　10－1－2　光学系
　　10－1－3　補正
　　10－1－4　温度校正
　10－2　暗視応用
　10－3　温度計測応用
　10－4　その他の応用

第11章　むすび

発行／科学情報出版（株）

●ISBN 978-4-904774-69-4　　　　　　元 拓殖大学　後藤 尚久 著

設計技術シリーズ

EMC技術者のための電磁気学

本体 2,700 円＋税

第 1 章　クーロンの法則

第 2 章　電気力線

第 3 章　電位

第 4 章　電流は電荷の移動

第 5 章　伝送線路に流れる電流

第 6 章　ローレンツ力

第 7 章　磁荷に対するクーロンの法則

第 8 章　ビオ−サバールの法則

第 9 章　電磁気学の本質は電荷と磁荷の相互作用

第 10 章　磁石の本質は電流ループ

第 11 章　磁界の積分

第 12 章　ガウスの定理とアンペアの法則

第 13 章　アンペアの法則とファラデーの法則

第 14 章　電気力線がないときのアンペアの法則

第 15 章　ポテンシャルと交流理論

第 16 章　遅延ポテンシャルとローレンツ力

第 17 章　ダイポールが作る電磁界とマックスウェルの方程式

第 18 章　電磁波はどのように発生するか、またはどのように発生させないか

第 19 章　磁界を作るのはなにか

第 20 章　パラドックスのいろいろ

発行／科学情報出版（株）

● ISBN 978-4-904774-66-3　　一般社団法人 電気学会・電気システムセキュリティ特別技術委員会
　　　　　　　　　　　　　　スマートグリッドにおける電磁的セキュリティ特別調査専門委員会　編

設計技術シリーズ
IoT時代の電磁波セキュリティ
～21世紀の社会インフラを電磁波攻撃から守るには～

本体 4,600 円 + 税

第一章　総論
　1.1　海外諸機関における現状（概略）
　1.2　わが国における動向（概略）
　1.3　セキュリティ対策における現状
　1.4　電磁波攻撃一般
　1.5　電磁的セキュリティ脅威と、その現象の概略
　　1.5.1　非意図的脅威（自然現象）
　　1.5.2　意図的脅威（電磁波攻撃脅威）
　　　1.6.1　軍事のレベル
　　　1.6.2　テロ攻撃のレベル（プロ集団）
　　　1.6.3　テロ未満のレベル（小規模）
　1.7　具体的事例
　　1.7.1　非意図的脅威
　　1.7.2　意図的攻撃
　　1.7.3　電磁的セキュリティ脅威に対する防護

第二章　スマートグリッド・M2M・IoT
　2.1　スマートグリッドとは
　2.2　日本におけるスマートグリッドの変遷
　2.3　スマートグリッドを構成するシステム
　2.4　スマートグリッド・スマートコミュニティとセキュリティ

第三章　大電力電磁妨害
　3.1　IEMI (Intentional ElectroMagnetic Interference)
　　　　－狭帯域送信機（レーダ等）
　　3.1.1　狭帯域送信機（レーダ等）によるIEMI脅威システム
　　3.1.2　耐IEMI要求
　　3.1.3　IEMI対策
　3.2　IEMI (Intentional ElectroMagnetic Interference)
　　　　－UWB (Ultra Wide Band) 送信機
　　3.2.1　UWB送信機における意図的な電磁的信号の帯域幅区分
　　3.2.2　スマートグリッドにおけるUWB妨害の脅威とその防護
　　3.2.3　ICTネットワーク・装置に対するUWB妨害の調査例
　3.3　HEMP (High-altitude ElectroMagnetic Pulse)
　　3.3.1　HEMP現象の概要
　　3.3.2　HEMP対策における設置場所のクラス分け
　　3.3.3　HEMPとスマートグリッド・IoTへの影響
　　3.3.4　対策方法
　3.4　雷・静電気
　　3.4.1　雷現象
　　3.4.2　静電気
　3.5　磁気嵐
　　3.5.1　磁気嵐の概要
　　3.5.2　電力網における磁気嵐の影響
　　3.5.3　電力網GIC対応と対応

第四章　建屋対策
　4.1　企画
　　4.1.1　電磁シールド目的の明確化
　　4.1.2　設置機器に関する調査
　4.2　基本計画
　　4.2.1　電磁環境計測
　　4.2.2　建物配置
　　4.2.3　電磁波シールド性能の決定
　4.3　基本設計
　　4.3.1　電磁波シールドの材料選定
　　4.3.2　設備機器の検討
　　4.3.3　居住性とメンテナンス性
　4.4　実施設計
　4.5　施工
　　4.5.1　施工工程
　　4.5.2　材料の仮置き
　　4.5.3　電磁波シールド材料の接合
　　4.5.4　材料の貫通処理
　　4.5.5　中間上棟
　4.6　性能評価
　4.7　保守

第五章　規格化動向
　5.1　IEC (International Electrotechnical Commission)：国際電気標準会議
　　5.1.1　IEC（国際電気標準会議）におけるスマートグリッドとEMC関連組織
　　5.1.2　SyC Smart Energy（スマートエネルギーシステム委員会）
　　5.1.3　ACEC（電磁両立性諮問委員会）
　　5.1.4　TC77 (EMC規格)
　　5.1.5　CISPR（国際無線障害特別委員会）
　5.2　ITU-T (International Telecommunication Union-Telecommunication Standardization Sector)：国際電気通信連合－電気通信標準化部門
　　5.2.1　ITU-Tにおける標準化の概要
　　5.2.2　ITU-T勧告K.87 Guide for the application of electromagnetic security requirements－Overview（電磁セキュリティ規定の適用のためのガイド（概要））
　　5.2.3　ITU-T勧告K.78 High altitude electromagnetic pulse immunity guide for telecommunication centres（通信センタの高度電磁パルスイミュニティガイド）
　　5.2.4　ITU-T勧告K.81: High-power electromagnetic immunity guide for telecommunication systems（通信システムの大電力電磁イミュニティガイド）
　　5.2.5　ITU-T勧告K.84: Test methods and guide against information leaks through unintentional electromagnetic emissions（意図しない電磁放射による情報漏えいの試験方法と対策ガイド）
　　5.2.6　ITU-T勧告K.115 Mitigation methods against electromagnetic security threats（セキュリティ脅威の低減方法）
　5.3　NDS (National Defense Standards)：防衛省規格
　　5.3.1　EMSEC (Tempest)、HEMPに関連したNDS規格
　　5.3.2　高出力電磁妨害(HEMP)に関する計測方法について（NDS C 0011C、NDS C 0012B）
　　5.3.3　HEMPにおける電子機器の信頼性について（NDS Z 9011B）
　　5.3.4　スマートグリッド社会における電磁波／情報セキュリティに関する展望

第六章　機器のイミュニティ試験
　6.1　各イミュニティ試験の一般要求事項
　6.2　民生・車載搭載電子機器に対する放射イミュニティ試験概要
　　6.2.1　信号発生器
　　6.2.2　RF電力増幅器
　　6.2.3　放射アンテナ
　　6.2.4　RF電力計
　　6.2.5　電界センサ
　　6.2.6　同軸ケーブル
　6.3　HEMP試験概要
　　6.3.1　トランスミッションライン
　　6.3.2　ダイポールシミュレータおよびハイブリッドシミュレータ
　6.4　HPEM試験概要
　　6.4.1　HPEM試験設備
　　6.4.2　HPEM試験装置システム
　　6.4.3　HPEM試験を実施するためのチャンバ
　6.5　誘導電磁界試験
　　6.5.1　IEC61000-4-5における試験概要
　6.6　試験システム
　6.7　各国が所有するHEMP試験設備
　6.8　スマートグリッドに接続される機器に対する適用

付録　電磁的情報漏えい
　A　エミッションに起因する情報漏えい
　　A.1　TEMPEST概要
　　A.2　PCからの情報漏えい例
　　A.3　TEMPEST（対策）
　　A.4　TEMPEST（対策）例
　　A.5　TEMPEST関連規格化動向
　B　暗号モジュールを搭載したハードウェアからの情報漏えいの可能性の検討
　　B.1　サイドチャネル攻撃の概要
　　B.2　スマートメータからのサイドチャネル情報漏えい評価
　　B.3　漏えい電磁波をサイドチャネルとした秘密鍵の推定
　　B.4　スマートメータに対する情報セキュリティ

関連規格目録
用語集

発行／科学情報出版（株）

●ISBN 978-4-904774-68-7 　　　　　　　ローム株式会社　稲垣 亮介 著

設計技術シリーズ

－製品の信頼性を高める半導体－
LSIのEMC設計

本体 4,200 円＋税

第1章　半導体集積回路設計と電磁両立性概要
1－1　はじめに
1－2　半導体集積回路の製造工程微細化と素子構造
1－3　半導体集積回路の回路設計
（1）電源電圧依存性
（2）周囲温度依存性
（3）ばらつき特性
1－4　半導体集積回路と製品の応用回路
1－5　国際規格審議機関と電磁両立性国際規格
（1）電磁両立性関連の国際審議機関
（2）電磁両立性関連の国内審議団体

第2章　半導体集積回路動作と電磁両立性特性
2－1　半導体集積回路の電力用半導体素子
（1）DMOS素子の構造と特徴
（2）SJ-MOSFET素子の構造と特徴
（3）IGBT素子の構造と特徴
（4）GaN素子の構造と特徴
（5）SiC素子の構造と特徴
（6）FRD素子の構造と特徴
（7）SBD素子の構造と特徴
2－2　半導体集積回路の信号処理回路
（1）電源回路
（2）駆動回路
（3）音響回路
2－3　半導体集積回路の保護機能等
（1）温度検出（TSD：Thermal Shut Down）
（2）過電流保護（OCP：Over Current Protection）
（3）過電圧保護（OVP：Over Voltage Protection）
（4）減電圧保護（UVLO：Under Voltage Lock Out）
（5）出力短絡保護（OSP：Output Short Protection）
（6）微小信号検出
（7）リセット機能
2－4　半導体集積回路の電磁両立性設計
（1）耐電磁干渉設計
（2）耐電磁感受性設計
2－5　半導体集積回路の代表的な電磁両立性国際規格
（1）IEC 61967-4　（1Ω/150Ω法，VDE法）
（2）IEC 62132-4　（DPI法）

第3章　用途別半導体集積回路の電磁両立性設計(1)
3－1　断続（スイッチング）電源の電磁両立性設計
（1）半導体集積回路製品例　テキサス・インスツルメンツ社
（2）半導体集積回路製品例　リニア・テクノロジ社

（3）半導体集積回路製品例　ローム（株）
3－2　電荷移動（チャージ・ポンプ）電源の電磁両立性設計
（1）半導体集積回路製品例　リニア・テクノロジ社
3－3　低飽和型リニア電源（LDO電源）の電磁両立性設計
（1）半導体集積回路製品例　アナログ・デバイセズ社
3－4　相補型プッシュプル電源の電磁両立性設計
（1）半導体集積回路製品例　新日本無線（株）

第4章　用途別半導体集積回路の電磁両立性設計(2)
4－1　LED駆動回路の電磁両立性設計
（1）半導体集積回路製品例　DIODES社（ZETEX社）
（2）半導体集積回路製品例　リニア・テクノロジ社
4－2　IGBT駆動回路の電磁両立性設計
（1）半導体集積回路製品例　富士電機（株）
4－3　D級音響用電力増幅器の電磁両立性設計
（1）半導体集積回路製品例　テキサス・インスツルメンツ社
4－4　T級TM音響用電力増幅器の電磁両立性設計
（1）半導体集積回路製品例　トライパス・テクノロジ社
4－5　AB級音響用電力増幅器の電磁両立性設計
（1）半導体集積回路製品例　テキサス・インスツルメンツ社

第5章　現象別半導体集積回路の電磁両立性検証(1)
5－1　製造工程解析と半導体素子解析
（1）プロセス・シミュレータ
（2）デバイス・シミュレータ
（3）TCAD（Technology Computer Aided Design）
5－2　回路解析と回路検証
（1）解析と検証の背景
（2）計算機エンジン
　2－1）回路解析概要
　2－2）回路検証概要
　2－3）高精度計算と収束性
　2－4）最新のSPICE
（3）計算機モデル
（4）半導体製造会社一覧
5－3　電磁界解析と電磁両立性検証
（1）解析と検証の背景
（2）計算機エンジン
　2－1）マクスウエルの方程式
　2－2）周波数領域と時間領域
（3）計算機モデル
（4）EDAソフトウエア一覧

第6章　現象別半導体集積回路の電磁両立性検証(2)
6－1　電磁両立性（EMC）特性の計算予測
6－2　測定値ベースの計算機モデル（エミッション計算検証）
6－3　測定値ベースの計算機モデル（イミュニティ計算検証）
6－4　伝導エミッション（CE）計算検証
（1）電磁両立性検証例（断続（スイッチング）電源）　ローム（株）
6－5　放射エミッション（RE）計算検証
（1）電磁両立性検証例（断続（スイッチング）電源）　ローム（株）
6－6　伝導イミュニティ（CI）計算検証
（1）電磁両立性検証例（LCD駆動回路）
6－7　放射イミュニティ（RI）計算検証
（1）電磁両立性検証例（差動演算増幅器）　ローム（株）

第7章　現象別半導体集積回路の電磁両立性検証(3)
7－1　半導体集積回路の動作範囲，静電気放電，と伝導尖頭波等による影響
7－2　静電気放電，伝導尖頭波による電磁感受性検証の国際規格
7－3　静電気放電，伝導尖頭波による電磁感受性検証の計算準備
（1）IEC 61000-4-2規格Ed.1.0（1995）
（2）IEC 61000-4-2規格Ed.2.0（2008）
（3）ISO7637-2規格，ISO16750-2規格
7－4　静電気放電による電磁感受性検証の計算予測

第8章　電磁両立性検証の電子計算機処理
8－1　検証マクロ記述例　伝導エミッション（CE）

発行／科学情報出版（株）

●ISBN 978-4-904774-50-2

東北大学 一ノ倉 理
秋田大学 田島 克文 著
東北大学 中村 健二
秋田大学 吉田 征弘

設計技術シリーズ

磁気回路法による モータの解析技術

本体 4,200 円＋税

第1章 磁気回路法の基礎
- 1－1 磁気回路と磁気抵抗
- 1－2 磁気回路の計算例
- 1－3 節点方程式と閉路方程式
- 1－4 多巻線系の場合
- 1－5 磁気抵抗とインダクタンス
- 1－6 磁気抵抗とパーミアンス
- 1－7 Excel を利用した磁気回路の解析
- 1－8 回路シミュレータを利用した磁気回路の解析 5
- 1－9 まとめ

第2章 非線形磁気回路の解析手法
- 2－1 非線形磁気特性の取り扱い
- 2－2 Excel を利用した非線形磁気回路の解析
- 2－3 回路シミュレータによる非線形磁気回路の解析
- 2－4 変圧器への適用例
- 2－5 DC-DC コンバータへの適用例
- 2－6 まとめ

第3章 磁気回路網（リラクタンスネットワーク）による解析
- 3－1 RNA モデル導出の基礎
- 3－2 RNA による解析事例
- 3－3 回路シミュレータによる RNA モデルの構築方法
- 3－4 まとめ

第4章 モータの基本的な磁気回路
- 4－1 固定子の磁気回路
- 4－2 永久磁石回転子の磁気回路
- 4－3 永久磁石モータの磁気回路モデル
- 4－4 突極形回転子の磁気回路
- 4－5 SR モータの磁気回路モデル
- 4－6 SR モータの SPICE モデル
- 4－7 まとめ

第5章 磁気回路に基づくモータ解析
- 5－1 永久磁石モータのトルク
- 5－2 SR モータのトルク
- 5－3 運動方程式の取り扱い
- 5－4 永久磁石モータの起動特性
- 5－5 インバータ駆動時のシミュレーション
- 5－6 SR モータの動特性シミュレーション
- 5－7 まとめ

第6章 非線形磁気特性を考慮した SR モータの解析
- 6－1 磁化曲線に基づく SR モータの非線形可変磁気抵抗モデル
- 6－2 磁束分布を考慮した SR モータの非線形磁気回路モデル
- 6－3 まとめ

第7章 リラクタンスネットワークによるモータ解析の基礎
- 7－1 モータの RNA モデル
- 7－2 RNA におけるトルク算定法
- 7－3 まとめ

第8章 リラクタンスネットワークによる永久磁石モータの解析
- 8－1 集中巻表面磁石モータ
- 8－2 分布巻表面磁石モータ
- 8－3 埋込磁石モータ
- 8－4 まとめ

第9章 電気―磁気回路網によるうず電流解析
- 9－1 電気―磁気回路によるうず電流解析の基礎
- 9－2 電気回路網の導出
- 9－3 電気―磁気回路網によるうず電流損の算定例
- 9－4 永久磁石モータの磁石うず電流損解析
- 9－5 まとめ

第10章 鉄損を考慮した磁気回路
- 10－1 鉄損を考慮した磁気回路モデル
- 10－2 直流ヒステリシスを考慮した磁気回路モデル
- 10－3 異常うず電流損を考慮した磁気回路モデル
- 10－4 まとめ

付録
- A Excel を利用した計算
- B Excel による磁化係数の求め方

発行／科学情報出版（株）

●ISBN 978-4-904774-61-8　　　　　　静岡大学　浅井 秀樹　監修

設計技術シリーズ

新/回路レベルのEMC設計
― ノ イ ズ 対 策 を 実 践 ―

本体 4,600 円＋税

第1章　伝送系、システム系、CADから見た回路レベルEMC設計
1．概説／2．伝送系から見た回路レベルEMC設計／3．システム系から見た回路レベルEMC設計／4．CADからみた回路レベルのEMC設計

第2章　分布定数回路の基礎
1．進行波／2．反射係数／3．1対1伝送における反射／4．クロストーク／5．おわりに

第3章　回路基板設計での信号波形解析と製造後の測定検証
1．はじめに／2．信号速度と基本周波数／3．波形解析におけるパッケージモデル／4．波形測定／5．解析波形と測定波形の一致の条件／6．まとめ

第4章　幾何学的に非対称な等長配線差動伝送線路の不平衡と電磁放射解析
1．はじめに／2．検討モデル／3．伝送特性とモード変換の周波数特性の評価／4．放射特性の評価と等価回路モデルによる支配的要因の識別／5．まとめ

第5章　チップ・パッケージ・ボードの統合設計による電源変動抑制
1．はじめに／2．統合電源インピーダンスと臨界制動条件／3．評価チップの概要／4．パッケージ、ボードの構成／5．チップ・パッケージ・ボードの統合解析／6．電源ノイズの測定と解析結果／7．電源インピーダンスの測定と解析結果／8．まとめ

第6章　EMIシミュレーションとノイズ波源としてのLSIモデルの検証
1．はじめに／2．EMCシミュレーションの活用／3．EMCシミュレーション精度検証／4．考察／5．まとめ

第7章　電磁界シミュレータを使用したEMC現象の可視化
1．はじめに／2．EMC対策でシミュレータが活用されている背景／3．電磁界シミュレータが使用するマクスウェルの方程式／4．部品の等価回路／5．Zパラメータと電磁界／6．Zパラメータと電磁界の効果／8．まとめ

第8章　ツールを用いた設計現場でのEMC・PI・SI設計
1．はじめに／2．パワーインテグリティとEMI設計／3．SIとEMI設計／4．まとめ

第9章　3次元構造を加味したパワーインテグリティ評価
1．はじめに／2．PI設計指標／3．システムの3次元構造における寄生容量／4．3次元PI解析モデル／5．解析結果および考察／6．まとめ

第10章　システム機器におけるEMI対策設計のポイント
1．シミュレーション基本モデル／2．筐体へケーブル・基板を挿入したモデル／3．筐体内部の構造の違い／4．筐体の開口部について／5．EMI対策設計のポイント

第11章　設計上流での解析を活用したEMC/SI/PI協調設計の取り組み
1．はじめに／2．電気シミュレーション環境の構築／3．EMC-DRCシステム／4．大規模電磁界シミュレーションシステム／5．シグナルインテグリティ(SI)解析システム／6．パワーインテグリティ(PI)解析システム／7．EMC/SI/PI協調設計の実践事例／8．まとめ

第12章　エミッション・フリーの電気自動車をめざして
1．はじめに／2．プロジェクトのミッション／3．新たなるパワー部品への課題／4．電気自動車の部品／5．EMCシミュレーション技術／6．EMR試験および測定／7．プロジェクト実行計画／8．標準化への取り組み／9．主なプロジェクト成果／10．結論および今後の展望

第13章　半導体モジュールの電源供給系(PDN)特性チューニング
1．はじめに／2．半導体モジュールにおける電源供給系／3．PDN特性チューニング／4．プロトタイプによる評価

第14章　電力変換装置のEMI対策技術ソフトスイッチングの基礎
1．はじめに／2．ソフトスイッチングの歴史／3．部分共振電源方式／4．ソフトスイッチングの得意分野と不得意分野／5．むすび

第15章　ワイドバンドギャップ半導体パワーデバイスを用いたパワーエレクトロニクスにおけるEMC
1．はじめに／2．セルフターンオン現象と発生メカニズム／3．ドレイン電圧印加に対するゲート電圧変化の検証実験／4．おわりに

第16章　IEC 61000-4-2間接放電イミュニティ試験と多重放電
1．はじめに／2．測定／3．考察／4．むすび

第17章　モード変換の表現可能な等価回路モデルを用いたノイズ解析
1．はじめに／2．不連続のある多線条線路のモード等価回路／3．等価回路を用いた実測結果の評価／4．その他の場合の検討／5．まとめ

第18章　自動車システムにおける電磁界インターフェース設計技術
1．はじめに／2．アンテナ技術／3．ワイヤレス電力伝送技術／4．人体通信技術／5．まとめ

第19章　車車間・路車間通信
1．はじめに／2．ITSと関連する無線通信技術の略史／3．700MHz帯高度道路交通システム(ARIB STD-T109)／4．未来のITSとそれを支える無線通信技術／まとめ

第20章　私のEMC対処法学問的アプローチの弱点を突く、その対極にある解決方法
1．はじめに／2．設計できるかどうか／3．なぜ「EMI/EMS対策設計」が困難なのか／4．「EMI/EMS対策設計」ができないとすると、どうするか／5．EMI/EMSのトラブル対策(効率アップの方法)／6．対策における注意事項／7．EMC技術・技能の学習方法／8．おわりに

発行／科学情報出版（株）

設計技術シリーズ

流体工学に基づく油圧回路技術と設計法

2018年7月30日　初版発行

著　者　築地　徹浩　　　　　　　　　　　　　　　ⓒ2018

発行者　松塚　晃医

発行所　科学情報出版株式会社
　　　　〒300-2622　茨城県つくば市要443-14 研究学園
　　　　電話　029-877-0022
　　　　http://www.it-book.co.jp/

ISBN 978-4-904774-70-0　C2053
※転写・転載・電子化は厳禁